非线性光学原理及应用

王 丽 主编

科学出版社

北 京

内 容 简 介

本书系统地介绍了激光与物质相互作用时的非线性光学效应的基本原理和应用,主要涉及非线性光学晶体材料,电磁波(光频场)在非线性介质内的传播,光学参量与非参量相互作用过程的关系,光纤中的非线性光学,激光与生物组织作用的非线性光学效应,以及超快过程中的非线性光学现象的最新进展.

本书可作为普通高等院校应用物理学、光电信息科学与工程等专业的本科生教材,以及光学工程、物理学、物理电子学等专业的研究生教材和教学参考书.

图书在版编目(CIP)数据

非线性光学原理及应用 / 王丽主编. — 北京:科学出版社,2024.9
ISBN 978-7-03-077646-4

Ⅰ. ①非… Ⅱ. ①王… Ⅲ. ①非线性光学 Ⅳ. ①O437

中国国家版本馆 CIP 数据核字(2024)第 015987 号

责任编辑:罗 吉 龙嫚嫚 孔晓慧 / 责任校对:杨聪敏
责任印制:师艳茹 / 封面设计:蓝正设计

科学出版社 出版

北京东黄城根北街 16 号
邮政编码:100717
http://www.sciencep.com

三河市骏杰印刷有限公司印刷
科学出版社发行 各地新华书店经销

*

2024 年 9 月第 一 版 开本:720×1000 1/16
2024 年 9 月第一次印刷 印张:17
字数:343 000

定价:69.00 元

(如有印装质量问题,我社负责调换)

前言

本书根据教育部高等学校物理学与天文学教学指导委员会物理学类专业教学指导分委员会编制的《高等学校应用物理学本科指导性专业规范》，教育部、国务院学位委员会印发的《学位与研究生教育发展"十三五"规划》，以及国务院学位委员会、教育部印发的《专业学位研究生教育发展方案（2020-2025）》，结合北京工业大学物理学、光学工程专业的学术型和专业型研究生的教学要求，以及作者多年来在教学实践中的经验编写而成.

本课程的参考学时为 56 学时. 全书共 8 章. 第 1 章为绪论，主要介绍非线性光学的基本概念、研究内容、研究目的，以及非线性光学介质的电极化效应、非线性光学的发展趋势. 第 2 章为非线性光学晶体材料，主要介绍非线性光学晶体极化系数的张量分析、坐标变换、相位匹配和最新发展. 第 3 章为电磁波在非线性介质内的传播，主要介绍非线性极化率的经典理论、求解 χ 的途径、非线性介质中的耦合波方程. 第 4 章为激光与非线性介质相互作用的混频过程、单轴晶体的相位匹配过程，以及转换效率. 第 5 章为激光与物质相互作用的光学参量过程，主要介绍光参量发生、光参量振荡、光参量放大，以及光参量振荡的频率调谐. 第 6 章为激光与物质相互作用的非参量过程，主要介绍光束自调制、受激拉曼散射等. 第 7 章为光纤中的非线性光学，主要介绍光纤的非线性特性、自相位调制(SPM)、交叉相位调制(XPM)和四波混频(FWM)，以及三阶非线性光学效应. 第 8 章为激光与生物组织作用的非线性光学效应及应用，主要介绍超短脉冲与混浊介质的相互作用和传播，以及光纤传感技术在生物组织和在医学中的应用. 本书在激光原理、现代光学导论基础上，结合光电子学和光纤通信原理基础知识展开，每章后面附有思考题与习题，以供学生练习.

本书第 1~8 章由王丽执笔，其中部分章节参考了多年培养的研究生撰写的毕业论文和发表的学术文章. 第 1~3 章和第 6 章图片由苏雪琼绘制，第 4 和第 5 章图片由王进绘制，第 7 和第 8 章图片由高东文绘制，王丽、王进统筹全稿.

由于作者水平有限，书中难免存在不妥和疏漏之处，真诚地希望广大读者批评指正.

作 者

2024 年 3 月

目录

第1章 绪论

非线性光学是现代光学学科中一门崭新的分支学科.自从 1960 年梅曼(Maiman)发明了第一台红宝石激光器以来，非线性光学的基本原理、非线性效应的发现与应用随着激光技术的发展而得到巨大的发展，特别是一批新型优质的非线性光学材料和激光晶体的发明，使其产生的非线性光学效应和现象得到了广泛应用.

1.1 光学的研究内容

光学是研究光的本性、产生、传播、控制、检测，以及光与物质相互作用产生的光学效应和现象的一门学科，它与电动力学和量子力学等后续课程有着密切的关系，随着激光技术的发展，光学成为了现代科学技术研究的前沿领域之一. 特别是随着激光技术的应用，光学有了极大的发展，最为突出的就是利用光波作为信息载体的光纤通信，以及激光与物质的相互作用过程的相关应用. 激光本身发展的需要以及它在交叉学科中应用的进一步开拓，必然会促使人们进一步对光的本性进行了解和研究.总之，光学学科主要涉及的研究内容，不仅在基础性学科中有着其本身学术性的研究价值，而且还会在交叉学科的研究和应用中发挥越来越重要的作用.

1.1.1 分类

光学可分为弱光光学、强光光学，或者分为普通光学和非线性光学. 描述普通光学现象的数学形式体现出"线性"的特点，如光频场与物质相互作用产生的电极化强度表示为 $\boldsymbol{P} = \chi \boldsymbol{E}$；描述非线性光学现象的数学形式体现出"非线性"的特点，如 $\boldsymbol{P} = \varepsilon_0 \chi^{(1)} \boldsymbol{E}^{(1)} + \varepsilon_0 \chi^{(2)} \boldsymbol{E}^{(2)} + \varepsilon_0 \chi^{(3)} \boldsymbol{E}^{(3)} + \cdots$.

光学的发展大致可按照历史阶段、基本理论体系，以及光频场与物质相互作用程度的强弱分为如下内容.

1. 按历史阶段分类

(1)经典光学时期(20 世纪前). 该时期以光频场的麦克斯韦(Maxwell)方程组理论为标志，而麦克斯韦方程组是描述光波在介质中传播，以及光波与物质相互作用的一组线性微分方程组. 这一时期光学的发展成果，主要体现在对光的直线传播、反射和折射等现象的研究. 例如，牛顿(Newton)提出的关于光的本性的微粒学说，惠更斯(Huygens)提出的关于光的本性的波动学说，托马斯·杨(Thomas Young)和菲涅耳(Fresnel)等对干涉和衍射现象的成功解释,使人们开始意识到光波具有波和粒子的双重性质. 19世纪后半叶,光的电磁理论在物理学的发展中起着非常重要的作用,它指出光和电磁现象的一致性,并且证明了各种自然现象之间存在着相互联系的基本原理,使人们在认识光的本性方面得到了提高.

(2)近代光学时期(20世纪初～20世纪60年代). 光学的研究深入到光的发生、光和物质相互作用的微观机制中,并以光子假说、光子统计学与量子电动力学理论为其标志. 这一时期光学发展的主要成就体现在:1900年普朗克(Planck)提出了关于物质体系与电磁波交换能量过程中的量子化假设,从而成功解释了黑体辐射问题,开始了量子光学时期;1905年爱因斯坦(Einstein)提出了光在本质上是由光量子(光子)组成的理论(即光量子假说),圆满地解释了光电效应;1924年德布罗意(de Broglie)提出了关于基本粒子(如电子)同样具有波粒二象性的大胆假设,从而奠定了量子力学(波动力学)的基础;20世纪20年代末～20世纪30年代初,狄拉克(Dirac)和费米(Fermi)等人在量子力学基础上创立了量子电动力学理论,将光频场与物质体系作为一个系统加以量子力学的处理,从而进一步探索光和物质的本质和性质.

(3)现代光学时期(20世纪60年代至今). 1960年激光被发明以后,由于其具有好的单色性、相干性和方向性,以及高强度等一系列独特的性能,很快被应用到材料加工、精密测量、光纤通信、全息摄影术、生物医疗等领域. 随着激光科学技术的发展,已逐步形成了许多新的分支学科,如非线性光学等.

2. 按基本理论体系分类

从描述光的本性及其与物质体系相互作用的角度来看,光学领域内存在三种基本理论体系:①全经典理论;②半经典理论;③量子理论.

(1)全经典理论. 全经典理论又称经典理论或原子发光模型理论,人们将光频场看成是满足麦克斯韦方程组的经典电磁场,采用经典力学中的谐振子模型描述物质体系中的原子,所描述的光学现象为普通光辐射在真空或一般介质中的传播行为.

(2)半经典理论. 人们采用经典麦克斯韦方程处理光频场,将光频场仍视为经典的电磁场,并采用量子力学描述光频场与物质相互作用产生的光学现象,主要包括增益饱和效应、多模耦合与竞争效应、频率牵引、模的相位锁定等.

(3)量子理论. 人们采用量子电动力学理论,将光频场与物质体系作为一个整体再加以量子力学处理,从而把光与物质的相互作用归结为量子化电磁场(光子集合)与量子化物质体系(原子或分子集合)之间的相互作用. 量子理论的优点是对所有涉及光与物质相互作用的现象,能够从理论上给出简明的定性描述,在一定原则下给出严格的定量描述,采用的数学处理过程较为复杂,其运算结果得不到简单的解析解. 为了进一步描述光频场与物质相互作用所发生的现象,可以忽略量子化电磁场的波动(相位)特点和光子数引起的噪声起伏特性,只考虑数目一定的光子集合与物质体系间能量和动量的交换行为，这就是激光原理中的速率方程理论. 当只限于描述量子化电磁场本身的宏观能量与动量行为时，可以采用光子统计理论去处理光频场与物质体系的相互作用过程.

3. 按光频场与物质相互作用程度的强弱分类

激光器问世以前，人们对于光学的认识主要限于弱光光学或普通光学，即光束在介质中的传播是互相独立的，光束可以通过光束交叉区域继续独立传播而不受其他光束的影响. 介质的光学参数(如折射率等)都与入射光的强度无关，只是入射光的频率和偏振方向的函数. 人们可以用它去解释所观察到的光学现象.

然而，随着激光的出现，弱光光学的基础知识已无法解释人们所发现的大量的新现象. 如一束激光入射到介质后，可以检测到一束或几束很强的新频率的光；两个激光束在介质中相遇时，可以检测到其中一个激光束的强度得到增强，而另一个激光束的强度会减弱，即两束激光间发生了能量转换. 所有这些新现象，只能采用非线性光学或强光光学的原理给予解释.

1.1.2　非线性光学效应的基本概念

本书主要讲述非线性光学的基本原理、激光与物质相互作用时产生的非线性光学效应和新的现象，重点介绍新型非线性光学晶体的电极化率的基本原理，从经典和量子力学理论出发推导极化率的基本公式，由此讨论它们的物理性质，随后依次讲述二阶、三阶和高阶非线性光学效应的内容，如在应用上有重大突破的倍频和混频效应中的三波相互作用的光学参量过程. 同时介绍光学非参量过程，如受激拉曼散射、受激布里渊散射等，以及在应用上具有潜力的光纤中的非线性光学效应. 本节主要介绍几个非线性光学效应的基本概念，其他一些详细内容在以后章节讨论.

1. 强光变频

当某一频率的光频场入射到非线性介质中，在特定条件下，介质中会产生新频率的相干光辐射，例如光学混频中的和频产生(sum frequency generation, SFG)和差频产生(difference frequency generation, DFG). 光学和频产生包括光学二次谐波产生(second harmonic generation, SHG)、三次谐波产生(third harmonic generation, THG)等；光学差频产生包括光参量发生(optical parametric generation, OPG)、光参量放大(optical parametric amplification, OPA, 也叫做光学参变放大)、光参量振荡(optical parametric oscillation, OPO, 也叫做光学参变振荡)，以及多波混频(即多种不同频率的强光通过特定的物质，从而产生新频率的相干光辐射)等.

2. 自聚焦

当一个强的光频场入射到介质后，光频场与介质相互作用会使介质折射率发生变化，即在原来的线性折射率之外增加了一项非线性折射率，正是这种与光频场有关的折射率使得光频场在介质中传播时产生了自聚焦(self-focusing, SF)效应.

3. 双光子吸收

当两个不同频率的光频场(也可以为同一频率)入射到介质后，由于两个光子能量之和与介质的某两个能级的能量之差相等，入射光频场会产生新的吸收. 这种吸收依赖于另一光频场的存在，是一种非线性的吸收，又称为双光子吸收(two-photon absorption, TPA).

4. 受激拉曼散射

当一个频率为 ω_p 的光频场入射到介质后，在介质中会产生一种频率为 ω_s 或 ω_{as} 的新辐射，产生光的频率与入射光频率的差可以是介质拉曼频率或其整数倍，这种非线性过程称为受激拉曼散射(stimulated Raman scattering, SRS).

1.1.3　非线性光学现象的研究概况

激光与物质相互作用过程产生的非线性光学现象的研究主要有以下几个方面.

1. 强光与物质相互作用

激光技术的发展推动了人们对强光与物质相互作用的了解，对一些有关基本物理问题的认识，以及对物质的结构、状态和能量耦合过程的分析. 由于激光具有的优良特性，非线性光学现象的应用取得了较大进展，例如利用光学双稳现象可以制作光开关等.

2. 拓展强光辐射的光谱范围

通过光学混频和受激散射等非线性光学效应，人们发现了新的强相干光辐射现象，这些新频率的强相干光与入射激光的性质相同，因此人们又开辟了产生新的强激光辐射的物理机制，从而进一步填补了各类激光器件发射波长的空白光谱区域，如长波扩展到远红外至亚毫米波，短波扩展到深紫外、真空紫外、X 射线和 γ 射线光谱区.

3. 超快非线性光学现象

基于人们对超短脉冲激光器研究取得的成果，目前脉冲持续时间短至阿秒量级的超短光脉冲器件已经进入商业化，极大地推动了超短非线性光学的研究. 人们对于发生在如此短时间内的一些超快过程和非线性光学现象，如相位复共轭、光学双稳态和超快激光光谱等有了深入了解，这对于利用非线性光学效应研究各种材料中的超快非线性光学过程起到了重要的推动作用.

4. 强光作用的应用

在非线性光学获得飞速发展的 60 多年中，国内外有关非线性光学的应用已经涉及表面物理学、化学和生物学等领域的超快动态过程；利用量级为 Gb/s 的超高信息传输量的光纤通信为人们提供了海量的相关信息，以及利用 SRS 和 SBS 效应对激光脉冲压缩、高分子和纳米材料的研究、时间和空间分辨的非线性光学测量技术等诸多方面都有广泛的应用. 非线性光学的研究成果将会在科学研究和经济建设的发展中发挥重大作用.

1.2　光学介质的电极化效应

介质在激光的作用下发生的电极化效应主要分为线性电极化效应和非线性电极化效应.

1.2.1　线性电极化效应

在外界入射光频场 E 作用下，光学介质中的原子或分子内部电荷的相对分布状态发生一定程度的感应变化，呈现出类似于电偶极子的响应. 这种感应电偶极子的电极化强度 P，随入射光频场 E 发生随时间的变化，从而产生新的次波辐射源. P 是描述光学介质在外界光频场作用下的感应电极化过程的宏观特性，数学形式描述为

$$P = \sum_{i=1}^{N} P_i \tag{1.1}$$

式中，P_i 为第 i 个原子的感应电偶极矩. 假设作用于介质的频率为 ω 的单色光频场为

$$E(\omega) = E_0 \cos \omega t \tag{1.2}$$

下面分别讨论其作用于以下介质的情况.

（1）各向同性介质. 当单色光频场 E 作用于各向同性介质时，在 E 与 P 平行条件下，其电极化强度 P 的形式为

$$P = \chi E(\omega) = \chi E_0 \cos \omega t \tag{1.3}$$

代数形式为

$$\begin{cases} P_x = \chi E_x = \chi E_{0x} \cos \omega t \\ P_y = \chi E_y = \chi E_{0y} \cos \omega t \\ P_z = \chi E_z = \chi E_{0z} \cos \omega t \end{cases} \tag{1.4}$$

矩阵形式为

$$\begin{bmatrix} P_x \\ P_y \\ P_z \end{bmatrix} = \chi \begin{bmatrix} E_x \\ E_y \\ E_z \end{bmatrix} \tag{1.5}$$

(2) 各向异性介质. 当单色光频场 $\boldsymbol{E}$ 作用于各向异性介质时, 各向异性介质中的光频场 $\boldsymbol{E}$ 与电极化强度 $\boldsymbol{P}$ 的方向不再平行, 但是 $\boldsymbol{P}(\omega)$ 与 $\boldsymbol{E}(\omega)$ 在直角坐标系中的分量之间仍保持线性关系. 其矢量形式为

$$\boldsymbol{P}_i(\omega) = \sum_{j=x,y,z} \chi_{ij} \boldsymbol{E}_j(\omega) \quad (i, j = x, y, z) \tag{1.6}$$

假设 i 为自由下标, j 为求和下标, 示意形式为

$$P_i(\omega) = \sum_{j=x} \chi_{ij} E_j(\omega) + \sum_{j=y} \chi_{ij} E_j(\omega) + \sum_{j=z} \chi_{ij} E_j(\omega) \tag{1.7}$$

在直角坐标系中, 当 i 分别为 x、y、z 时, 式 (1.7) 展开的代数形式为

$$\begin{aligned} P_x &= \chi_{xx} E_x(\omega) + \chi_{xy} E_y(\omega) + \chi_{xz} E_z(\omega) \\ P_y &= \chi_{yx} E_x(\omega) + \chi_{yy} E_y(\omega) + \chi_{yz} E_z(\omega) \\ P_z &= \chi_{zx} E_x(\omega) + \chi_{zy} E_y(\omega) + \chi_{zz} E_z(\omega) \end{aligned} \tag{1.8}$$

矩阵形式为

$$\begin{bmatrix} P_x \\ P_y \\ P_z \end{bmatrix} = \begin{bmatrix} \chi_{xx} & \chi_{xy} & \chi_{xz} \\ \chi_{yx} & \chi_{yy} & \chi_{yz} \\ \chi_{zx} & \chi_{zy} & \chi_{zz} \end{bmatrix} \begin{bmatrix} E_x \\ E_y \\ E_z \end{bmatrix} \tag{1.9}$$

矢量式为

$$\boldsymbol{P} = \chi \boldsymbol{E}(\omega) \tag{1.10}$$

式中, 电极化率 χ 为二阶张量.

在弱光 $\boldsymbol{E}(\omega)$ 作用下, 麦克斯韦方程组为

$$\nabla \times \boldsymbol{H} = \frac{1}{c} \frac{\partial \boldsymbol{E}}{\partial t} + \frac{4\pi}{c} \frac{\partial \boldsymbol{P}}{\partial t} \tag{1.11}$$

$$\nabla \times \boldsymbol{E} = -\frac{1}{c} \frac{\partial \boldsymbol{H}}{\partial t} \tag{1.12}$$

将式 (1.12) 的两端取旋度得到

$$\nabla \times \nabla \times E = -\frac{1}{c}\nabla \times \frac{\partial H}{\partial t} = -\frac{1}{c}\frac{\partial}{\partial t}(\nabla \times H) \tag{1.13}$$

将式(1.11)代入式(1.13)得到

$$\nabla \times \nabla \times E = -\frac{1}{c}\nabla \times \frac{\partial H}{\partial t} = -\frac{1}{c}\frac{\partial}{\partial t}\left(\frac{1}{c}\frac{\partial E}{\partial t}+\frac{4\pi}{c}\frac{\partial P}{\partial t}\right) = -\frac{1}{c^2}\frac{\partial^2 E}{\partial t^2}-\frac{4\pi}{c^2}\frac{\partial^2 P}{\partial t^2} \tag{1.14}$$

假设

$$E(\omega)=E_0\cos\omega t , \quad P(\omega)=P_0\cos\omega t = \chi E_0\cos\omega t$$

这里分别得到

$$\frac{\partial E}{\partial t}=-\omega E_0\sin\omega t , \quad \frac{\partial^2 E}{\partial t^2}=-\omega^2 E(\omega) \tag{1.15}$$

$$\frac{\partial P}{\partial t}=-\chi\omega E_0\sin\omega t , \quad \frac{\partial^2 P}{\partial t^2}=-\omega^2 P(\omega) \tag{1.16}$$

再将式(1.15)、式(1.16)分别代入式(1.14)得到

$$\nabla \times \nabla \times E = \frac{\omega^2}{c^2}E(\omega)+\frac{4\pi\omega^2}{c^2}\chi(\omega)E(\omega) \tag{1.17}$$

再利用 $\varepsilon(\omega)=1+4\pi\chi(\omega)$，代入式(1.17)得到

$$\nabla \times \nabla \times E = \frac{\omega^2}{c^2}E(\omega)+\frac{\omega^2}{c^2}[\varepsilon(\omega)-1]E(\omega)=\frac{\omega^2}{c^2}\varepsilon(\omega)E(\omega) \tag{1.18}$$

从而得到光频场 $E(\omega)$ 在线性介质中传播的波动方程为

$$\nabla \times \nabla \times E - \frac{\omega^2}{c^2}\varepsilon(\omega)E(\omega)=0 \tag{1.19}$$

由式(1.19)可见，光学介质在弱光作用下发生了线性电极化效应，其介质的折射率与入射光频场的强度无关. 当不同频率的几种单色光同时入射介质时，各单色光的行为特性不受其他光频场作用或存在的影响，即不会产生新的光频场.

1.2.2 非线性电极化效应

1. 概念

在强激光作用下，介质内部产生的电极化强度 P 与光频场 E 不再为线性关系，一般可以将 P 和 E 的关系采用幂级数形式表示为

$$P = \chi^{(1)}E + \chi^{(2)}EE + \chi^{(3)}EEE + \cdots = P^{(1)}+P^{(2)}+P^{(3)}+\cdots \tag{1.20}$$

式中，$\chi^{(1)}$ 为线性极化率二阶张量，$\chi^{(2)}$ 为非线性极化率三阶张量. 其对应的示意

式为

$$P = \chi^{(1)}E^1 + \chi^{(2)}E^2 + \chi^{(3)}E^3 + \cdots = P^{(1)} + P^{(2)} + P^{(3)} + \cdots \tag{1.21}$$

在式(1.21)中有

$$\frac{P^{(2)}}{P^{(1)}} \approx \frac{P^{(3)}}{P^{(2)}} \approx \frac{P^{(4)}}{P^{(3)}} \approx \cdots = \frac{\chi^{(3)}E}{\chi^{(2)}} = \frac{E}{\bar{E}} = \frac{E}{\frac{\chi^{(2)}}{\chi^{(3)}}} = \frac{E}{\bar{E}} \tag{1.22}$$

式中，$\bar{E}$ 代表光学介质内部维持价电子平衡运动时的平均光频场，E 代表外界光频场. 由式(1.22)可知:

(1)在弱光作用下，$E \ll \bar{E}$ 时，式(1.22)中的非线性项可以忽略，呈现了线性光学效应.

(2)在强光作用下，$E \gg \bar{E}$ 时，式(1.22)中的非线性项不能忽略，所以呈现了非线性光学效应.

(3)$\boldsymbol{P}$ 与 $\boldsymbol{E}$ 的关系可以表示为

矢量式：$\boldsymbol{P} = \chi\boldsymbol{E} = \chi^{(1)}\boldsymbol{E} + \chi^{(2)}\boldsymbol{E}\boldsymbol{E} + \chi^{(3)}\boldsymbol{E}\boldsymbol{E}\boldsymbol{E} + \cdots = \boldsymbol{P}^{(1)} + \boldsymbol{P}^{(2)} + \boldsymbol{P}^{(3)} + \cdots \tag{1.23}$

示意式：$P = P_i^{(1)}(\omega) + P_i^{(2)}(\omega) + \cdots = \sum_j \chi_{ij}E_j(\omega) + \sum_{j,k} \chi_{ijk}E_jE_k + \sum_{j,k,l} \chi_{ijkl}E_jE_kE_l + \cdots$

$$\boldsymbol{P} = \boldsymbol{P}_{\text{L}} + \boldsymbol{P}_{\text{NL}} \tag{1.24}$$

式中的 $\boldsymbol{E}$ 满足

$$\nabla \times \nabla \times \boldsymbol{E} = -\frac{1}{c^2}\frac{\partial^2 \boldsymbol{E}}{\partial t^2} - \frac{4\pi}{c^2}\frac{\partial^2 \boldsymbol{P}_{\text{L}}}{\partial t^2} - \frac{4\pi}{c^2}\frac{\partial^2 \boldsymbol{P}_{\text{NL}}}{\partial t^2}$$

$$\nabla \times \nabla \times \boldsymbol{E} = \frac{\omega^2}{c^2}\varepsilon(\omega)\boldsymbol{E}(\omega) - \frac{4\pi}{c^2}\frac{\partial^2 \boldsymbol{P}_{\text{NL}}}{\partial t^2} \tag{1.25}$$

由式(1.25)讨论可知：①在弱光作用下，式(1.24)右端第二项可以忽略. ②在强光作用下，式(1.25)中的 $\boldsymbol{P}_{\text{NL}}$ 不能忽略，在新的频率处产生了非线性极化强度，并由此辐射出与此频率对应的光频场.

2. 实例

(1)假设单色光频率为 ω 的强光入射非线性介质时，光频场仍然假设为 $\boldsymbol{E}(\omega) = E_0\cos\omega t$，则二次电极化强度采用示意式计算为

$$\begin{aligned}
P^{(2)} &= \chi^{(2)}E^2 = \chi^{(2)}(E_0\cos\omega t)^2 = \chi^{(2)}\frac{E_0^2}{2}(1 + \cos 2\omega t) \\
&= \frac{1}{2}\chi^{(2)}E_0^2 + \frac{1}{2}\chi^{(2)}E_0^2\cos 2\omega t
\end{aligned} \tag{1.26}$$

式(1.26)中出现了新的频率为 2ω、随时间变化的成分,进一步说明了强光与非线性介质相互作用时,产生了非线性光学现象.

(2)当 ω_1 和 ω_2 同时入射非线性介质时,假设光频场分别为 $\boldsymbol{E}(\omega_1) = \boldsymbol{E}_0 \cos\omega_1 t$ 和 $\boldsymbol{E}(\omega_2) = \boldsymbol{E}_0 \cos\omega_2 t$,则电极化强度的二次项为

$$
\begin{aligned}
P^{(2)} &= \chi^{(2)} E^2 = \chi^{(2)} (E_{01}\cos\omega_1 t + E_{02}\cos\omega_2 t)^2 \\
&= \chi^{(2)}[(E_{01}\cos\omega_1 t)^2 + (E_{02}\cos\omega_2 t)^2 + 2E_{01}E_{02}\cos\omega_1 t \cdot \cos\omega_2 t] \\
&= \chi^{(2)}\left[\frac{E_{01}^2}{2}(1+\cos 2\omega_1 t) + \frac{E_{02}^2}{2}(1+\cos 2\omega_2 t) \right. \\
&\quad \left. + E_{01}E_{02}\cos(\omega_1+\omega_2)t + E_{01}E_{02}\cos(\omega_1-\omega_2)t \right]
\end{aligned} \tag{1.27}
$$

式(1.27)中呈现出新的频率 $2\omega_1$,$2\omega_2$,$\omega_1+\omega_2$,$\omega_1-\omega_2$,$\cdots$,即有

$$
\boldsymbol{P} = \boldsymbol{P}^{\omega_1} + \boldsymbol{P}^{\omega_2} + \boldsymbol{P}^{2\omega_1} + \boldsymbol{P}^{2\omega_2} + \boldsymbol{P}^{\omega_1+\omega_2} + \boldsymbol{P}^{\omega_1-\omega_2} + \cdots \tag{1.28}
$$

由式(1.28)可以看出,在基频光波的基础上,出现了二次谐波、和频、差频等非线性光学现象.

1.2.3 非线性光学的产生和激光技术紧密相关

由于普通光的发光机理是自发发射,而激光的发光机理是受激发射,在定向亮度上,激光的强度已经超过了 $10^{22}\mathrm{W/cm^2}$. 在未来,激光强度会提高到 $10^{26} \sim 10^{28}\mathrm{W/cm^2}$. 超短脉冲激光技术的发展为实验室环境创造了前所未有的极端物态条件,如高电场和磁场、高光压、高能量密度等. 在这种极端的物理条件下,超强超快激光的迅猛发展,为人们提供了深入研究非线性光学效应和现象的有力工具,同时将开辟极端非线性光学的研究方向,推动多学科交叉领域的研究和发展.

1.2.4 非线性电极化过程产生的条件

在激光与物质相互作用的过程中,非线性电极化过程的产生是有条件的,归纳如下.

1. 入射光的光频场要求

由电极化强度的示意式 $P = P^{(1)} + P^{(2)} + P^{(3)} + \cdots$ 的幂级数形式可知

$$
\frac{P^{(2)}}{P^{(1)}} \approx \frac{P^{(3)}}{P^{(2)}} \approx \frac{P^{(4)}}{P^{(3)}} \approx \cdots = \frac{\chi^{(3)}E}{\chi^{(2)}} = \frac{\chi^{(2)}E}{\chi^{(1)}} = \frac{E}{\bar{E}} \tag{1.29}
$$

要使介质中的非线性电极化贡献变得明显,应要求入射介质的光频场 E 尽可能

大，即激光场的光强或光功率密度尽可能大．目前常用设备有调 Q 激光器、脉冲锁模激光器、超强超短脉冲激光器等．

2. 光学介质的空间对称性要求

(1)对于介质内发生的非线性电极化效应的具体强弱程度，由非线性电极化率 $\chi^{(2)}$ 或 $\chi^{(3)}$ 的大小决定．

(2)各次非线性电极化率不为零的张量元数目和分布，受到光学介质本身空间对称性的约束．

(3)所有各向同性介质(如气体、液体和玻璃类非晶态固体，以及具有中心对称性的晶体介质)的二次非线性电极化率张量 $\chi^{(2)}$ 的所有张量元为零，此类介质不能产生二次非线性电极化效应．由此推出：①此类光学介质不能产生更高阶的偶次非线性电极化效应．②此类光学介质的三次非线性电极化率张量的张量元不会全为零，均可产生三次及以上非线性电极化效应，即可产生更高次的奇次非线性电极化效应．

3. 能量守恒与动量守恒要求

(1)在任何一个物质体系范围内发生的任何一种物理过程,应满足参与作用的各光波之间，以及光波与物质之间的能量和动量守恒要求．

(2)按照参与作用的光频场与光学介质之间是否有实际的能量与动量交换，人们将这种相互作用分为两类．①第一类：光学参量过程[①]．参与作用的所有光频场与光学介质之间无能量或动量间的交换，因此能量守恒与动量守恒只表现在参与作用的光波之间，如 SHG、THG、OPG、OPA、OPO．②第二类：光学非参量过程．在光频场与物质相互作用过程的始和末，光学介质的内部能量和动量均发生变化，即作用的光频场与光学介质之间有了一定的能量和动量交换，因此能量守恒或动量守恒表现在光频场与光学介质组成的体系中，如双光子吸收过程、受激散射过程等．

4. 共振或近共振增强要求

在参与非线性作用的各光波之间，某种形式的频率组合与工作物质的某些本征能级跃迁频率发生重合或近似重合时，可使非线性电极化率得到数量级上的显著增大，这种效应称为非线性电极化过程的共振增强或近共振增强．

由式(1.27)可知

$$\frac{\chi^{(2)}}{\chi^{(1)}} = \frac{\chi^{(3)}}{\chi^{(2)}} \approx \frac{\chi^{(4)}}{\chi^{(3)}} \approx \frac{\chi^{(5)}}{\chi^{(4)}} = \frac{1}{E} \tag{1.30}$$

---

① 参量过程也叫做参变过程，光学参量也简称为光参量

由于 $\bar{E}$ 为原子内的平均场强,是一个十分大的数字,即式(1.30)的比值很小.

对于各向同性介质,以及具有对称中心的非晶态光学介质而言,各阶非线性电极化率很小,因此利用此类介质产生较明显的三次非线性电极化效应是非常困难的.而采用共振或近共振增强,可使非线性电极化率得到数量级上的增大,有效地提高非线性电极化过程的产生效率.

思考题与习题

(1)光学的研究内容是什么?

(2)非线性光学的研究内容是什么?

(3)描述非线性电极化效应产生的机理.

(4)非线性电极化强度产生的条件是什么?描述电极化强度与光频场关系中的电极化率的物理意义.

(5)描述在激光与特定光学介质相互作用时,发生光学参量相互作用、光学非参量相互作用过程中的能量守恒和动量守恒过程.

第 2 章   非线性光学晶体材料

2.1   非线性光学晶体的理论基础

2.1.1   晶体的非线性光学现象

在非线性光学的研究中,非线性光学晶体材料和激光光源是支撑非线性光学发展的两大支柱. 非线性光学晶体的理论基础是非线性光学,其研究范围是非线性光学效应,如二次、三次和高次非线性光学效应,以及非线性光折变效应等.

1. 弱光作用

某一光频场 E_j 入射非线性光学材料得到的电极化强度的示意式为

$$P_i = \sum_j \chi_{ij} E_j \tag{2.1}$$

式中, χ_{ij} 为线性电极化系数,在直角坐标系中, i、 j 取 1、2、3. 由此可见,电极化强度 P_i 与光频场 E_j 之间呈线性关系,其描述的物理现象有光的折射、反射、双折射、衍射等.

2. 强光作用

光频场 E 入射非线性光学材料的电极化强度的示意式为

$$P_i = \sum_j \chi_{ij}^{(1)} E_j(\omega_1) + \sum_{j,k} \chi_{ijk}^{(2)} E_j(\omega_1) E_k(\omega_2) + \sum_{j,k,l} \chi_{ijkl}^{(3)} E_j(\omega_1) E_k(\omega_2) E_l(\omega_3) + \cdots$$
$$= P^{(1)} + P^{(2)} + P^{(3)} + \cdots \tag{2.2}$$

式中, $\chi_{ij}^{(1)}$ 为晶体的线性电极化系数,又称线性电极化率,其对应的线性电极化系数为二阶张量或称二阶电极化率张量; $\chi_{ijk}^{(2)}$ 为二次非线性电极化系数,又称二次非线性电极化率,其对应的电极化系数为三阶张量或称三阶电极化率张量; $\chi_{ijkl}^{(3)}$ 为三次非线性电极化系数,或称三次非线性电极化率,其对应的电极化系数为四阶张量或称四阶电极化率张量. 由式(2.2)看出,电极化强度 P_i 与光频场 E_j 之间的相互关系呈现幂级数关系,其描述的物理现象由光与物质相互作用后发生的线性现象和非线性现象组成.

3. 例子

假设频率为 ω_1 和 ω_2 的单色光入射非线性介质，$E_j(\omega_1)$、$E_k(\omega_2)$ 分别表示入射光的光频场分量. 我们只讨论在 $\omega_3=\omega_1+\omega_2$ 或 $\omega_3=\omega_1-\omega_2$ 条件下的混频效应，由式 (2.2) 中的二次项的混频效应可得到

$$P_i^{(2)}(\omega_3)=\sum_{j,k}\chi_{ijk}^{(2)}(\omega_1,\omega_2,\omega_3)E_j(\omega_1)E_k(\omega_2) \tag{2.3}$$

式中，$P_i^{(2)}(\omega_3)$ 为二次极化项所产生的非线性电极化强度. 假设 ω_1 和 ω_2 入射非线性光学晶体时的光频场分别为 $E_j=E_{0j}\cos\omega_1 t$，$E_k=E_{0k}\cos\omega_2 t$，由式 (2.3) 得到

$$P_i^{(2)}=\chi_{ijk}^{(2)}E^{(2)}=\chi_{ijk}^{(2)}[E_j(\omega_1)+E_k(\omega_2)]^2$$
$$=\chi_{ijk}^{(2)}[E_j^2(\omega_1)+E_k^2(\omega_2)+2E_j(\omega_1)E_k(\omega_2)]$$

$$P_i^{(2)}=\chi_{ijk}^{(2)}\left[\frac{E_{0j}^2}{2}(1+\cos2\omega_1 t)+\frac{E_{0k}^2}{2}(1+\cos2\omega_2 t)\right.$$
$$\left.+E_{0j}E_{0k}\cos(\omega_1+\omega_2)t+E_{0j}E_{0k}\cos(\omega_1-\omega_2)t\right] \tag{2.4}$$

$$P_i^{(2)}=P^{\omega_1}+P^{\omega_2}+P^{2\omega_1}+P^{2\omega_2}+P^{\omega_1+\omega_2}+P^{\omega_1-\omega_2}$$

由式 (2.4) 得到的结果，可以知道二次谐波现象中出现了混频，其中 $\omega_3=\omega_1+\omega_2$ 为和频，$\omega_3=\omega_1-\omega_2$ 为差频，当 $\omega_1=\omega_2$，$\omega_3=\omega_1+\omega_2=2\omega(\omega_1=\omega_2=\omega)$ 时为倍频光，当 $\omega_1=\omega_2,\omega_3=\omega_1-\omega_2=0(\omega_1=\omega_2=\omega)$ 时为光整流.

2.1.2　非线性光学极化系数的各阶张量

1. 非线性光学极化系数的张量分析

1）各阶张量特点
非线性电极化率的张量阶数可以由一般式 **B=CA** 描述，**A** 称为作用物理量，**B** 称为感生物理量，**A** 和 **B** 均不表示物质本身所具有的任何性质，如对于不同物质，虽受到相同的 **A** 作用，但会得到不同效果的 **B**，这是因为不同物质具有不同的 **C** 值. 我们结合本章主要讨论的电极化强度 **P** 与光频场 **E** 的关系 **P=ε₀χE**，并与一般式 **B=CA** 进行比较，假设 **P** 对应 **B**、**E** 对应 **A**，则有 χ 对应 **C**. 我们发现 **C**（或 χ）是描述物质本身性质的物理量，常采用张量形式描述，即 **C**（或 χ）的张量阶数等于作用物理量 **A** 的张量阶数和感生物理量 **B** 的张量阶数之和.

2）各阶张量阶数
在直角坐标系中，张量阶数与坐标轴的关系如表 2-1 所示.

表 2-1　张量阶数与坐标轴的关系

张量阶数	分量数目	每个分量与坐标轴关系
0 阶(标量)	$3^0=1$	无关
一阶(矢量)	$3^1=3$	与一个坐标轴有关
二阶	$3^2=9$	按一定顺序与两个坐标轴有关
三阶	$3^3=27$	按一定顺序与三个坐标轴有关
四阶	$3^4=81$	按一定顺序与四个坐标轴有关
……	……	……

2. 非线性电极化率的各阶张量的表达形式

1)二阶张量(一次电极化系数)

在直角坐标系中,考虑各向异性光学介质材料,在外界光频场的作用下,介质的电极化强度随外界光频场变化的示意式为

$$P_i = \sum_j \chi_{ij}^{(1)} E_j(\omega_1) + \sum_{j,k} \chi_{ijk}^{(2)} E_j(\omega_1) E_k(\omega_2) + \sum_{j,k,l} \chi_{ijkl}^{(3)} E_j(\omega_1) E_k(\omega_2) E_l(\omega_3) + \cdots$$
$$= P^{(1)} + P^{(2)} + P^{(3)} + \cdots \tag{2.5}$$

矢量式为

$$\boldsymbol{P}_i = \sum_j \boldsymbol{\chi}_{ij}^{(1)} \boldsymbol{E}_j(\omega) \quad (i,j=1,2,3) \tag{2.6}$$

式中,$\boldsymbol{E} = E_1\boldsymbol{i} + E_2\boldsymbol{j} + E_3\boldsymbol{k}$,$\boldsymbol{P} = P_1\boldsymbol{i} + P_2\boldsymbol{j} + P_3\boldsymbol{k}$.

a. 张量形式

由式(2.6)的示意式可以写成

$$P_i = \sum_{j=1} \chi_{ij} E_j + \sum_{j=2} \chi_{ij} E_j + \sum_{j=3} \chi_{ij} E_j \quad (i=1,2,3) \tag{2.7}$$

将式(2.7)展开的代数形式为

$$\begin{cases} P_1 = \chi_{11} E_1 + \chi_{12} E_2 + \chi_{13} E_3 & (i=1) \\ P_2 = \chi_{21} E_1 + \chi_{22} E_2 + \chi_{23} E_3 & (i=2) \\ P_3 = \chi_{31} E_1 + \chi_{32} E_2 + \chi_{33} E_3 & (i=3) \end{cases} \tag{2.8}$$

矩阵形式为

$$\begin{bmatrix} P_1 \\ P_2 \\ P_3 \end{bmatrix} = \begin{bmatrix} \chi_{11} & \chi_{12} & \chi_{13} \\ \chi_{21} & \chi_{22} & \chi_{23} \\ \chi_{31} & \chi_{32} & \chi_{33} \end{bmatrix}_{(9)} \begin{bmatrix} E_1 \\ E_2 \\ E_3 \end{bmatrix} \tag{2.9}$$

b. 特点

介质的电极化强度 $\boldsymbol{P}$ 的每一个分量都与光频场 $\boldsymbol{E}$ 的三个分量（E_1、E_2、E_3）呈线性关系，当坐标系确定后，式(2.9)中的 9 个张量元素 $\chi_{11}, \chi_{12}, \cdots, \chi_{33}$ 均为常数.假设物理量 $\boldsymbol{q}$ 是作用量，$\boldsymbol{P}$ 是感应量，则有

$$\boldsymbol{P}_i = \boldsymbol{T}_{ij}\boldsymbol{q}_j \quad (i,j=1,2,3) \tag{2.10}$$

式中，i 称为自由下标，j 称为求和下标.

在二阶张量中，如果 $T_{ij}=T_{ji}$，则此时的二阶张量为对称二阶张量.

我们令分量形式满足对称变换，即 $T_{11}=T_1$，$T_{22}=T_2$，$T_{33}=T_3$，$T_{12}=T_{21}=T_6$，$T_{23}=T_{32}=T_4$，$T_{13}=T_{31}=T_5$，式(2.10)展开为

$$\begin{bmatrix} P_1 \\ P_2 \\ P_3 \end{bmatrix} = \begin{bmatrix} T_{11} & T_{12} & T_{13} \\ T_{21}=T_{12} & T_{22} & T_{23} \\ T_{31}=T_{13} & T_{32}=T_{23} & T_{33} \end{bmatrix}_{(6)} \begin{bmatrix} q_1 \\ q_2 \\ q_3 \end{bmatrix} = \begin{bmatrix} T_1 & T_6 & T_5 \\ T_6 & T_2 & T_4 \\ T_5 & T_4 & T_3 \end{bmatrix}_{(6)} \begin{bmatrix} q_1 \\ q_2 \\ q_3 \end{bmatrix} \tag{2.11}$$

式(2.11)中有 6 个独立矩阵元素（$T_1, T_2, \cdots, T_6$）.

2) 三阶张量(二次电极化系数)

a. 张量形式

在直角坐标系中，分析讨论二次电极化强度与外界作用的光频场之间的关系为

$$\boldsymbol{P}_i^{(2)} = \sum_{j,k} \chi_{ijk}^{(2)} E_j(\omega) E_k(\omega) \quad (i,j,k=1,2,3) \tag{2.12}$$

一般形式为

$$\boldsymbol{A}_i = \boldsymbol{B}_{ijk}\boldsymbol{C}_{jk} \tag{2.13}$$

式中，$\boldsymbol{C}_{jk}$ 为作用量，$\boldsymbol{A}_i$ 为感应量，$\boldsymbol{C}_{jk}$ 与 $\boldsymbol{A}_i$ 之间由 $\boldsymbol{B}_{ijk}$ 构成线性关系，i 为自由下标，jk 为求和下标.

将式(2.13)展开的代数形式为

$$\begin{cases} A_1 = B_{111}C_{11} + B_{112}C_{12} + B_{113}C_{13} + B_{121}C_{21} \\ \quad + B_{122}C_{22} + B_{123}C_{23} + B_{131}C_{31} + B_{132}C_{32} + B_{133}C_{33} \\ A_2 = B_{211}C_{11} + B_{212}C_{12} + B_{213}C_{13} + B_{221}C_{21} \\ \quad + B_{222}C_{22} + B_{223}C_{23} + B_{231}C_{31} + B_{232}C_{32} + B_{233}C_{33} \\ A_3 = B_{311}C_{11} + B_{312}C_{12} + B_{313}C_{13} + B_{321}C_{21} \\ \quad + B_{322}C_{22} + B_{323}C_{23} + B_{331}C_{31} + B_{332}C_{32} + B_{333}C_{33} \end{cases} \tag{2.14}$$

矩阵形式可以表示为

$$\begin{bmatrix} A_1 \\ A_2 \\ A_3 \end{bmatrix} \begin{bmatrix} B_{111} & B_{112} & B_{113} & B_{121} & B_{122} & B_{123} & B_{131} & B_{132} & B_{133} \\ B_{211} & B_{212} & B_{213} & B_{221} & B_{222} & B_{223} & B_{231} & B_{232} & B_{233} \\ B_{311} & B_{312} & B_{313} & B_{321} & B_{322} & B_{323} & B_{331} & B_{332} & B_{333} \end{bmatrix} \begin{bmatrix} C_{11} \\ C_{12} \\ C_{13} \\ C_{21} \\ C_{22} \\ C_{23} \\ C_{31} \\ C_{32} \\ C_{33} \end{bmatrix} \qquad (2.15)$$

当外界光频场的频率 $\omega_1 = \omega_2 = \omega$ 时，对应的二次非线性极化率的张量形式为

$$\begin{bmatrix} P_1 \\ P_2 \\ P_3 \end{bmatrix} \begin{bmatrix} \chi_{111} & \chi_{112} & \chi_{113} & \chi_{121} & \chi_{122} & \chi_{123} & \chi_{131} & \chi_{132} & \chi_{133} \\ \chi_{211} & \chi_{212} & \chi_{213} & \chi_{221} & \chi_{222} & \chi_{223} & \chi_{231} & \chi_{232} & \chi_{233} \\ \chi_{311} & \chi_{312} & \chi_{313} & \chi_{321} & \chi_{322} & \chi_{323} & \chi_{331} & \chi_{332} & \chi_{333} \end{bmatrix}_{(27)} \begin{bmatrix} E_1^2 \\ E_2^2 \\ E_3^2 \\ E_2 E_3 \\ E_3 E_2 \\ E_3 E_1 \\ E_1 E_3 \\ E_1 E_2 \\ E_2 E_1 \end{bmatrix} \qquad (2.16)$$

式中，电极化率 $\boldsymbol{\chi}$ 具有 27 个独立分量元素，该矩阵为三阶张量.

b. 三阶张量定义

某个物理量的矢量与另一个物理量的二阶张量 $\boldsymbol{C}_{jk}$ 之间产生线性关联的物理量 $\boldsymbol{B}_{ijk}$ 称为三阶张量.

c. 对称三阶张量

由于非线性光学晶体中的两个光频场分量 ω_1 和 ω_2 的作用，二者先后排列对二次电极化强度无影响，即 $E_j(\omega)$ 与 $E_k(\omega)$ 和 $E_k(\omega)$ 与 $E_j(\omega)$ 应该对应同一个 $\boldsymbol{P}_i^{(2)}$. 由此推出 $\chi_{ijk}(\omega_1,\omega_2,\omega_3)$ 中的求和下标是对称的，有

$$\chi_{ijk}(\omega_1,\omega_2,\omega_3) = \chi_{ikj}(\omega_1,\omega_2,\omega_3) \quad (i,j=1,2,3) \qquad (2.17)$$

讨论：

(1) $\chi_{ijk} = \chi_{ikj}$ 为本征对称性.

引入 $jk = kj = n$ 表示，则

$$\chi_{ijk} = \chi_{ikj} = \chi_{in} \qquad (2.18)$$

令脚标的交换关系如下.

n	1	2	3	4	5	6
$jk=kj$	11	22	33	23=32	13=31	12=21

则式(2.16)变为

$$
\begin{bmatrix} P_1 \\ P_2 \\ P_3 \end{bmatrix} = \begin{bmatrix} \chi_{11} & \chi_{12} & \chi_{13} & \chi_{14} & \chi_{15} & \chi_{16} \\ \chi_{21} & \chi_{22} & \chi_{23} & \chi_{24} & \chi_{25} & \chi_{26} \\ \chi_{31} & \chi_{32} & \chi_{33} & \chi_{34} & \chi_{35} & \chi_{36} \end{bmatrix}_{(18)} \begin{bmatrix} E_1^2 \\ E_2^2 \\ E_3^2 \\ 2E_2E_3 \\ 2E_3E_1 \\ 2E_1E_2 \end{bmatrix} \tag{2.19}
$$

式中, χ_{ijk} 有 18 个独立分量元素, 又称为三阶对称张量.

(2) 克莱曼(Kleinman)全交换对称性.

1962 年克莱曼首先指出了当激光与物质相互作用时, 在以下条件下, 二次电极化率张量具有全交换的对称性: ①在近中红外和可见光波段内, 光波的频率远离了晶体离子共振区; ②由于离子质量大于电子质量, 因此离子跟不上光频场的周期振动(即形成不了共振现象), 离子位移对晶体电极化强度的贡献为零; ③只有电子运动对非线性电极化系数 χ_{ijk} 有贡献; ④如果物质的非线性极化完全由电子位形变化所引起, 而与分子、离子或者核的运动无关, 并且参与相互作用的所有光频场的频率都位于晶体的同一透明区, 那么此时光频场的吸收损耗和色散都可以忽略, 极化率张量的脚标可以任意交换而其值不变. 这样三阶张量中的 27 个分量中最多有 10 个是独立的, 即有 $\chi_{ijk} = \chi_{jki} = \chi_{kji} = \chi_{jik} = \chi_{ikj} = \chi_{kij}$, 称为克莱曼全交换对称性.

式(2.19)变为

$$
\begin{bmatrix} P_1 \\ P_2 \\ P_3 \end{bmatrix} = \begin{bmatrix} \chi_{11} & \chi_{12} & \chi_{13} & \chi_{14} & \chi_{15} & \chi_{16} \\ \chi_{16} & \chi_{22} & \chi_{23} & \chi_{24} & \chi_{14} & \chi_{12} \\ \chi_{15} & \chi_{24} & \chi_{33} & \chi_{23} & \chi_{13} & \chi_{14} \end{bmatrix}_{(10)} \begin{bmatrix} E_1^2 \\ E_2^2 \\ E_3^2 \\ 2E_2E_3 \\ 2E_3E_1 \\ 2E_1E_2 \end{bmatrix} \quad (i,j=1,2,3) \tag{2.20}
$$

利用式(2.20), 当 $\chi_{14} = \chi_{25} = \chi_{36}$, $\chi_{21} = \chi_{16}$, $\chi_{26} = \chi_{12}$, $\chi_{31} = \chi_{15}$, $\chi_{32} = \chi_{24}$, $\chi_{34} = \chi_{23}$, $\chi_{35} = \chi_{13}$ 时, 我们进一步得到在 32 种晶类中都有可能产生三次、五次等奇次项的非线性光学效应, 但二次、四次、六次等偶次项的非线性光学效应只有在非线性光学晶体中才有可能产生.

3. 张量分量的坐标变换

1) 坐标轴变换

由于矢量(一阶张量)与张量的分量数目和大小随坐标系的改变而改变, 即在两个不同的坐标系中, 描述同一物理性质的物理量的张量具有不同的两组分量. 由于坐标系的选择是任意的, 但被描述的物理性质是客观存在的, 不会因坐标系的改变而变化, 因此上述两组分量之间存在一定的关系或称联系.

假设两个直角坐标系具有共同的原点, 坐标轴单位矢量保持不变. 旧坐标系为 $Ox_1x_2x_3$, 新坐标系为 $Ox_1'x_2'x_3'$, 直角坐标系间的变换规则为

$$\begin{bmatrix} x_1' \\ x_2' \\ x_3' \end{bmatrix} = \begin{bmatrix} \alpha_{11} & \alpha_{12} & \alpha_{13} \\ \alpha_{21} & \alpha_{22} & \alpha_{23} \\ \alpha_{31} & \alpha_{32} & \alpha_{33} \end{bmatrix} \begin{bmatrix} x_1 \\ x_2 \\ x_3 \end{bmatrix} \tag{2.21}$$

式中, $[\alpha_{ij}]$ 称为坐标变换矩阵. 式(2.21)为旧坐标系表示新坐标系, 又称为由旧坐标系向新坐标系的变换.

2) 矢量分量的坐标变换

讨论由旧坐标系下的矢量向新坐标系下的变换($Ox_1x_2x_3 \to Ox_1'x_2'x_3'$), 假设一矢量为 $\boldsymbol{P}$, 在旧坐标系和新坐标系下的矢量形式分别为

$$\boldsymbol{P} = P_1\boldsymbol{i} + P_2\boldsymbol{j} + P_3\boldsymbol{k}, \quad \boldsymbol{P}' = P_1'\boldsymbol{i} + P_2'\boldsymbol{j} + P_3'\boldsymbol{k}$$

由于坐标系确定, 即坐标变换矩阵 $[\alpha_{ij}]$ 确定(其中 $i,j=1,2,3$), 所以由旧坐标系到新坐标系变换的代数形式为

$$\begin{cases} P_1' = \alpha_{11}P_1 + \alpha_{12}P_2 + \alpha_{13}P_3 \\ P_2' = \alpha_{21}P_1 + \alpha_{22}P_2 + \alpha_{23}P_3 \\ P_3' = \alpha_{31}P_1 + \alpha_{32}P_2 + \alpha_{33}P_3 \end{cases} \tag{2.22}$$

矩阵形式为

$$\begin{bmatrix} P_1' \\ P_2' \\ P_3' \end{bmatrix} = \begin{bmatrix} \alpha_{11} & \alpha_{12} & \alpha_{13} \\ \alpha_{21} & \alpha_{22} & \alpha_{23} \\ \alpha_{31} & \alpha_{32} & \alpha_{33} \end{bmatrix} \begin{bmatrix} P_1 \\ P_2 \\ P_3 \end{bmatrix} \tag{2.23}$$

或简写为

$$\boldsymbol{P}_i' = \boldsymbol{\alpha}_{ij}\boldsymbol{P}_j \quad (i,j=1,2,3) \tag{2.24}$$

由此分析可知: 一个矢量在新、旧坐标系下的形式是由一个二阶张量矩阵线性关联的. 式(2.24)又称为正变换, 即由旧坐标系到新坐标系的变换. 逆变换形式为

$$P_i = \alpha_{ji} P_j' \tag{2.25}$$

3) 二阶张量的坐标变换

假设矢量 q 和矢量 P，在同一坐标系下的变换，可由二阶张量 $[T_{ij}]$ 联系，$P_i = T_{ij} q_j$ $(i,j = 1,2,3)$，即假定 P_i，q_i 是矢量 P 和 q 在坐标系 $Ox_1x_2x_3$ 中的分量，T_{ij} 是二阶张量 T_{ij} 在旧坐标系下的 9 个分量.

若将坐标系 $Ox_1x_2x_3$ 变换为 $Ox_1'x_2'x_3'$，此时 P、q 和 $[T_{ij}]$ 的所有分量必将变换，即有 $P_i \rightarrow P_i'$，$q_i \rightarrow q_i'$，$[T_{ij}] \rightarrow [T_{ij}']$. 推出 $[T_{ij}]$ 与 $[T_{ij}']$ 之间的关系，即导出了二阶张量在坐标变换时的关系式.

我们讨论电极化强度 P，采用旧坐标系下的分量表示新坐标系下的分量，即

$$P_i' = \alpha_{ik} P_k \tag{2.26}$$

由于

$$P_k = T_{kl} q_l \tag{2.27}$$

将式 (2.27) 代入式 (2.26) 中为

$$P_i' = \alpha_{ik} P_k = \alpha_{ik} T_{kl} q_l \tag{2.28}$$

在式 (2.28) 中的 q_l，由新坐标系分量表示旧坐标系分量，采用逆变换为

$$q_l = \alpha_{jl} q_j' \tag{2.29}$$

再将式 (2.29) 代入式 (2.28) 中得到

$$P_i' = \alpha_{ik} T_{kl} \alpha_{jl} q_j' \tag{2.30}$$

式 (2.30) 进一步表示为

$$P_i' = T_{ij}' q_j' \tag{2.31}$$

比较式 (2.30) 和式 (2.31) 得到

$$T_{ij}' = \alpha_{ik} T_{kl} \alpha_{jl} \quad (i,j,k,l = 1,2,3) \tag{2.32}$$

由式 (2.32) 得到旧坐标系下的二阶张量 $[T_{kl}]$ 变换到了新坐标系下的二阶张量 $[T_{ij}']$，以及二阶张量分量坐标变换定律的形式为

$$T_{ij}' = \alpha_{ij} T_{kl} \alpha_{jl} \quad (i,j,k,l = 1,2,3) \tag{2.33}$$

二阶张量坐标变换矩阵形式由式 (2.33) 写为

$$\begin{bmatrix} T_{11}' & T_{12}' & T_{13}' \\ T_{21}' & T_{22}' & T_{23}' \\ T_{31}' & T_{32}' & T_{33}' \end{bmatrix} = \begin{bmatrix} \alpha_{11} & \alpha_{12} & \alpha_{13} \\ \alpha_{21} & \alpha_{22} & \alpha_{23} \\ \alpha_{31} & \alpha_{32} & \alpha_{33} \end{bmatrix} \begin{bmatrix} T_{11} & T_{12} & T_{13} \\ T_{21} & T_{22} & T_{23} \\ T_{31} & T_{32} & T_{33} \end{bmatrix} \begin{bmatrix} \alpha_{11} & \alpha_{21} & \alpha_{31} \\ \alpha_{12} & \alpha_{22} & \alpha_{32} \\ \alpha_{13} & \alpha_{23} & \alpha_{33} \end{bmatrix} \tag{2.34}$$

将式 (2.34) 展开后，二阶张量的矩阵式为

$$\begin{bmatrix} T'_{11} \\ T'_{12} \\ T'_{13} \\ T'_{21} \\ T'_{22} \\ T'_{23} \\ T'_{31} \\ T'_{32} \\ T'_{33} \end{bmatrix} = \begin{bmatrix} \alpha_{11}\alpha_{11} & \alpha_{11}\alpha_{12} & \cdots & \cdots & \cdots & \alpha_{13}\alpha_{13} \\ \cdots & \cdots & \cdots & \cdots & & \cdots \\ \cdots & \cdots & \cdots & \cdots & & \cdots \\ \cdots & \cdots & \cdots & \cdots & & \cdots \\ \cdots & \cdots & 9\times9 = 81 \text{ 个元素} & & \cdots \\ \cdots & \cdots & \cdots & \cdots & & \cdots \\ \cdots & \cdots & \cdots & \cdots & & \cdots \\ \cdots & \cdots & \cdots & \cdots & & \cdots \\ \alpha_{31}\alpha_{31} & \cdots & \cdots & \cdots & & \alpha_{33}\alpha_{33} \end{bmatrix} \begin{bmatrix} T_{11} \\ T_{12} \\ T_{13} \\ T_{21} \\ T_{22} \\ T_{23} \\ T_{31} \\ T_{32} \\ T_{33} \end{bmatrix} \tag{2.35}$$

对于对称二阶张量矩阵形式为

$$\begin{bmatrix} T'_1 \\ T'_2 \\ T'_3 \\ T'_4 \\ T'_5 \\ T'_6 \end{bmatrix} = \begin{bmatrix} \alpha_{11}^2 & \alpha_{12}^2 & \alpha_{13}^2 & 2\alpha_{12}\alpha_{13} & 2\alpha_{11}\alpha_{13} & 2\alpha_{11}\alpha_{12} \\ \cdots & \cdots & \cdots & \cdots & \cdots & \cdots \\ \cdots & \cdots & \cdots & \cdots & \cdots & \cdots \\ \cdots & \cdots & \cdots & \cdots & \cdots & \cdots \\ \cdots & \cdots & 6\times6 = 36 \text{ 个元素} & \cdots & \cdots \\ \cdots & \cdots & \cdots & \cdots & \cdots & \cdots \end{bmatrix} \begin{bmatrix} T_1 \\ T_2 \\ T_3 \\ T_4 \\ T_5 \\ T_6 \end{bmatrix} \tag{2.36}$$

4. 三阶张量分量的坐标变换

根据正变换的条件，我们从 $P_i = d_{ijk}\sigma_{jk}$ 出发，推导 $\boldsymbol{d}_{ijk}$ 三阶张量的坐标变换的过程为

$$P'_i = \alpha_{il}P_l \tag{2.37}$$

$$P_l = d_{lmn}\sigma_{mn} \tag{2.38}$$

$$\sigma_{mn} = \alpha_{jm}\sigma'_{jk}\alpha_{kn} \tag{2.39}$$

将式(2.38)和式(2.39)代入式(2.37)中，得到

$$P'_i = \alpha_{il}d_{lmn}\alpha_{jm}\sigma'_{jk}\alpha_{kn} = d'_{ijk}\sigma'_{jk} \tag{2.40}$$

由式(2.40)得到

$$d'_{ijk} = \alpha_{il}\alpha_{jm}\alpha_{kn}d_{lmn} \quad (i,j,k,l,m,n = 1,2,3) \tag{2.41}$$

式(2.41)即为三阶张量分量的坐标变换.

5. 相位匹配

1) 定义

非线性介质内光频场波矢与同频率的非线性极化波的波矢之差 Δk 称为相位匹配.

2）分类

基于角度相位匹配或温度相位匹配技术，人们将相位匹配的形式描述为：①完全相位匹配，即 $\Delta k = 0$，此时谐波得到加强，波矢间为共线相位匹配，即有 k_1 与 k_2 方向相同；②非完全相位匹配，即 $\Delta k = \pm \dfrac{\pi}{l}$，此时谐波部分抵消，波矢 k_1 与 k_2 之间非共线相位匹配；③完全非相位匹配，即 $\Delta k \neq 0$，此时谐波输出为零，即波矢 k_1 与 k_2 方向相反.

按照晶体性质将相位匹配分为单轴晶体的相位匹配和双轴晶体的相位匹配.

3）相干长度

定义 L_c 为相干长度并表示为 $L_c = \dfrac{\pi}{\Delta k}$，即在一定 Δk 条件下，当非线性晶体的长度超过相干长度时，基频光向谐波的转换效率很快下降.

4）相位匹配条件

假设非线性光学晶体对基频光无吸收和色散，基频光与谐波之间满足能量和动量守恒. 在二次非线性效应中，假设三个光波的频率分别为 ω_1、ω_2 和 ω_3，电极化强度为

$$P_i^{(2)}(\omega_3) = \sum_{j,k} \chi_{ijk}^{(2)}(\omega_1, \omega_2, \omega_3) E_j(\omega_1) E_k(\omega_2) \tag{2.42}$$

三个光波在共线作用时的完全相位匹配条件为

$$\Delta k = k_1 + k_2 - k_3 = 0 \tag{2.43}$$

动量守恒形式为

$$\boldsymbol{k}_1 + \boldsymbol{k}_2 - \boldsymbol{k}_3 = 0 \tag{2.44}$$

能量守恒形式为

$$\omega_1 + \omega_2 = \omega_3 \tag{2.45}$$

由式（2.43）可知

$$\frac{2\pi}{\lambda_1} n_1 + \frac{2\pi}{\lambda_2} n_2 - \frac{2\pi}{\lambda_3} n_3 = 0 \tag{2.46}$$

根据 $\boldsymbol{k} = \dfrac{n}{c} \omega \boldsymbol{k}_0$，可以得到波矢的大小为 $k = \dfrac{n}{c} \omega$，并代入式（2.43）进一步整理为

$$\frac{n_1 \omega_1}{c} + \frac{n_2 \omega_2}{c} + \frac{n_3 \omega_3}{c} = 0 \tag{2.47}$$

$$n_1 \omega_1 + n_2 \omega_2 + n_3 \omega_3 = 0$$

式（2.46）为三个光波耦合的动量守恒条件，式（2.47）为能量守恒条件.

2.2 非线性光学晶体概述

2.2.1 发展状况

自从 1961 年弗兰肯(Franken)采用红宝石激光器泵浦二氧化硅(SiO_2)产生了倍频现象以来,非线性光学频率变换技术和非线性光学晶体材料得到了迅猛的发展.

1. 非线性光学晶体的性质

非线性光学晶体的性质与外加光频场有着密切的关系,在高强度光频场 $E(r,t)$ 的作用下,介质中不仅产生与 $E(r,t)$ 呈线性关系的线性电极化强度 $P^{(l)}(r,t)$,同时产生与入射场呈幂次方关系的非线性电极化强度 $P^{(NL)}(r,t)$,其可以包括光频场的二次、三次及更高次的幂次项. 而描述非线性光学晶体的电极化强度与光频场关系的最重要的物理量是光学电极化率 χ,其与不同幂次的电极化强度相对应,可以分为线性光学电极化率 $\chi^{(1)}$,以及非线性光学电极化率 $\chi^{(2)}$、$\chi^{(3)}$ 等,它们反映了介质对于不同光频场的响应. 由此可见,非线性光学晶体的非线性光学电极化率 χ 是产生多种多样的非线性光学效应和现象本质的物理量.

2. 非线性光学晶体的用途

在外加电场的作用下非线性光学晶体的折射率将发生变化,当激光通过此晶体时,其传输特性受到影响而发生改变,这种现象就是人们熟知的电光效应. 目前,电光效应已被广泛用于对光波的相位、频率和偏振态等进行调制的光调制器件等. 某些非线性光学晶体在激光的作用下发生了非线性光学效应,许多实验证实了非线性光学效应能引起不同的光频场之间交换能量而呈现多种新的频率的现象,因此,具有频率转换性能的晶体被广泛应用于相干光波段的扩展和物质微观性质的研究.

2.2.2 几种典型的非线性光学晶体

一般情况下,激光频率转换晶体可以按其透光波段分为以下几类.

1. 近中红外波段的频率转换晶体

目前应用较多的近中红外晶体主要有 $AgGaS_2$、$AgGaSe_2$、$ZnGeP$、Ti_3AsSe_3、$CdGeAs_2$ 等,它们都属于黄铜矿结构. 黄铜矿结构的缺点主要表现在热膨胀系数的各向异性大,热导率低,不易生长大块晶体. 而本征缺陷引起吸收和散射,使得黄铜矿在近中红外波段透光率降低. 近年来，由于晶体生长技术的提高和中远红外技术发展的需求，红外晶体成为人们研究的热点之一.

我们以 $AgGaS_2/AgGaSe_2$ 为例介绍其发展和主要特征.

1984 年美国 Scanford Fang、Yang Xuan 等用 1.064μm Nd:YAG 激光器泵浦 $AgGaS_2$-OPO 得到光学参量波长为 1.4~4.0μm，输出能量为 0.5mJ. 1997 年新加坡 DSO(Defence Science Orgnisation) 国家实验室 P. P. Boon 等用 Nd:YAG 激光器泵浦 $AgGaS_2$-OPO 输出波长为 2.8~4.2μm. 1999 年美国新泽西州 Inrad Optics 公司的 K. L. Vodopyanov 等泵浦 $AgGaS_2$-OPO 获得输出波长 3.9~11.3μm，效率达到 41%~22%. 2006 年，王铁军等实现了利用 $Nd:Y_3Al_5O_{12}$ 调 Q 激光器泵浦 I 类相位匹配 $AgGaS_2$-OPO，连续调谐范围为 2.6~5.3μm，在 4μm 处输出脉冲能量达到 0.6mJ.

当使用波长 2.05μm 的 Ho:YLF 激光器泵浦 $AgGaSe_2$-OPO 时，获得可调谐波长在 2.5~12μm. 当泵浦波长为 1.4~1.55μm 时，使用非临界相位匹配(noncritical phase matching，NCPM)技术可大大提高转换效率，得到 1.9~5.5μm 的波长.

1993 年洛克希德·马丁公司利用铥(Tm)和钬(Ho)共掺 YLF 激光器泵浦 $AgGaSe_2$-OPO，当泵浦功率为 10W 时，在波长 4.1μm 处，最高功率输出为 0.76W. 同年，美国莱特-帕特森(Wright-Patterson)空军基地实验室采用 Tm/Ho:YLF 激光器泵浦 $AgGaSe_2$-OPO，当泵浦功率为 5.6W 时，最高功率输出为 0.74W. M. Ehrahimzadeh 等用倍频锁模、半导体激光泵浦的 Nd:YLF 作为泵浦源，实现波长调谐范围为 0.99~1.235μm. 美国海军研究实验室利用波长为 2μm 的 Ho:YLF 激光器泵浦 $AgGaSe_2$-OPO，得到了 2.65~9.02μm 的参量光调谐输出. N. P. Bames 等采用 Er:YLF($LiYF_4$)激光器输出的 1.73μm，以及由 1064nm 的拉曼频移获得的 1.9μm 的激光同时泵浦 AGSe-OPO，得到 5.1~12.5μm 的信号光和 3.8~4.9μm 的闲频光输出. G. Quarles 等采用调 Q Ho: YLF 激光器输出的 2.05μm 激光泵浦 AGSe-OPO，实现了可调谐波长 2.49~12.09μm 的激光输出.

为了获得更宽的波长调谐范围，人们开始研究组合调谐技术，其中典型的是双光参量振荡(OPO-OPO)和光参量振荡与差频(OPO-DFG)技术. 差频产生的过程是光频场的强度相近的频率分别为 ω_1、ω_3 的两束光，在非线性晶体中相互耦合作用，产生新的频率为 $\omega_2 = \omega_3 - \omega_1$ 的差频光. 当满足适当的相位匹配条件时，混频过程有最大增益，差频输出达到极大值. 通过转动晶体角度或改变晶体温度，以及改变输入波长等条件，可以得到很宽的调谐范围.

1998 年美国 Kazi Sarwar Abedin、Sajjad Haidar 等实现了对 $AgGaSe_2$ 晶体进行差频获得波长为 5~18μm 的连续可调谐输出，该实验通过 Nd:YAG 激光器泵浦 I 类相位匹配 $LiNbO_3$-OPO，并将闲频光(λ_i=2.454μm)、信号光(λ_s=1.878μm)入射到

AgGaSe$_2$ 晶体内进行差频，在输出光 λ=8μm 处获得的差频光输出功率最大，单脉冲能量可达 200μJ，如图 2-1 所示.

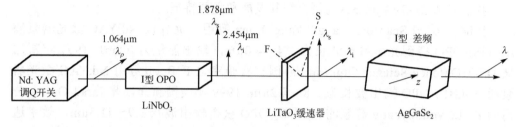

图 2-1　AgGaSe$_2$-OPO 差频获得红激光的原理图

1999 年日本学者 Sajjad Haidar 与 Koichiro Nakamura 等利用 AgGaS$_2$ 晶体获得 5~12μm 调谐波长. 用 Nd:YAG 激光器(输出波长 λ_ρ=1.064μm)泵浦由腔镜 M$_1$ 和 M$_2$ 组成的 LiNbO$_3$ 光参量振荡器，获得两个调谐波长并作为信号光与闲频光入射到由腔镜 Q 和 G 组成的 AgGaS$_2$ 光参量振荡器以实现差频过程. 选取 1cm 长的 AgGaS$_2$ 晶体，在 7.5μm 处获得差频最大输出功率，单脉冲能量 95μJ，其实验装置如图 2-2 所示. 实验结果与理论模拟一致，如图 2-3 所示.

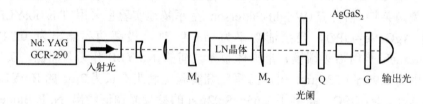

图 2-2　AgGaS$_2$ 晶体差频输出中红外波实验装置

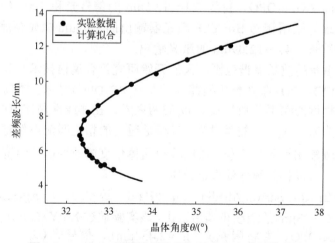

图 2-3　AgGaS$_2$ 晶体差频波长与晶体角度的调谐曲线

2004 年加拿大与波兰研究人员，使用 $AgGaS_2$ 非线性晶体和差频技术获得了研究温室气体需要的高分辨率、高信噪比的红外辐射. 泵浦源为两个染料激光器，调谐范围分别为 560～610nm 和 610～650nm，晶体在 I 类 90° 相位匹配下，差频调谐范围为 6～11μm，红外线输出功率超过 30nW，在线宽 1.5MHz 时信噪比超过 3500∶1.

2004 年，S. Haidar 与 Y. Sasaki 等利用周期极化 $LiNbO_3$(periodic polarization $LiNbO_3$，PPLN)光参量振荡的输出，在 $AgGaS_2$ 晶体中进行差频实验，获得 9.4～10.5μm 的红外输出. PPLN 晶体长度为 3cm，OPO 信号光与闲频光的调谐范围分别为 1.932～1.912μm 和 2.368～2.40μm，差频晶体 $AgGaS_2$ 的长度为 10mm.

2006 年，Norihito Saito 等利用 $Ti:Al_2O_3$ 激光器作为泵浦源，对 $AgGaS_2$ 晶体进行差频实验，得到 5μm 以上的输出光. 可连续调谐的红外光范围分别为 5.2～7.2μm、7.0～9.1μm 和 8.9～12μm，$AgGaS_2$ 晶体对应的相位匹配角分别为 55°、50° 和 45°.

硒镓银($AgGaSe_2$，AGSe)晶体属于黄铜矿结构，是一种性能优异的红外非线性光学材料，其主要特征包括：红外波长透明范围为 0.7～18μm，吸收小，非线性光学系数 $d_{36}=43pm/V$，具有适宜的双折射，可用于制作倍频、混频和宽带可调谐红外参量振荡器. 它的有效传输波长范围是 0.9～16μm，导热系数为 0.011W/(cm·K). 当使用各种常用的激光器泵浦时，利用 AGSe 晶体的相位匹配范围大的特点和 OPO 技术，即可实现 AGSe-OPO 激光器的 2μm 激光输出，但由于其热导率低，容易产生热梯度和热透镜效应，所以 AGSe-OPO 更适合低功率的应用. 当使用波长 2.05μm 的 Ho:YLF 激光器泵浦 AGSe 晶体时，获得可调波长范围为 2.5～12μm；当泵浦波长为 1.4～1.55μm 时，使用非临界相位匹配技术可大大提高转换效率，得到 1.9～5.5μm 范围的波长. 采用波长 10.6μm，脉冲宽度 150ns，输出能量 50～150mJ 的 CO_2 激光入射 AGSe 晶体进行倍频实验，可以获得 12%的能量转换效率.

现在进一步讨论 $AgGaS_2$/$AgGaSe_2$ 晶体的折射率随入射激光波长变化的关系，即塞尔梅耶(Sellmeier)关系曲线，基于 AGS 和 AGSe 晶体的色散方程分别为

$$n_o^2(\lambda) = 3.3970 + 2.3982 / (1 - 0.09311 / \lambda^2) + 2.1640 / (1 - 950 / \lambda^2) \tag{2.48a}$$

$$n_e^2(\lambda) = 3.5873 + 1.9533 / (1 - 0.11066 / \lambda^2) + 2.3391 / (1 - 1030.7 / \lambda^2) \tag{2.48b}$$

$$n_o^2(\lambda) = 4.6453 + 2.2057 / (1 - 0.1879 / \lambda^2) + 1.8577 / (1 - 1600 / \lambda^2) \tag{2.49a}$$

$$n_e^2(\lambda) = 5.2912 + 1.3970 / (1 - 0.2845 / \lambda^2) + 1.9282 / (1 - 1600 / \lambda^2) \tag{2.49b}$$

对方程(2.48)和方程(2.49)进行数值计算，我们得到了 AGS 和 AGSe 的折射率

与波长的塞尔梅耶关系曲线，如图 2-4 所示. 随着波长的增大，寻常光与非寻常光的折射率均逐渐变小，在波长 2μm 以内，折射率变化最为明显.

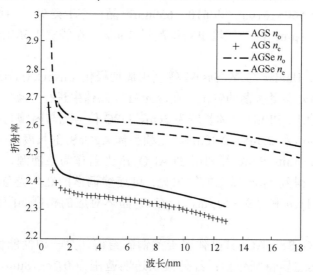

图 2-4　AGS 和 AGSe 晶体的折射率与波长的塞尔梅耶关系曲线

2. 可见光到红外波段的频率转换晶体

无机化合物如磷酸盐、碘酸盐和铌酸盐晶体等，都具有可见光到红外波段的频率转换性能.

磷酸二氢钾（KH_2PO_4）、磷酸二氢铵（$NH_4H_2PO_4$）、磷酸钛氧钾（$KTiOPO_4$，KTP）晶体等属于磷酸盐晶体，其特点是透光波段从紫外到近红外波段，激光损伤阈值中等，易于实现相位匹配等. 其主要应用于滤波器、光波导、Q 开关、电光调制和激光倍频等. 下面以 KTP、偏硼酸钡（$\beta\text{-}BaB_2O_4$，BBO）等晶体为例介绍其特性.

1）KTP 的主要特性

KTP 晶体结构属于正交结构，点群为 $mm2$，晶格常数分别为 $a = 0.6420nm$，$b = 1.0604nm$，$c = 1.2809nm$. 密度为 $3.01g/cm^3$，比热为 $0.7273J/(g\cdot℃)$，在熔点 1150℃ 附近部分开始分解，莫氏硬度稍大于 5. 透光波段为 350～4500nm，有效非线性系数 $d = 22.05 \times 10^8 m/V$，非线性电极化系数矩阵元中各量分别为 $d_{31} = 6.5d$，$d_{32} = 5.0d$，$d_{33} = 13.7d$，$d_{24} = 7.6d$，$d_{15} = 6.1d$. 基频光的破坏阈值为 300～500MW/cm²，颜色为无色透明. KTP 晶体的透光特性如图 2-5 所示.

表 2-2 给出了 KTP 晶体的电光系数. KTP 晶体的热光系数如表 2-3 所示. KTP 晶体的吸收系数如表 2-4 所示. 表 2-3 和表 2-4 中的 A 和 B 分别代表两组数据在不同文献中给出的测量值.

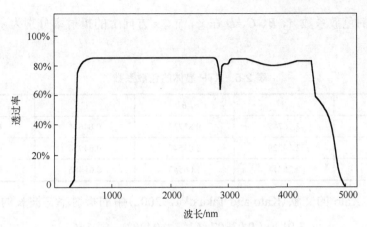

图 2-5　KTP 晶体的透光特性

表 2-2　KTP 晶体的电光系数　　　　　　　（单位：pm/V）

	r_{13}	r_{23}	r_{33}	r_{51}	r_{42}	r_{c1}	r_{cz}
低频	9.5	15.7	36.3	7.3	9.3	28.6	22.2
高频	8.8	13.8	35.0	6.9	8.8	27.0	21.5

表 2-3　KTP 晶体的热光系数

波长/nm		x	y	z
532	A，B	27.9，18.5	32.5，41.6	49.6，47.0
660	A，B	27.1，18.4	30.1，30.2	40.7，41.5
1064	A，B	22.0，15.8	25.9，25.0	42.8，32.1
1320	A，B	22.8，14.6	13.1，19.6	32.0，34.9

表 2-4　KTP 晶体的吸收系数

波长/nm		x	y	z
514.5	A，B	7.5，1.3	8.5，2.7	11.3，2.6
660	A，B	0.65，0.73	0.87，0.87	0.65，0.81
1064	A，B	0.28，—	0.65，—	0.53，—
1320	A，B	0.14，0.15	0.73，0.04	0.39，0.10

　　由表 2-4 可知，KTP 晶体在短波长工作时的吸收系数大于其在长波长工作时的吸收系数，所以当运转在短波长时，一定要考虑晶体的散热，以避免晶体的热损伤．
　　现在讨论 KTP 晶体的色散特性，参考 T. Y. Fan 的文献，折射率与波长的关系为

$$n^2 = A + B / (1 - C / \lambda^2) - D\lambda^2 \tag{2.50}$$

式(2.50)中的色散系数 A、B、C、D 在 x、y、z 方向上的折射率分别为 n_x、n_y、n_z，如表 2-5 所示.

表 2-5　KTP 晶体的色散系数-1

	A	B	C	D
n_x	2.16747	0.83733	0.04611	0.01713
n_y	2.19229	0.83547	0.04970	0.01621
n_z	2.25411	1.06543	0.05486	0.02140

参考 K. Kato 的文献(Kato and Taka oka，2002)中的折射率与波长的关系为

$$\begin{cases} n_x^2 = 3.0129 + 0.03807 / (\lambda^2 - 0.04283) - 0.01664\lambda^2 \\ n_y^2 = 3.0333 + 0.04106 / (\lambda^2 - 0.04946) - 0.01695\lambda^2 \\ n_z^2 = 3.3209 + 0.05305 / (\lambda^2 - 0.05960) - 0.01763\lambda^2 \end{cases} \tag{2.51}$$

式(2.51)中的折射率与系数 A、B、C、D 的关系如表 2-6 所示.

表 2-6　KTP 晶体的色散系数-2

	A	B	C	D
n_x	2.029809	0.9737485	0.04093072	1.1048585
n_y	2.079195	0.9412874	0.04595899	0.9320789
n_z	2.006239	1.2965213	0.04807691	1.1329810

参考 J. Bierlein 的文献(Bierlein，1989)中的折射率与波长关系

$$n^2 = A + B / [1 - (C / \lambda)^2] - D\lambda^2 \tag{2.52}$$

式(2.52)更加适合水热法生长的 KTP 晶体，这里的折射率与系数 A、B、C、D 的关系如表 2-7 所示.

表 2-7　KTP 晶体的色散系数-3

	A	B	C	D
n_x	2.1146	0.89188	0.20861	0.01320
n_y	2.1518	0.87862	0.21801	0.01327
n_z	2.3136	1.00012	0.23831	0.01679

参考 K. Kato 的文献(Kato，1991)中的折射率与波长的关系

$$n^2 = A + B / (\lambda^2 - C) - D\lambda^2 \tag{2.53}$$

式(2.53)中的折射率与系数 A、B、C、D 的关系如表 2-8 所示.

表 2-8　KTP 晶体的色散系数-4

	A	B	C	D
n_x	3.0065	0.03901	0.04251	0.01327
n_y	3.0333	0.04154	0.04547	0.01408
n_z	3.3144	0.05694	0.05658	0.01682

目前 KTP 晶体用于 Nd:YAG 激光器输出波长 1064nm 的内腔或外腔倍频，其作为优良的倍频晶体，同时具备了有效非线性系数大、允许发散角大、允许温度高、走离角小，以及破坏阈值较高等优点. 而 KTP 晶体也是一种优良的光学波导材料，用其制成马赫-曾德尔调制器波导的参数如表 2-9 所示.

表 2-9　KTP 晶体调制器波导的物理参数

波长/nm	带宽/GHz	开关电压/V	消光比/dB	插入损耗
630	12	5	—	—
1300	12	10	18	5
1500	12			

KTP 晶体是用于 1μm 左右激光倍频与差频中最适宜的晶体. 1991 年，D. C. Edelstein 等采用 Nd:YAG 激光器的输出光 1.064μm 泵浦 KTP 晶体，获得功率为 0.2W 和输出波长为 3.2μm 的激光输出，同时由五组腔镜实现了飞秒（femtosecond, fs）量级超短脉冲，以及 0.7～4.5μm 的激光调谐输出. 利用 KTP 晶体可获得 3.2μm 处的最大输出功率为 1.4W. 由于受相位匹配条件和晶体透明波段的影响，KTP 晶体的优势在可见光至 3μm 波段内. 目前正在发展的周期性极化 KTP（PPKTP）晶体可以部分解决相位匹配条件的限制.

2）β-BaB$_2$O$_4$（BBO）和 CsLiB$_6$O$_{10}$（CLBO）的主要特征

20 世纪 80 年代，由中国科学院福建物质结构研究所首先成功研制了偏硼酸钡（β-BaB$_2$O$_4$, BBO）、三硼酸锂（LiB$_3$O$_5$, LBO），其透光范围为 155nm～5.2μm.

1995 年，Y. Mori 等成功研制了新型紫外非线性光学晶体——硼酸铯锂（CsLiB$_6$O$_{10}$, CLBO），其透光波段为 185～3500nm，已经广泛应用于 Nd:YAG 激光器输出的基频光 1064nm 的二次、三次、四次及五次谐波产生，分别得到波长为 532nm、355nm、266nm 和 213nm 的相干光的发射，以及光参量振荡（OPO）、光参量放大（OPA）等的光学频率转换，实现了可见和近红外波段连续可调谐输出.

BBO 晶体的一些有代表性的特性如下.

晶格结构：三角，空间群 $R3C$.

晶胞系数：$a=b=1.2532$nm，$c=1.2717$nm，$z=6$.

吸收系数：小于 0.1%/cm（在波长 1064nm 处）.

透光波段：189～3500nm.

相位匹配波段：409.6～3500nm.

光学均匀性：$\delta n \sim 10^{-6} \text{cm}^{-1}$.

非线性系数：$d_{11}=5.8\times d_{36}$（KDP），$d_{31}=0.05\times d_{11}$，$d_{22}<0.05\times d_{11}$.

温度带宽：550℃.

转变温度：(925 ± 5)℃.

莫氏硬度：4.

密度：3.85g/cm³.

比热：1.91J/(cm³·K).

熔点：(1095 ± 5)℃.

潮解：较低.

电光系数：$r_{11}=2.7\text{pm/V}$，r_{22} 和 r_{31} 小于 $0.1r_{11}$.

半波电压：4.8kV（在波长 1064nm 处）.

热光系数：$\mathrm{d}n_{\mathrm{o}}/\mathrm{d}T=-9.3\times10^{-6}℃^{-1}$，$\mathrm{d}n_{\mathrm{e}}/\mathrm{d}T=-16.6\times10^{-6}℃^{-1}$.

热导率：$c(11)$，0.08W/(m·K)；$c(33)$，0.8W/(m·K).

破坏阈值：在泵浦光波长为 1064nm，脉冲宽度为 10ns 和 1.3ns 时，分别为 5GW/cm² 和 10GW/cm²；在波长为 532nm，脉冲宽度分别为 10ns 和 250ps 时，分别为 1GW/cm² 和 7GW/cm².

CLBO 晶体属于四方晶系、$\overline{4}2m$ 点群、负单轴晶体（$n_{\mathrm{o}}>n_{\mathrm{e}}$），晶胞系数 a=1.0494(1)nm，c=0.8939nm，对称性 $z=4$，对 1064nm 的吸收系数为 0.025cm⁻¹. 表 2-10 列出了 CLBO 与其他常见非线性晶体的光学特性参数.

表 2-10 CLBO 与 BBO、LBO、KDP 晶体的光学特性

晶体特性		CLBO	BBO	LBO	KDP
晶格结构		四方 $\overline{4}2m$	三角 $3m$	正交 mm^2	四方 $\overline{4}2m$
晶胞尺寸	a/nm	1.0494	1.2532	0.8447	—
	b/nm	1.0494	1.2532	0.7379	—
	c/nm	0.8939	1.2717	0.5140	—
透光波段/μm		0.175～2.8	0.198～3.5	0.165～3.2	0.198～3.5
允许发散角 $\Delta\theta$/(mrad·cm)	λ=1064nm	1.7	0.51	9.5	3.4
	λ=532nm	0.49	0.17		1.7
允许波长 $\Delta\lambda$/(nm·cm)	λ=1064nm	5.6～7.3	2.11	0.07～0.1	11.5
	λ=532nm	0.13	0.07		0.13
允许温度 ΔT/(℃·cm)	λ=1064nm	43.1	37.1	～0.07	19.1
	λ=532nm	8.3	4.5		1.2

续表

晶体特性		CLBO	BBO	LBO	KDP
走离角 (walk-off angle)/(°)	$\lambda=1064nm$	1.78	3.2	1.7	1.34
	$\lambda=532nm$	2.83	4.8		
双折射系数 (birefringence coefficient)	$\lambda=532nm$	0.052	0.12	0.046	—
损伤阈值 (damage threshold)/(GW/cm^2)	$\lambda=1064nm$	26	13.5	26	~20
有效非线性光学系数 d_{eff}/(pm/V)	$\lambda=1064nm$	0.95	2.06	1.1	0.38
	$\lambda=532nm$	1.01	1.32		0.51
吸收效率 (absorption efficiency)/cm^{-1}	$\lambda=1064nm$	0.025	0.01	0.02	0.03~0.05

在 Nd:YAG 激光器(输出的基频光波长为 1064nm)的泵浦下,CLBO 晶体的倍频、混频的输出结果如表 2-11 所示.

表 2-11　CLBO 对 1064nm Nd:YAG 倍频、混频的输出结果

基波脉宽	输入峰值能量/mJ	晶体尺寸/(mm×mm×mm)	输出波长/nm	输出峰值能量/mJ	转换效率
50ps	28	10×10×10	532	18.5	60%
20ns	248	10×10×10	532	107	40%
20ns	248	10×10×10	355	12.7	5%
20ns	248	10×10×10	266	46.3	21.5%
20ns	121	10×10×6	213	9.3	8%
7ns	1000[*]	12×12×10	266	500	50%
7ns	2200	12×12×6	213	230	10.4%

*:输入光的波长为 532nm.

我们结合 CLBO 晶体的主要特性,进一步讨论 CLBO 晶体的 SHG 相位匹配角和有效非线性系数.

假设 $\omega_1(\lambda_1)$、$\omega_2(\lambda_2)$ 是入射晶体的光波频率,$\omega_3(\lambda_3)$ 是出射晶体的光波频率,$\boldsymbol{k}_1$、$\boldsymbol{k}_2$ 和 $\boldsymbol{k}_3$ 为相应光波的波矢量. 由能量和动量守恒关系可得

$$\omega_1 + \omega_2 = \omega_3 \tag{2.54}$$

$$\boldsymbol{k}_1 + \boldsymbol{k}_2 = \boldsymbol{k}_3 \tag{2.55}$$

对于三波共线相互作用,式(2.55)可写为

$$k_1 + k_2 = k_3$$

即

$$n_1(\omega_1,\theta)\omega_1 + n_2(\omega_2,\theta)\omega_2 = n_3(\omega_3,\theta)\omega_3 \tag{2.56}$$

其中,n_1、n_2 和 n_3 分别为相应光波在晶体中的折射率. 式(2.54)和式(2.56)为和

频的相位匹配条件，将 $\omega_1 = \omega_2 = \omega$ 代入式(2.1)和式(2.3)中，可得 SHG 的相位匹配条件

$$n_1(\omega,\theta) + n_2(\omega,\theta) = 2n_3(2\omega,\theta) \tag{2.57}$$

对于负单轴晶体的 I 类 SHG，式(2.57)化简为

$$n_o(\omega) = n_e(\omega_j,\theta) \tag{2.58}$$

其中

$$n_e(\omega_j,\theta) = \left[\frac{n_o^2(\omega_j)n_e^2(\omega_j)}{n_o^2(\omega_j)\sin^2\theta + n_e^2(\omega_j)\cos^2\theta} \right]^{\frac{1}{2}} \tag{2.59}$$

在温度为 20℃时，CLBO 的色散方程为

$$n_o^2(\lambda) = 2.2145 + \frac{0.00890}{\lambda^2 - 0.02051} - 0.01413\lambda^2 \tag{2.60}$$

$$n_e^2(\lambda) = 2.0588 + \frac{0.00866}{\lambda^2 - 0.01202} - 0.00607\lambda^2 \tag{2.61}$$

联立式(2.58)~式(2.61)，得到 CLBO 晶体的 I 类 SHG 相位匹配角

$$\theta(\mathrm{I}) = \arcsin\sqrt{\frac{n_o^{-2}(\omega) - n_o^{-2}(2\omega)}{n_e^{-2}(2\omega) - n_o^{-2}(2\omega)}} \tag{2.62}$$

对于负单轴晶体的 II 类 SHG，式(2.57)变化为

$$n_o(\omega) + n_e(\omega,\theta) = 2n_e(2\omega,\theta) \tag{2.63}$$

将式(2.59)~式(2.61)和式(2.63)联立，可求得 CLBO 晶体 II 类 SHG 的相位匹配角

$$\left[\frac{\cos^2\theta(\mathrm{II})}{n_o^2(2\omega)} + \frac{\sin^2\theta(\mathrm{II})}{n_e^2(2\omega)} \right]^{-\frac{1}{2}} = \frac{n_o(\omega)}{2} + \frac{1}{2}\left[\frac{\cos^2\theta(\mathrm{II})}{n_o^2(\omega)} + \frac{\sin^2\theta(\mathrm{II})}{n_e^2(\omega)} \right]^{-\frac{1}{2}} \tag{2.64}$$

再将式(2.60)、式(2.61)代入式(2.62)和式(2.64)中，进行数值模拟，即可求得 CLBO 晶体的 I、II 类条件下的 SHG 匹配角 θ. 在基波波长为 480~2400nm 时，CLBO 晶体的 SHG 匹配角曲线如图 2-6 所示. 由图 2-6 可知，CLBO 晶体 I 类、II 类条件下 SHG 匹配角的泵浦光的下限波长分别为 480nm 和 650nm；基波波长小于 480nm 时，SHG 匹配角不存在，基波波长在 480~650nm 波段内时，不存在 II 类匹配角，SHG 只能采用 I 类匹配.

基频波的能量是通过介质的非线性极化，耦合产生二次谐波，即基频波在介质内产生非线性极化波 $P_{2\omega}^{\mathrm{NL}}$，$P_{2\omega}^{\mathrm{NL}}$ 产生二次谐波. 在介质的入射端，$P_{2\omega}^{\mathrm{NL}}$ 与其产生的谐波有一固定的相位关系. 只有在整个作用过程中始终保持此相位关系，$P_{2\omega}^{\mathrm{NL}}$ 才能连

续产生二次谐波，并使其能量不断增长，这就要求谐波与极化波的波速相等，即动量守恒关系满足 $\Delta k = 2k_\omega - k_{2\omega} = 0$，这就是相位匹配的物理实质.

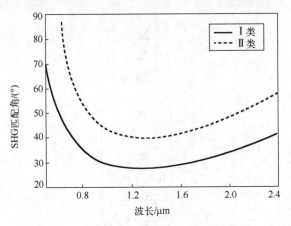

图 2-6　CLBO 晶体的 SHG 匹配角曲线

基于 CLBO 晶体的性质，我们利用 $\overline{4}2m$ 点群晶体的二次极化率张量 d_{ijk} 形式

$$d_{ijk} = \begin{pmatrix} 0 & 0 & 0 & d_{14} & 0 & 0 \\ 0 & 0 & 0 & 0 & d_{52} & 0 \\ 0 & 0 & 0 & 0 & 0 & d_{36} \end{pmatrix} \tag{2.65}$$

假设克莱曼近似成立，即有 $d_{14} = d_{52} = d_{36} = 0.95\text{pm/V}$.

在单轴晶体光学主轴坐标系中，波矢方向为 (θ, φ) 的光波分别为 o 光、e 光偏振时，其光电场矢量 $\boldsymbol{E}^{\text{o}}(\omega_i)$、$\boldsymbol{E}^{\text{e}}(\omega_i)$ 的单位矢量 $\boldsymbol{a}_i$、$\boldsymbol{b}_i$ 分别为

$$\boldsymbol{a}_i = \begin{pmatrix} \sin\varphi \\ -\cos\varphi \\ 0 \end{pmatrix} \tag{2.66}$$

$$\boldsymbol{b}_i = \begin{pmatrix} -\cos\theta\cos\varphi \\ -\cos\theta\sin\varphi \\ \sin\theta \end{pmatrix} \tag{2.67}$$

在 I 类、II 类相位匹配时，分别有

$$\boldsymbol{d}_{\text{eff}}(\text{I}) = \boldsymbol{b}_i d_{ijk} \boldsymbol{a}_j \boldsymbol{a}_k \tag{2.68}$$

$$\boldsymbol{d}_{\text{eff}}(\text{II}) = \boldsymbol{b}_i d_{ijk} \boldsymbol{a}_j \boldsymbol{b}_k \tag{2.69}$$

其中

$$\boldsymbol{a}_j\boldsymbol{a}_k = \begin{pmatrix} a_1^2 \\ a_2^2 \\ a_3^2 \\ 2a_2a_3 \\ 2a_1a_3 \\ 2a_1a_2 \end{pmatrix} \tag{2.70}$$

$$\boldsymbol{a}_j\boldsymbol{b}_k = \begin{pmatrix} a_1b_1 \\ a_2b_2 \\ a_3b_3 \\ a_3b_2 + a_2b_3 \\ a_3b_1 + a_1b_3 \\ a_1b_2 + a_2b_1 \end{pmatrix} \tag{2.71}$$

将式(2.65)、式(2.66)、式(2.67)、式(2.70)和式(2.71)分别代入式(2.68)和式(2.69)中得到

$$\boldsymbol{d}_{\mathrm{eff}}(\mathrm{I}) = d_{36}\sin\theta\sin(2\varphi) \tag{2.72}$$

$$\boldsymbol{d}_{\mathrm{eff}}(\mathrm{II}) = d_{36}\sin(2\theta)\cos(2\varphi) \tag{2.73}$$

在 I 类和 II 类相位匹配条件下，CLBO 晶体的切割角 φ 分别为 45° 和 0°，θ 采用图 2-6 中不同基波波长的 I 类、II 类匹配角，d_{36} 取 0.95pm/V，根据式(2.72)和式(2.73)，可求得 SHG 有效非线性系数. 当基波波长在 480～2400nm 波段范围内，CLBO 晶体的 SHG 有效非线性系数曲线如图 2-7 所示. 在 I 类、II 类相位匹配条件

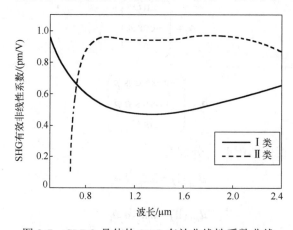

图 2-7　CLBO 晶体的 SHG 有效非线性系数曲线

下，CLBO 晶体倍频的有效非线性系数 d_{eff} 最大值分别为 0.94pm/V 和 0.95pm/V，取最大值时的基波波长分别为 480nm 和 960nm，同时，基波波长在 650～720nm 范围内，讨论 I 类相位匹配条件下，CLBO 的 SHG 有效非线性系数较大，而基波波长在 720～2400nm 范围内时，CLBO 的 II 类 SHG 有效非线性系数较大.

由于 CLBO 晶体属于负单轴晶体，其具有 $n_o > n_e$ 或 $v_o < v_e$ 的特征.

在 I 类相位匹配条件下，我们讨论 CLBO 晶体的角度调谐. 为有效地进行非线性光学频率转换，参与相互作用的光波必须具有相同的相速度，也就是利用非线性晶体的双折射和色散特性来达到相位匹配的目的.

假设参与非线性相互作用的三个光波的频率分别为 ω_1、ω_2 和 ω_3，其相应的波矢分别为 k_1、k_2 和 k_3，当完全相位匹配时，根据动量守恒和能量守恒有

$$\omega_1 + \omega_2 = \omega_3 \tag{2.74}$$

$$\boldsymbol{k}_1 + \boldsymbol{k}_2 = \boldsymbol{k}_3 \tag{2.75}$$

我们讨论三波共线作用，式 (2.75) 可改写为

$$k_1 + k_2 = k_3 \tag{2.76}$$

$$k_i = \frac{\omega_i}{c} n_i \tag{2.77}$$

其中，n_i 是频率为 ω_i 的光波在晶体内的折射率.

将式 (2.77) 代入式 (2.76)，并联立式 (2.54) 可得

$$\omega_1 n_1 + \omega_2 n_2 = \omega_3 n_3 \tag{2.78}$$

式 (2.78) 是在三波共线条件下的三波相互作用的相位匹配条件. 一般来说，晶体的折射率 n_i 与晶体的取向 (非寻常光)、温度、光频场等因素有关. 在研究 CLBO 晶体时，采用角度调谐方法，并假定 ω_3 为非寻常光 (e 光)，在 I 类相位匹配条件下，ω_1、ω_2 均为寻常光 (o 光)；在 II 类相位匹配条件下，ω_1、ω_2 中的一个为寻常光. 当入射泵浦光与非线性晶体光轴间的角度改变时，n_3 发生改变，为了满足相位匹配条件式 (2.78)，ω_1 和 ω_2 必须稍有改变，这又导致 n_1 和 n_2 的改变，这就是角度调谐相位匹配的物理机制.

由于

$$\omega = \frac{2\pi c}{\lambda} \tag{2.79}$$

将式 (2.79) 代入式 (2.78) 中，并忽略 n_1、n_2 和 n_3 的差别，可以得到

$$\frac{1}{\lambda_1} + \frac{1}{\lambda_2} = \frac{1}{\lambda_3} \tag{2.80}$$

通常情况下，当 o 光通过晶体时，其折射率与波长有关，而与角度无关；而 e 光通过时，其折射率不但与波长有关，而且与角度有关，故对于 I 类相位匹配条件，式(2.78)可以表示为

$$\omega_1 n_1(\omega_1) + \omega_2 n_2(\omega_2) = \omega_3 n_3(\omega_3, \theta) \tag{2.81}$$

其中

$$n_1(\omega_1) = n_o(\omega_1) \tag{2.82}$$

$$n_2(\omega_2) = n_o(\omega_2) \tag{2.83}$$

$$n_3(\omega_3, \theta) = n_e(\omega_3, \theta) = \{n_o^2(\omega_3) n_e^2(\omega_3) / [n_o^2(\omega_3)\sin^2\theta + n_e^2(\omega_3)\cos^2\theta]\}^{1/2} \tag{2.84}$$

当温度为 20℃时，CLBO 晶体的色散方程为

$$n_o^2(\lambda) = 2.2145 + \frac{0.00890}{\lambda^2 - 0.02051} - 0.01413\lambda^2 \tag{2.85}$$

$$n_e^2(\lambda) = 2.0588 + \frac{0.00866}{\lambda^2 - 0.01202} - 0.00607\lambda^2 \tag{2.86}$$

联立式(2.80)～式(2.86)，进行数值模拟计算，可得到当泵浦波长为 213nm、266nm、355nm 和 532nm 时，CLBO 晶体 I 类相位匹配的角度调谐曲线，如图 2-8 和图 2-9 所示. 从图 2-8 可以看出，当泵浦光波长为 213nm 时，角度调谐范围为 46.68°～87.64° 和 41.14°～88.85°，相应的信号光的波长调谐范围为 237～289nm，闲频光的波长调谐范围为 808～2774nm. 但是在 I 类相位匹配时，角度调谐曲线不存在简并点（即不可连续调谐）. 当泵浦波长为 266nm 时，角度调谐范围为 35.69°～61.85°，对应的波长调谐范围为 300.5～2775nm，简并点在 524nm. 当泵浦波长为 355nm 时，最大角度调谐范围为 30.84°～40.35°，相应的波长调谐范围为 409～2789nm，简并

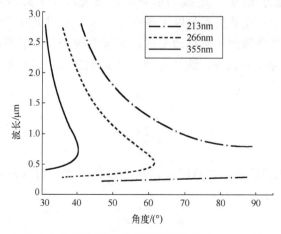

图 2-8　CLBO 晶体 I 类相位匹配的角度调谐曲线(213nm、266nm、355nm)

点在 699nm. 从图 2-9 可以看出，当泵浦波长为 532nm 时，角度调谐范围为 28.31°～28.93°，其波长调谐范围为 658～2798nm，但存在多个简并点，因此，在实验时可以只取其中的一部分，如角度范围为 28.31°～28.73°，波长范围为 738～1888nm，此时的简并点在 1078nm. 由图 2-8 和图 2-9 可以看出，在 I 类相位匹配时，213nm 泵浦时紫外波段只可取波长中的一部分，无法实现连续调谐，532nm 泵浦时由于存在多个简并点，实验时也应取波长中的一部分，266nm 和 355nm 泵浦时调谐性能较好.

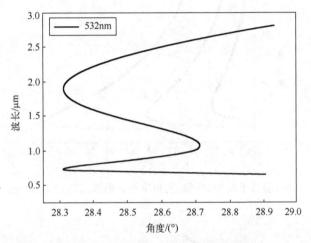

图 2-9　CLBO 晶体 I 类相位匹配的角度调谐曲线(532nm)

我们进一步讨论 II 类相位匹配条件时 CLBO 晶体的角度调谐曲线. 假设参与三波相互作用的信号光为 o 光，闲频光和泵浦光为 e 光，此时 $n_1(\omega_1)$ 和 $n_3(\omega_3,\theta)$ 采用式 (2.82) 和式 (2.84)，而 $n_2(\omega_2,\theta)$ 和 $n_3(\omega_3,\theta)$ 在 II 类相位匹配条件下都是 e 光，所以 $n_2(\omega_2,\theta)$ 可以利用描述 $n_3(\omega_3,\theta)$ 的式 (2.84) 直接写为

$$n_2(\omega_2,\theta) = n_e(\omega_2,\theta) = \{n_o^2(\omega_2)n_e^2(\omega_2) / [n_o^2(\omega_2)\sin^2\theta + n_e^2(\omega_2)\cos^2\theta]\}^{1/2} \qquad (2.87)$$

联立式 (2.80)、式 (2.81)、式 (2.82)、式 (2.83)、式 (2.85)、式 (2.86) 和式 (2.87)，进行数值模拟计算，可以得出，当泵浦波长为 213nm、266nm、355nm 和 532nm 时，CLBO 晶体 II 类相位匹配的角度调谐曲线，如图 2-10 和图 2-11 所示. 从图 2-10 可以看出，当泵浦波长为 213nm 时，CLBO 晶体的角度调谐范围为 16.32°～30.26°，波长调谐范围为 404～2800nm，简并点在 394nm 调谐范围为 1053～2733nm.

当泵浦波长为 266nm 时，角度调谐范围为 12.86°～20.59°，波长调谐范围为 401～2800nm，简并点在 494nm；当泵浦波长为 355nm 时，角度调谐范围为 10.85°～14.23°，波长调谐范围为 410～2792nm，简并点在 673nm. 由图 2-11 可知，当泵浦波长为 532nm 时，角度调谐范围为 10.00°～10.66°，波长调谐范围为 657～

2800nm，同样存在多个简并点，因此实验时也应取调谐波长中的一部分，如角度调谐范围取 10.00°～10.34°，波长范围取 1023～2798nm，此范围内简并点在 2073nm. 比较 CLBO 晶体在 Ⅰ、Ⅱ 类相位匹配时的角度调谐曲线，可知在紫外波段内 Ⅱ 类相位匹配最佳. 无论是 Ⅰ 类相位匹配，还是 Ⅱ 类相位匹配，如果泵浦条件允许，应避免采用 532nm 做泵浦光.

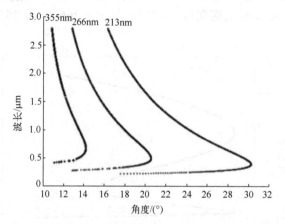

图 2-10　CLBO 晶体 Ⅱ 类相位匹配的角度调谐曲线（213nm、266nm、355nm）

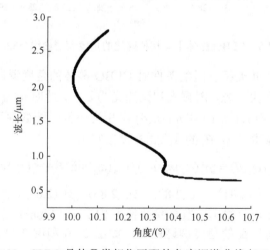

图 2-11　CLBO 晶体 Ⅱ 类相位匹配的角度调谐曲线（532nm）

3. 紫外波段的频率转换晶体

非线性光学晶体是光参量激光器的核心器件. $KBe_2BO_3F_2$（KBBF）晶体属于三方结构，$R32$ 点群，负单轴晶体，其透光波段宽（为 152～3660nm），破坏阈值高达 75GW/cm^2，更适合用于紫外波长的研究. 从 KBBF 晶体的色散方程出发，根据能量和动量守恒定律，下面我们分析了 KBBF 晶体的倍频和混频特性，数值模拟计算了倍频和混频条件下的相位匹配角、有效非线性系数和离散角，并与常用的负单轴非线性晶体 BBO、CLBO 进行了比较分析.

1) 倍频相位匹配角

假设相互作用的三个光波的频率分别为 ω_1、ω_2 和 ω_3，相应的波矢量分别为 $\boldsymbol{k}_1$、$\boldsymbol{k}_2$ 和 $\boldsymbol{k}_3$. 由能量和动量守恒关系有

$$\omega_1 + \omega_2 = \omega_3 \tag{2.88}$$

$$\boldsymbol{k}_1 + \boldsymbol{k}_2 = \boldsymbol{k}_3 \tag{2.89}$$

$$\boldsymbol{k}_i = \frac{\omega_i}{c} n_i \boldsymbol{i} \quad (i = 1, 2, 3) \tag{2.90}$$

其中，$\boldsymbol{i}$ 是波矢量 $\boldsymbol{k}_i$ 的单位矢量，n_i 是频率为 ω_i 的光波在介质中的折射率. 在参与相互作用的三个光波的波矢共线作用下，将式 (2.90) 代入式 (2.89) 可得

$$n_1(\omega_1, \theta)\omega_1 + n_2(\omega_2, \theta)\omega_2 = n_3(\omega_3, \theta)\omega_3 \tag{2.91}$$

式 (2.88) 和式 (2.91) 是和频的相位匹配条件.

在倍频条件下满足

$$\omega_1 = \omega_2 = \omega \tag{2.92}$$

将式 (2.92) 代入式 (2.88) 和式 (2.91) 中，可得到倍频条件下的相位匹配条件为

$$n_1(\omega, \theta) + n_2(\omega, \theta) = 2n_3(2\omega, \theta) \tag{2.93}$$

非线性晶体中三波互作用的相位匹配形式有两种类型，即 Ⅰ 类相位匹配和 Ⅱ 类相位匹配. 入射的基频光取单一的线偏振 (如寻常光)，产生的二次谐波取另一种状态的线偏振光 (如非寻常光)，这种方式通常称为 Ⅰ 类相位匹配，可以用偏振符号表示的偏振条件为 o+o→e. 在 Ⅱ 类相位匹配方式时，基频光取两种偏振态 (寻常光和非寻常光)，而二次谐波取单一偏振态 (如非寻常光)，偏振条件满足 e+o→e 或 o+e→e.

对于负单轴晶体的 Ⅰ 类相位匹配，式 (2.93) 可简化为

$$n_{\mathrm{o}}(\omega) = n_{\mathrm{e}}(2\omega, \theta) \tag{2.94}$$

其中，e 光与方向有关，利用折射率椭球方程

$$\frac{1}{n_{\mathrm{e}}^2(\theta)} = \frac{\cos^2 \theta}{n_{\mathrm{o}}^2} + \frac{\sin^2 \theta}{n_{\mathrm{e}}^2}$$

可推导得到

$$n_{\mathrm{e}}(\omega_i,\theta) = \left[\frac{n_{\mathrm{o}}^2(\omega_i)n_{\mathrm{e}}^2(\omega_i)}{n_{\mathrm{o}}^2(\omega_i)\sin^2\theta + n_{\mathrm{e}}^2(\omega_i)\cos^2\theta} \right]^{\frac{1}{2}} \tag{2.95}$$

基于 KBBF 晶体的色散方程为

$$n_{\mathrm{o}}^2(\lambda) = 1 + \frac{1.168705\lambda^2}{\lambda^2 - 0.0062782} - 0.0096676\lambda^2 \tag{2.96}$$

$$n_{\mathrm{e}}^2(\lambda) = 1 + \frac{0.957724\lambda^2}{\lambda^2 - 0.0059816} - 0.028510\lambda^2 \tag{2.97}$$

再结合式(2.94)和式(2.95)求得 KBBF 晶体的 I 类 SHG 相位匹配角

$$\theta(\mathrm{I}) = \arcsin \left\{ \frac{n_{\mathrm{e}}^2(2\omega)[n_{\mathrm{o}}^2(2\omega) - n_{\mathrm{o}}^2(\omega)]}{n_{\mathrm{o}}^2(\omega)[n_{\mathrm{o}}^2(2\omega) - n_{\mathrm{e}}^2(2\omega)]} \right\}^{\frac{1}{2}} \tag{2.98}$$

对于负单轴晶体的 II 类 SHG,式(2.93)可以写为

$$n_{\mathrm{o}}(\omega) + n_{\mathrm{e}}(\omega,\theta) = 2n_{\mathrm{e}}(2\omega,\theta) \tag{2.99}$$

由式(2.95)和式(2.99),可以求得 KBBF 晶体 II 类 SHG 的相位匹配角

$$\left[\frac{\cos^2\theta(\mathrm{II})}{n_{\mathrm{o}}^2(2\omega)} + \frac{\sin^2\theta(\mathrm{II})}{n_{\mathrm{e}}^2(2\omega)} \right]^{-\frac{1}{2}} = \frac{n_{\mathrm{o}}(\omega)}{2} + \frac{1}{2}\left[\frac{\cos^2\theta(\mathrm{II})}{n_{\mathrm{o}}^2(\omega)} + \frac{\sin^2\theta(\mathrm{II})}{n_{\mathrm{e}}^2(\omega)} \right]^{-\frac{1}{2}} \tag{2.100}$$

联立式(2.96)、式(2.97)、式(2.98)和式(2.100),进行数值模拟计算得到 KBBF 晶体的 I、II 类倍频相位匹配角曲线,如图 2-12 所示.

由图 2-12 可知,SHG 在 I 类相位匹配条件下,数值模拟所得 KBBF 晶体的基频光的波长范围为 325~3660nm,相应的 I 类匹配角范围为 18.79°～82.8°. 在 II 类相位匹配条件下,KBBF 晶体基频光的波长范围为 445~2875nm,相应的 II 类匹配角范围为 29.07°～86.79°. 由此可知,KBBF 晶体在 I 类相位匹配下的相位匹配角范围和基频光波长范围都比 II 类条件下的宽. 当基频光波长为 1064nm 时,KBBF 晶体 I 类相位匹配角为 19.86°,II 类相位匹配角为 29.99°. 当基频光波长为 1030nm 时,KBBF 晶体 I 类相位匹配角为 20.2°,II 类相位匹配角为 30.41°.

同理,我们根据 CLBO 晶体的色散方程

$$n_{\mathrm{o}}^2(\lambda) = 2.2145 + \frac{0.00890}{\lambda^2 - 0.02051} - 0.01413\lambda^2 \tag{2.101a}$$

$$n_{\mathrm{e}}^2(\lambda) = 2.0588 + \frac{0.00866}{\lambda^2 - 0.01202} - 0.00607\lambda^2 \tag{2.101b}$$

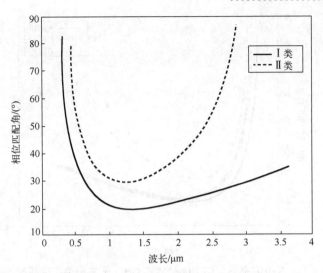

图 2-12 KBBF 晶体的 Ⅰ、Ⅱ类倍频相位匹配角曲线

以及 BBO 晶体的色散方程

$$n_o^2(\lambda) = 2.7359 + \frac{0.01878}{\lambda^2 - 0.01822} - 0.01354\lambda^2 \tag{2.102a}$$

$$n_e^2(\lambda) = 2.3753 + \frac{0.01224}{\lambda^2 - 0.01667} - 0.01516\lambda^2 \tag{2.102b}$$

可以分别数值模拟计算得到其相位匹配角曲线，并与 KBBF 晶体进行了比较.

在 Ⅰ 类相位匹配条件下得到的 KBBF、CLBO 和 BBO 晶体的相位匹配曲线如图 2-13 所示. 由图 2-13 可看出，三种晶体中，KBBF 晶体具有最宽的基频光波长范围，为 325～3660nm，BBO 的基频光波长范围为 410～3300nm，CLBO 的基频光波长范围最窄，为 475～2795nm. 而 BBO 晶体则具有最宽的相位匹配角范围，为 19.83°～86.99°，CLBO 晶体的相位匹配角范围最窄，为 27.55°～85.62°，KBBF 晶体的居于两者之间. 当基频光波长为 1064nm 时，BBO 晶体的相位匹配角为 22.84°，CLBO 晶体的相位匹配角为 28.72°. 当基频光波长为 1030nm 时，BBO 晶体的相位匹配角为 23.32°，CLBO 晶体的相位匹配角为 29.08°.

在 Ⅱ 类相位匹配条件下得到的 KBBF、CLBO 和 BBO 晶体的相位匹配曲线，如图 2-14 所示. 由图 2-14 可看出，在三种晶体中，BBO 晶体具有最宽的基频光波长范围，为 530～3300nm，CLBO 晶体的基频光波长范围最窄，为 475～2795nm，KBBF 晶体具有最宽的基频光波长范围，为 325～3660nm. 而 BBO 晶体则具有最宽的相位匹配角范围，为 19.83°～86.99°，CLBO 晶体的相位匹配角度范围最窄，为 27.55°～85.62°，KBBF 晶体的相位匹配角范围居于两者之间.

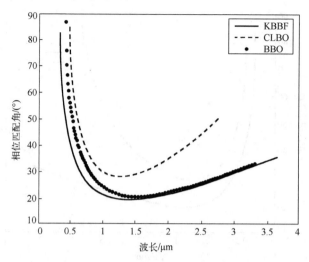

图 2-13　KBBF 晶体、CLBO 晶体和 BBO 晶体 I 类相位匹配曲线

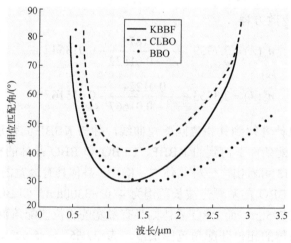

图 2-14　KBBF 晶体、CLBO 晶体和 BBO 晶体 II 类相位匹配曲线

　　由图 2-13 和图 2-14 比较可知，在 I 类和 II 类相位匹配条件下，KBBF 晶体基频光允许的最短波长均小于 CLBO 和 BBO 晶体；KBBF 晶体在 I 类相位条件下比 II 类具有宽的基频光波长和相位匹配角范围. 当基频光波长小于 325nm 时，KBBF 晶体不能实现倍频相位匹配，基频光波长在 325～445nm 波段内时，不存在 II 类相位匹配角，只能采用 I 类相位匹配. 与 BBO 相比，KBBF 在 I 类相位匹配条件下的基频光波长范围更宽，而相位匹配角范围不如 BBO；在 II 类相位匹配条件下，KBBF 的相位匹配角范围更宽，基频光波长范围则不如 BBO. 无论是在 I 类还是 II 类相位匹配条件下，KBBF 晶体都要比 CLBO 晶体具有更宽的相位匹配角范围和基频光波长范围.

2) 倍频有效非线性系数

由有效倍频极化率的概念可知，在晶体中传播的有效极化波的极化本征模分量 P_{eff} 与已知的光波本征矢量 E'、E'' 的关系为

$$P_{\text{eff}} = d_{\text{eff}} E' E''\qquad(2.103)$$

式中，d_{eff} 为有效倍频极化率，它与匹配方式、晶体的倍频极化率张量和入射光的波矢方向 (θ, φ) 等因素直接相关.

在单轴晶体中，基频光和倍频光在晶体中传播时都分解成 o 光和 e 光两个本征模. 基频光在单轴晶体内，可能有三种作用方式，即 o 光与 o 光的相互作用、e 光和 e 光的相互作用、o 光和 e 光的相互作用. 对于倍频极化波，在晶体中只有 o 光和 e 光两种本征模. 基频光的三种相互作用方式均有可能对倍频光的两种本征模做出贡献

$$d_{\text{eff}} = a_i d_{ijk} a_j a_k\qquad(2.104)$$

式中，a_i、a_j 和 a_k 分别为 P_{eff}、E' 和 E'' 的单位矢量，d_{ijk} 为晶体的三阶极化张量.

在单轴晶体中，定义光轴为光学坐标系中的 z 轴，单轴晶体中 x、y 轴与压电轴重合. 在空间中，光波的波矢方向和电场强度方向由两个参数 (θ, φ) 来决定，其中 θ 是波矢 k 与光轴的夹角，φ 是 k 在 xOy 面上的投影与 x 轴的夹角. 波矢方向为 (θ, φ) 的光波分别为 o 光、e 光偏振时，其电矢量 $E^{\text{o}}(\omega_i)$、$E^{\text{e}}(\omega_i)$ 的单位矢量 a_i、b_i 分别为

$$a_i = \begin{pmatrix} \sin\varphi \\ -\cos\varphi \\ 0 \end{pmatrix}\qquad(2.105)$$

$$b_i = \begin{pmatrix} -\cos\theta\cos\varphi \\ -\cos\varphi\sin\theta \\ \sin\theta \end{pmatrix}\qquad(2.106)$$

考虑 I 类相位匹配时，即偏振条件为 o+o→e 时，有

$$d_{\text{eff}}(\text{I}) = b_i d_{ijk} a_j a_k\qquad(2.107)$$

对于 II 类相位匹配，即偏振条件为 e+o→e 时，有

$$d_{\text{eff}}(\text{II}) = b_i d_{ijk} a_j b_k\qquad(2.108)$$

其中

$$a_j a_k = \begin{pmatrix} a_1^2 \\ a_2^2 \\ a_3^2 \\ 2a_2 a_3 \\ 2a_1 a_3 \\ 2a_1 a_2 \end{pmatrix} \tag{2.109}$$

$$a_j b_k = \begin{pmatrix} a_1 b_1 \\ a_2 b_2 \\ a_3 b_3 \\ a_3 b_2 + a_2 b_3 \\ a_3 b_1 + a_1 b_3 \\ a_1 b_2 + a_2 b_1 \end{pmatrix} \tag{2.110}$$

在三波相互作用中，由于满足本征对称性、全交换对称性和克莱曼对称性，由于 KBBF 晶体属于三方结构，$R32$ 点群，其三阶极化率张量 d_{ijk} 形式为

$$d_{ijk} = \begin{bmatrix} d_{11} & -d_{11} & 0 & d_{14} & 0 & 0 \\ 0 & 0 & 0 & 0 & -d_{14} & -d_{11} \\ 0 & 0 & 0 & 0 & 0 & 0 \end{bmatrix} \tag{2.111}$$

将式 (2.103)~式 (2.106) 代入式 (2.107) 得到

$$d_{\text{eff}}(\text{I}) = d_{11} \cos\theta \cos(3\varphi) \tag{2.112}$$

再将式 (2.103)~式 (2.106) 代入式 (2.108) 得到

$$d_{\text{eff}}(\text{II}) = d_{11} \cos^2\theta \sin(3\varphi) + d_{14} \sin\theta \cos\theta \tag{2.113}$$

因为 d_{14} 的值非常小，式 (2.113) 可以近似写为

$$d_{\text{eff}}(\text{II}) = d_{11} \cos^2\theta \sin(3\varphi) \tag{2.114}$$

由式 (2.112) 和式 (2.114)，取 KBBF 晶体的 I 类、II 类切割角 φ 分别为 0° 和 30°，KBBF 晶体 d_{11} 系数的实验测定值为 0.49pm/V，将图 2-13 和图 2-14 中不同基波波长所对应的 I 类、II 类相位匹配角 θ 分别代入式 (2.112) 和式 (2.114) 中，即可求得 SHG 有效非线性系数，如图 2-15 所示.

由图 2-15 可知，在透光范围内，KBBF 晶体的倍频 II 类有效非线性系数最大可达 0.464pm/V，I 类有效非线性系数最大可达 0.374pm/V. 在基频光波长是 1064nm 时，KBBF 晶体的 II 类有效非线性系数为 0.46pm/V，I 类有效非线性系数为

0.367pm/V. 当基频光波长为 1030nm 时，Ⅰ类、Ⅱ类有效非线性系数分别为
0.459pm/V 和 0.364pm/V. 分别模拟计算常用的倍频非线性晶体 CLBO 和 BBO 的有效
非线性系数，并与 KBBF 晶体作比较，如图 2-16 所示. 由图 2-16 可看出，无论是
在Ⅰ类[图 2-16(a)]还是Ⅱ类[图 2-16(b)]，大部分波段的 BBO 晶体的有效非线性系
数都大于 CLBO 和 KBBF 晶体，但是在短波长范围内，基频光波长小于 560nm 时，
KBBF 晶体的Ⅱ类有效非线性系数大于 CLBO 和 BBO 晶体，由此可见，KBBF 晶体
在采用倍频技术获得紫光方面更具优势. 在基频光波长为 1030nm 时，CLBO 晶体所
对应的Ⅰ类、Ⅱ类有效非线性系数为 0.463pm/V、0.947pm/V，而 BBO 晶体所对应
的Ⅰ类、Ⅱ类有效非线性系数为 1.818pm/V、1.373pm/V.

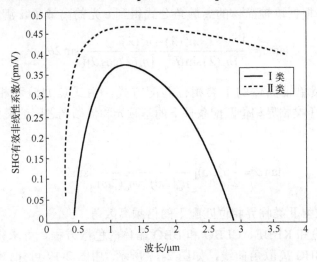

图 2-15　KBBF 晶体的 SHG 有效非线性系数曲线

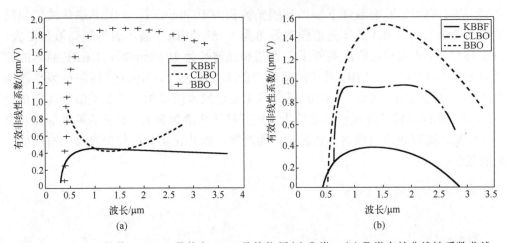

图 2-16　KBBF 晶体、CLBO 晶体和 BBO 晶体倍频(a)Ⅰ类、(b)Ⅱ类有效非线性系数曲线

3) 倍频离散角

在角度相位匹配中，无论采取哪一种角度相位匹配方式，在倍频晶体中波矢不会沿着光轴方向. 当光在双折射晶体中的传播方向与光轴间夹角不等于 0° 或 90° 时，o 光的 E 和 D 始终平行；而对于 e 光，其 E 和 D 不平行，其能流密度 S 与波矢 k 方向也不重合，即 o 光和 e 光在传播时将逐渐分开. 这意味着在匹配角 θ 不等于 90° 时产生的倍频光与基频光在空间上会分离开来，这种基频光与倍频光所对应的光线方向不一致的现象称为倍频离散效应. 它将给倍频实验带来两方面的影响：一方面光斑拉长后造成功率密度的降低，从而导致倍频光的输出特性变差；另一方面导致倍频转换效率降低. S 与 k 之间的夹角称为离散角. 由于 o 光的离散角为 0°，根据单轴晶体的离散角公式得到 e 光的离散角 α 满足

$$\tan\alpha = \frac{1}{2}\frac{n_e^2(\lambda) - n_o^2(\lambda)}{[n_o(\lambda)\sin\theta]^2 + [n_e(\lambda)\cos\theta]^2}\sin 2\theta \tag{2.115}$$

我们讨论负单轴晶体的 I 类相位匹配方式，由式 (2.115) 和相位匹配条件式 (2.94)，可求得 I 类临界相位匹配条件下的基频光和倍频光之间的夹角即倍频离散角 α 满足

$$\tan\alpha = \frac{1}{2}n_o^2(\omega)\left[\frac{1}{n_e^2(2\omega)} - \frac{1}{n_o^2(2\omega)}\right]\sin 2\theta \tag{2.116}$$

同理，可求得 II 类临界相位匹配下的倍频离散角.

由式 (2.116) 和 KBBF、CLBO 和 BBO 晶体的色散方程，可求得三种晶体在 I 类和 II 类时的 SHG 离散角曲线，如图 2-17 所示. 由图 2-17 可知，在相同条件下，三种晶体中 CLBO 晶体的倍频离散角最小，BBO 晶体最大，KBBF 晶体介于两者之间. 在 I 类相位匹配条件下，当基频光波长为 1030nm 时，KBBF 晶体的倍频离散角为 2.05°，CLBO 晶体的倍频离散角为 1.78°，BBO 晶体的倍频离散角最大，为 3.25°. 在 II 类相位匹配条件下，当基频光波长为 1030nm 时，KBBF 晶体的倍频离散角为 2.73°，CLBO 晶体的倍频离散角为 2.05°，BBO 晶体的倍频离散角为 4.03°. 由图 2-17 可知，KBBF 晶体的 I 类倍频离散角相对于 II 类倍频离散角较小. 虽然 BBO 晶体的非线性系数较大，但其倍频离散角也大. 对于负单轴晶体 II 类相位匹配，离散效应造成的不利影响更为严重，因此在实验过程中要设法消除倍频离散效应.

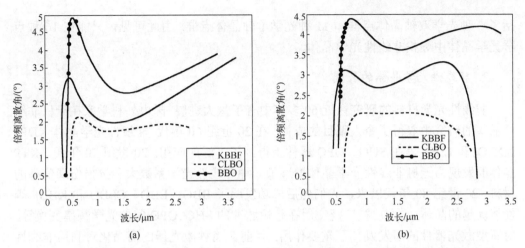

图 2-17　KBBF 晶体、CLBO 晶体和 BBO 晶体 SHG(a) Ⅰ 类、(b) Ⅱ 类倍频离散角曲线

大多数非线性光学晶体也可以用作电光调制晶体,其主要用于激光的调制、偏转和 Q 开关等技术. 在 20 世纪 70 年代,非线性光学晶体就已处于发展时期,如铌酸锂(LiNbO$_3$)、钽酸锂(LiTaO$_3$)、磷酸二氘钾(K(D$_x$H$_{1-x}$)$_2$PO$_4$,DKDP)等,但在应用中要关注这些晶体的电光系数大小、半波电压高低、透光波段宽窄,以及电光调制效应中的电极化系数大小,从而才能选择优质的电光效应晶体. 有些非线性光学晶体也可以用作光折变晶体,其可以实现的效应有矩阵反演、光束消除、光束合并或锁定、全息存储等,如铌酸锂、钛酸钡(BaTiO$_3$)等.

2.2.3　非线性光学晶体的寻找途径

在非线性光学效应中,由于二次电极化强度是一个三阶张量,因此只有无对称中心的晶体才有可能使其 $\chi_{ijk}^{(2)}(\omega)$ 的三阶张量的分量全都不为零. 而压电、热释电、铁电晶体均无对称中心,所以可以从压电、热释电、铁电晶体中去发现具有二次非线性光学效应的非线性光学晶体. 下面围绕着非线性光学晶体的点群范围、应用展望和具备的条件,进一步说明如何寻找或发现新型非线性光学晶体.

1. 非线性光学晶体的点群范围

光学晶体的宏观对称性有 32 种点群、7 个晶系,以及 3 个晶族:低级晶族、中级晶族和高级晶族. 由晶体对称性和克莱曼近似全对称性可知,有 18 种点群结构的晶体才可能具有非线性光学效应,其他 14 种晶体点群不具有二次非线性光学效应中的二次电极化效应 $P_i^{(2)}$. 若再考虑到光学晶体的相位匹配,属于立方晶系的晶体不具有折射率的各向异性,此类晶体不能实现角度调谐相位匹配. 故在 18 种点群中只剩下 16 种点群晶体才具有非零次的三阶非线性光学系数 $\chi_{ijk}^{(2)}$. 16 种点群光学晶体包括了 5 种光学双轴晶体点群和 11 种光学单轴晶体点群. 由此可见，只能在 16 种点群光学晶体中寻找非线性光学晶体.

2. 非线性光学晶体的展望

非线性光学材料的研究在近 60 多年中有了重大进展，国内外科学家在无机非线性晶体的研究中取得了令人瞩目的成就. 在 20 世纪 60 年代，非线性光学晶体 KDP、LiNbO₃ 和 LiIO₃ 等在 SHG、OPO 器件上得到了广泛的应用. 20 世纪 70 年代，KTP 晶体的发现为无机非线性光学晶体增添了一种非线性光学系数大和抗损伤阈值高的材料. 20 世纪 80 年代以来，人们先后成功发明了 BBO、LBO、CLBO 和 KBBF 等性能优越的晶体，它们已被广泛应用在超短脉冲的 SHG、OPO 等的光学频率变换等，对新型激光器件的研发发挥了重要作用. 目前，飞秒激光器的商品化对利用非线性光学效应研究各种材料中的超快过程起到了极大的推动作用.

3. 非线性光学晶体具备的条件

非线性光学的发展取决于高功率输出的激光光源和非线性光学材料的发展，二者相辅相成. 当激光作用于非线性光学晶体时，会产生非线性光学效应，这就要求非线性光学晶体具备大的非线性极化系数、宽的透光波段、高的抗损伤阈值、高的激光转换效率、稳定的物化性能和实现相位匹配等条件.

思考题与习题

(1) 阐述晶体的结构、晶系和晶族的含义.

(2) 阐述表征各向异性晶体的极化率张量及其坐标变换的规则.

(3) 非线性光学晶体在激光频率转换时具备的条件是什么？

(4) 阐述各向异性的非线性光学材料在激光频率为 ω 的作用下电极化强度 $\boldsymbol{P}$ 与光频场 $\boldsymbol{E}$ 的矢量式、示意式、矩阵形式和代数形式，以及解释电极化率张量的意义.

(5) 推导电极化系数 $\chi_{ijk}^{(2)}$ 三阶张量的变换矩阵形式.

(6) 请列举用于近中红外和紫外的非线性光学晶体.

第3章 非线性光学晶体中的三波相互作用

在非线性光学晶体中，光频场是通过基波、晶体中感应的极化波，以及由其极化波产生的谐波之间的相互作用而耦合传播的. 不同光波频率间相互作用的能量耦合规律，应遵守麦克斯韦方程组或以由它推导出的波动方程作为理论基础. 已知 $P = f(E)$ 的函数关系，即可在理论上完整地描述了非线性光学现象.

3.1 非线性极化率的经典理论

在非线性光学效应的描述中，将非线性光学晶体中感应的电极化强度 P 展开为外加光频场 E 的幂级数的形式，即

$$P = \varepsilon_0 \chi^{(1)} E + \varepsilon_0 \chi^{(2)} E^2 + \varepsilon_0 \chi^{(3)} E^3 + \varepsilon_0 \chi^{(4)} E^4 + \cdots$$

式中，$\chi^{(1)}$ 为线性电极化率，它描述各向同性和各向异性介质中的线性光学特性，$\chi^{(2)}$、$\chi^{(3)}$ 等电极化率描述非线性光学介质中的光学性质，称为二次、三次等非线性电极化率，它们与非线性光学介质的微观结构有关. 对非线性光学效应和现象的理论描述涉及激光与物质相互作用的问题时，常用经典力学方法和半经典理论方法求解非线性光学电极化率.

3.1.1 求解电极化率 χ 的途径

1. 经典力学的方法

经典力学的方法认为激光遵守经典电动力学的规律，其传播状态采用麦克斯韦方程组描述，物质视为经典力学中的谐振子，传播的光频场和物质具有各自独立的系统. 如将物质中的每一个极化单元等效为一个谐振子，并利用 $P = -Ner(E)$ 和 $P = \varepsilon_0 (\chi^{(1)} E + \chi^{(2)} EE + \cdots)$ 展开.

2. 半经典理论方法

半经典理论处理的方法是将激光辐射场按照经典电动力学方法处理，即将光场看成麦克斯韦方程组所描述的电磁波；而物质按照量子理论处理，即物质视为一量子系统，其运动的规律采用量子力学来描述，由密度矩阵方程推导电极化率 $\chi^{(1)}, \chi^{(2)}, \chi^{(3)}, \cdots$.

3.1.2 经典力学方法推导非线性极化率

1. 线性谐振子模型与线性极化率

1）定义

线性谐振子模型是在光与物质相互作用的过程中，视原子极化形成的电偶极子为一个各向同性的力学谐振子的物理模型.

2）线性极化率与介质微观量的关系

线性谐振子模型是原子中电子运动的一种粗略模型，即认为物质中的每一个原子中的电子受到一个弹性恢复力的作用，使其保持在平衡位置上. 将物质中的原子在外界光频场的作用下受到的作用力视为每个偶极子受力，每个偶极子受力主要包括：恢复力、阻尼力、电场力.

首先，恢复力 f_1 表示为

$$f_1 = -m\omega_0^2 r \tag{3.1}$$

式中，m 为电子质量，ω_0 为振子的固有频率，r 为电子在光频场作用下离开平衡位置的位移. 阻尼力 f_2 为

$$f_2 = -2m\gamma\frac{\mathrm{d}r}{\mathrm{d}t} \tag{3.2}$$

式中，γ 为阻尼系数，r 为偏离平衡中心 r_0 的距离. 电场力 f_3 表示为

$$f_3 = -eE(z,t) \tag{3.3}$$

在式(3.1)～式(3.3)中忽略了原子间的相互作用.

当原子受到外加光频场作用时，原子中的电子作强迫振动，电子运动方程为

$$m\frac{\mathrm{d}^2 r}{\mathrm{d}t^2} + 2m\gamma\frac{\mathrm{d}r}{\mathrm{d}t} + m\omega_0^2 r = -eE(z,t) \tag{3.4}$$

式(3.4)为线性非齐次微分方程，其解为

$$r = -\frac{e}{m}\frac{E(z)\mathrm{e}^{-\mathrm{i}\omega t}}{\omega_0^2 - \mathrm{i}2\gamma\omega - \omega^2} \tag{3.5}$$

假设单位体积中有 N 个谐振子，根据电极化强度的定义有

$$P(z,t) = Ner = \frac{Ne^2}{m}\cdot\frac{E(z)\mathrm{e}^{-\mathrm{i}\omega t}}{\omega_0^2 - \mathrm{i}2\gamma\omega - \omega^2} = P(z)\mathrm{e}^{-\mathrm{i}\omega t} \tag{3.6}$$

在式(3.6)中有

$$P(z) = \frac{Ne^2}{m} \cdot \frac{E(z)e^{-i\omega t}}{\omega_0^2 - i2\gamma\omega - \omega^2} = \varepsilon_0 \chi^{(1)} E(z) \propto E(z) \tag{3.7}$$

式 (3.7) 中的一次电极化率

$$\chi^{(1)} = \frac{Ne^2}{m\varepsilon_0} \cdot \frac{1}{\omega_0^2 - i2\gamma\omega - \omega^2} \tag{3.8}$$

则式 (3.7) 有关系 $P(z) \propto E(z)$，所以式 (3.8) 的 $\chi^{(1)}$ 为线性电极化率系数，又称为线性电极化率. 物质的介电常数 ε 与线性电极化率 $\chi^{(1)}$ 的关系为

$$\varepsilon = \varepsilon_0(1 + \chi^{(1)}) = \varepsilon_0 + \frac{Ne^2}{m} \cdot \frac{1}{\omega_0^2 - i2\gamma\omega - \omega^2} \tag{3.9}$$

由物质的复数折射率 $\tilde{n}$ 可知

$$\tilde{n} = \sqrt{\frac{\varepsilon}{\varepsilon_0}} \approx 1 + \frac{Ne^2}{2m\varepsilon_0} \cdot \frac{1}{\omega_0^2 - i2\gamma\omega - \omega^2} = n + i\eta \tag{3.10}$$

在式 (3.10) 中，进一步整理得到

$$n = \varepsilon_0^{-\frac{1}{2}} \varepsilon^{\frac{1}{2}} = \varepsilon_0^{-\frac{1}{2}} \left(\varepsilon_0 + \frac{Ne^2}{m} \cdot \frac{1}{\omega_0^2 - i2\gamma\omega - \omega^2} \right)^{\frac{1}{2}}$$

$$= \left(1 + \frac{Ne^2}{m\varepsilon_0} \cdot \frac{1}{\omega_0^2 - i2\gamma\omega - \omega^2} \right)^{\frac{1}{2}} = 1 + \frac{Ne^2}{2m\varepsilon_0} \cdot \frac{1}{\omega_0^2 - i2\gamma\omega - \omega^2}$$

所以

$$\begin{aligned}
\tilde{n} &= 1 + \frac{Ne^2}{2m\varepsilon_0} \cdot \frac{(\omega_0^2 - \omega^2) + i2\gamma\omega}{[(\omega_0^2 - \omega^2) - i2\gamma\omega] + [(\omega_0^2 - \omega^2) + i2\gamma\omega]} \\
&= 1 + \frac{Ne^2}{2m\varepsilon_0} \cdot \frac{(\omega_0^2 - \omega^2) + i2\gamma\omega}{(\omega_0^2 - \omega^2)^2 + 4\gamma^2\omega^2} \\
&= 1 + \frac{Ne^2(\omega_0^2 - \omega^2)}{2m\varepsilon_0[(\omega_0^2 - \omega^2)^2 + 4\gamma^2\omega^2]} + \frac{2iNe^2\gamma\omega}{2m\varepsilon_0[(\omega_0^2 - \omega^2)^2 + 4\gamma^2\omega^2]} \\
&= 1 + \frac{Ne^2(\omega_0^2 - \omega^2)}{2m\varepsilon_0[(\omega_0^2 - \omega^2)^2 + 4\gamma^2\omega^2]} + i\frac{Ne^2\gamma\omega}{m\varepsilon_0[(\omega_0^2 - \omega^2)^2 + 4\gamma^2\omega^2]} = n + i\eta
\end{aligned} \tag{3.11}$$

由此可见，n 代表光波在物质中的实际折射率，η 代表光波在物质中的吸收，所以 n 影响光波传播的相位，η 影响光波的振幅.

将式 (3.11) 代入光波方程

$$E(z,t) = E_0 \exp[-\mathrm{i}(\omega t - kz)] = E_0 \exp\left[-\mathrm{i}\left(\omega t - \frac{2\pi}{\lambda}\tilde{n}z\right)\right]$$

$$= E_0 \exp\left[-\mathrm{i}\left(\omega t - \frac{2\pi}{\lambda}(n+\mathrm{i}\eta)z\right)\right] = E_0 \exp\left[-\mathrm{i}\left(\omega t - \frac{2\pi n}{\lambda}z\right)\right] \cdot \exp\left(\mathrm{i}^2 \eta z \frac{2\pi}{\lambda}\right) \quad (3.12)$$

$$= E_0 \exp\left(-\frac{2\pi}{\lambda}\eta z\right) \cdot \exp\left[-\mathrm{i}\left(\omega t - \frac{2\pi n}{\lambda}z\right)\right] = E(z)\exp\left[-\mathrm{i}\left(\omega t - \frac{2\pi}{\lambda}nz\right)\right]$$

式中，$E(z) = E_0 \exp\left(-\dfrac{2\pi}{\lambda}\eta z\right)$ 代表光波在物质中的吸收或光波振幅. 由式(3.12)进一步说明了 n 影响光波传播的相位，与色散有关，η 影响光波的振幅，与光波在传播过程中的放大或衰减有关.

2. 非线性谐振子模型的 $\chi^{(2)}$

为了描述非线性光学现象，必须讨论谐振子的非线性响应. 如果谐振子恢复力中存在小的非简谐项，我们假设物质是由每单位体积中 N 个经典的非线性谐振子组成的模型，由此当激光与物质相互作用时，极化形成的电偶极子为非线性谐振子受到的作用力.

1) 非线性谐振子的恢复力

恢复力与位移 r 间的关系由位能函数 $V(r)$ 决定，对于不同结构的晶体，其恢复力不同，一般将晶体结构分为对称中心结构和非对称中心结构.

对于对称中心结构晶体，具有反演对称性，即 $V(r) = V(-r)$，在一维坐标下只存在偶次项

$$V(r) = \frac{1}{2}m\omega_0^2 r^2 + \frac{1}{4}mBr^4 + \cdots$$

其相应的恢复力为

$$f(r) = -\frac{\partial V(r)}{\partial r} = -m\omega_0^2 r - mBr^3 - \cdots$$

对于非对称中心结构晶体，具有位移反演不对称性，即 $V(r) \neq V(-r)$，在一维坐标下有

$$V(r) = \frac{m}{2}\omega_0^2 r^2 + \frac{m}{3}Dr^3 + \cdots$$

其对应的恢复力为

$$f(r) = -\frac{\partial V(r)}{\partial r} = -m\omega_0^2 r - mDr^2 - \cdots$$

2) 非中心对称晶体的二次非线性极化率系数

在弱光光学中，光频场 $E(z,t) = E_0 \mathrm{e}^{-\mathrm{i}(\omega t - kz)}$，其适用于取实部和进行线性运算. 而对于非线性光学进行如下分析：

$$E(z,t) = \frac{1}{2}E_0 \mathrm{e}^{-\mathrm{i}(\omega t - kz)} + \frac{1}{2}E_0 \mathrm{e}^{\mathrm{i}(\omega t - kz)} \tag{3.13}$$

式 (3.13) 适用于进行线性运算和具有复共轭. 其复振幅为

$$E(\omega) = \frac{1}{2}E_0 \mathrm{e}^{-\mathrm{i}kz} = \frac{1}{2}E_0 \mathrm{e}^{-\mathrm{i}\left(\frac{\omega}{v}\right)z} \tag{3.14}$$

将式 (3.14) 代入式 (3.13) 中得到

$$E(z,t) = E(\omega)\mathrm{e}^{-\mathrm{i}\omega t} + E^*(\omega)\mathrm{e}^{\mathrm{i}\omega t} \tag{3.15}$$

$$E^*(\omega) = E(-\omega) \tag{3.16}$$

式 (3.15) 为实数时描述的是一束光频为 ω 的光波.

假设有两个频率分别为 ω_1、ω_2 的光束同时入射到晶体时，光频场为

$$E(z,t) = E(\omega_1)\mathrm{e}^{-\mathrm{i}\omega_1 t} + E^*(\omega_1)\mathrm{e}^{\mathrm{i}\omega_1 t} + E(\omega_2)\mathrm{e}^{-\mathrm{i}\omega_2 t} + E^*(\omega_2)\mathrm{e}^{\mathrm{i}\omega_2 t} \tag{3.17}$$

这里约定光频率满足 $\omega_{-0} = -\omega_0$，如 $\omega_{-1} = -\omega_1$，$\omega_{-2} = -\omega_2$，则式 (3.17) 简化为

$$E(z,t) = \sum_{\pm 1}^{\pm 2} E(\omega_n)\mathrm{e}^{-\mathrm{i}\omega_n t} \tag{3.18}$$

如果光波有 N 个单色平面波，则有

$$E(z,t) = \sum_{\pm 1}^{\pm N} E(\omega_n)\mathrm{e}^{-\mathrm{i}\omega_n t} \tag{3.19}$$

非线性谐振子的运动方程为

$$\frac{\mathrm{d}^2 r}{\mathrm{d}t^2} + 2\gamma\frac{\mathrm{d}r}{\mathrm{d}t} + \omega_0^2 r + Dr^2 = -\frac{e}{m}\sum_n E(\omega_n)\mathrm{e}^{-\mathrm{i}\omega_n t} \tag{3.20}$$

式 (3.20) 为非线性齐次微分方程，可以采用幂级数法求运动方程的近似解. 假设

$$r = r^{(1)} + r^{(2)} + \cdots \tag{3.21}$$

在式 (3.21) 中有

$$r^{(1)} = \sum_n a_n^{(1)} E(\omega_n)\exp(-\mathrm{i}\omega_n t)$$

$$r^{(2)} = \sum_{m,n} a_{nm}^{(2)} E(\omega_n)E(\omega_m)\exp[-\mathrm{i}(\omega_n + \omega_m)t] \tag{3.22}$$

由式(3.21)和式(3.22)可见，r是按光频场的幂级数展开的，$a_n^{(1)}$，$a_{nm}^{(2)}$，…为待定系数.

将式(3.22)代入式(3.21)中，再将 r 代入式(3.20)中，并令等式两边的 $E(\omega)$ 同次幂各项相等，于是一次项有

$$\ddot{r}^{(1)} + 2\gamma\dot{r}^{(1)} + \omega_0^2 r^{(1)} = -\frac{e}{m}\sum_n E(\omega_n)\mathrm{e}^{-\mathrm{i}\omega_n t} \tag{3.23}$$

式(3.23)与线性偶极子方程(3.4)一样，则其解 $r^{(1)}$ 为

$$r^{(1)} = -\frac{e}{m}\sum_n \frac{1}{\omega_0^2 - \mathrm{i}2\gamma\omega_n - \omega_n^2} E(\omega_n)\mathrm{e}^{-\mathrm{i}\omega_n t} \tag{3.24}$$

二次项有

$$\ddot{r}^{(2)} + 2\gamma\dot{r}^{(2)} + \omega_0^2 r^{(2)} = -Dr^{(1)2} \tag{3.25}$$

将式(3.24)代入式(3.25)中，并对式(3.22)求各阶导数得到

$$\dot{r}^{(2)} = -\mathrm{i}\sum_{n,m} a_{nm}^{(2)}(\omega_n+\omega_m)E(\omega_n)E(\omega_m)\exp[-\mathrm{i}(\omega_n+\omega_m)t] \tag{3.26}$$

$$\ddot{r}^{(2)} = \sum_{n,m} a_{nm}^{(2)}(\omega_n+\omega_m)^2 E(\omega_n)E(\omega_m)\exp[-\mathrm{i}(\omega_n+\omega_m)t] \tag{3.27}$$

将式(3.26)和式(3.27)分别代入式(3.25)中得到

$$\sum_{n,m} a_{nm}^{(2)}E(\omega_n)E(\omega_m)\exp[-\mathrm{i}(\omega_n+\omega_m)t]\cdot[\omega^2 - \mathrm{i}2\gamma(\omega_n+\omega_m)-(\omega_n+\omega_m)^2]$$
$$= -\frac{De^2}{m^2}\sum_{n,m}\frac{E(\omega_n)E(\omega_m)\exp[-\mathrm{i}(\omega_n+\omega_m)t]}{(\omega_0^2-\mathrm{i}2\gamma\omega_n-\omega_n^2)(\omega_0^2-\mathrm{i}2\gamma\omega_m-\omega_m^2)} \tag{3.28}$$

令 $D(\omega_x) = \omega_0^2 - \mathrm{i}2\gamma\omega_x - \omega_x^2$，则通过式(3.28)解出待定系数 $a_{nm}^{(2)}$ 为

$$a_{nm}^{(2)} = -\frac{De^2}{m^2}\sum_{n,m}\frac{1}{D(\omega_n)D(\omega_m)D(\omega_n+\omega_m)} \tag{3.29}$$

将式(3.29)代入式(3.22)中，得

$$r^{(2)} = -\frac{De^2}{m^2}\sum_{n,m}\frac{E(\omega_n)E(\omega_m)\exp[-\mathrm{i}(\omega_n+\omega_m)t]}{D(\omega_n)D(\omega_m)D(\omega_n+\omega_m)} \tag{3.30}$$

当略去三次及三次以上的微扰条件时，有

$$r = r^{(1)} + r^{(2)} = -\frac{e}{m}\sum_n\frac{E(\omega_n)\mathrm{e}^{-\mathrm{i}\omega_n t}}{D(\omega_n)} - \frac{De^2}{m^2}\sum_{n,m}\frac{E(\omega_n)E(\omega_m)\mathrm{e}^{-\mathrm{i}(\omega_n+\omega_m)t}}{D(\omega_n)D(\omega_m)D(\omega_n+\omega_m)} \tag{3.31}$$

此时，将电极化强度 $\boldsymbol{P}$ 的幂级数形式表示为

$$P = \sum_{l=1}^{\omega} P^{(l)} = P^{(1)} + P^{(2)} + \cdots + P^{(\omega)}$$

$$P^{(2)} = -Ner^{(2)} = \frac{NDe^3}{m^2} \sum_{n,m} \frac{E(\omega_n)E(\omega_m)e^{-i(\omega_n+\omega_m)t}}{D(\omega_n)D(\omega_m)D(\omega_n+\omega_m)}$$

$$= \sum_{n,m} \varepsilon_0 \chi^{(2)} E(\omega_n)E(\omega_m)e^{-i(\omega_n+\omega_m)t} \tag{3.32}$$

由式(3.32)可知，二次非线性电极化率 $\chi^{(2)}$ 为

$$\chi^{(2)} = \frac{NDe^3}{\varepsilon_0 m^2} \frac{1}{D(\omega_n)D(\omega_m)D(\omega_n+\omega_m)} \tag{3.33}$$

3. 应用

我们分析和讨论频率为 ω_1 和 ω_2 的两束单色激光共线入射非线性光学晶体时，假设沿 z 轴入射，$\boldsymbol{k}_1$、$\boldsymbol{k}_2$ 为波矢. 电极化强度 $\boldsymbol{P}$ 的二次电极化强度为

$$P^{(2)} = \frac{NDe^3}{m^2} \sum_{n,m}^{\pm 2} \frac{E(\omega_n)E(\omega_m)e^{-i(\omega_n+\omega_m)t}}{D(\omega_n)D(\omega_m)D(\omega_n+\omega_m)}$$

$$= \frac{NDe^3}{m^2}\left[\frac{E^2(\omega_1)e^{-i2\omega_1 t}}{D^2(\omega_1)D(2\omega_1)} + \frac{E^2(\omega_2)e^{-i2\omega_2 t}}{D^2(\omega_2)D(2\omega_2)} + \frac{2E(\omega_1)E(\omega_2)e^{-i(\omega_1+\omega_2)t}}{D(\omega_1)D(\omega_2)D(\omega_1+\omega_2)} \right. \tag{3.34}$$

$$\left. + \frac{2E(\omega_1)E^*(\omega_2)e^{-i(\omega_1-\omega_2)t}}{D(\omega_1)D^*(\omega_2)D(\omega_1-\omega_2)} + \frac{E(\omega_1)E^*(\omega_1)}{D(\omega_1)D^*(\omega_1)D(0)} + \frac{E(\omega_2)E^*(\omega_2)}{D(\omega_2)D^*(\omega_2)D(0)} \right] + \text{c.c.}$$

由式(3.34)知，$P^{(2)}$ 中包含了倍频、和频、差频、整流等各种非线性效应，简写为

$$P^{(2)} = P^{(0)} + P^{(2\omega_1)} + P^{(2\omega_2)} + P^{(\omega_1+\omega_2)} + P^{(\omega_1-\omega_2)} + \cdots \tag{3.35}$$

在式(3.35)中，

$$P^{(\omega_1+\omega_2)} = P(\omega_1+\omega_2) = \varepsilon_0 \chi[-(\omega_1+\omega_2);\omega_1,\omega_2] \tag{3.36}$$

$$P^{(\omega_1-\omega_2)} = P(\omega_1-\omega_2) = \varepsilon_0 \chi[-(\omega_1-\omega_2);\omega_1,-\omega_2] \tag{3.37}$$

式(3.36)的物理图像表示频率为 ω_1 和 ω_2 的光波在非线性介质中发生了和频现象，产生了新的频率 ω_3. 而式(3.37)的物理图像表示频率为 ω_1 和 ω_2 的光波在非线性介质中发生了差频现象，产生了新的频率 ω_3. 式(3.36)和式(3.37)分别代表了光学混频中的和频和差频.

3.2　非线性介质中的耦合波方程

前面我们讨论了光波在介质中传播时的响应过程，给出了光频场在介质中产生

的极化强度与介质的非线性极化率的表达式，并讨论了它们的物理性质. 由于介质的电极化强度随着时间变化，它们将作为新的光频场. 本节从麦克斯韦方程组出发，推导非线性介质中光频场所满足的波动方程，进一步分析和讨论各种非线性光学过程的理论基础. 由于在非线性介质中，光波是通过基波、极化波及由极化波产生的谐波之间的相互作用而传播，即不同频率间的能量耦合规律，应由麦克斯韦方程组或由它导出的波动方程支配. $P = f(E)$ 函数关系一旦确定，即可以在理论上完整地描述非线性光学现象.

3.2.1 波动方程

假设非线性光学介质为光学透明的非铁磁性绝缘体，即有 $\mu = \mu_0$，μ_0 为真空中的磁导率，代表绝缘体的电导率 $\sigma = 0$，自由电荷密度 $\rho = 0$，即传导电流密度 $J=0$，由电动力学中的定义，E 和 D 分别表示电场强度和电感应强度，H 和 B 分别表示磁场强度和磁感应强度. 由麦克斯韦方程得到各物理量之间的关系

$$\nabla \times H = \frac{\partial D}{\partial t} + J \quad (\text{只讨论 } J = \sigma E = 0) \tag{3.38}$$

$$\nabla \times E = -\frac{\partial B}{\partial t} \tag{3.39}$$

$$\nabla \cdot D = 0 \tag{3.40}$$

$$\nabla \cdot B = 0 \tag{3.41}$$

$$B = \mu_0 H \tag{3.42}$$

对于非铁磁介质，电感应强度

$$D = \varepsilon_0 E + P_{\mathrm{L}} + P_{\mathrm{NL}} = \varepsilon E + P_{\mathrm{NL}} \tag{3.43}$$

式中

$$P_{\mathrm{L}} = \varepsilon_0 \chi^{(1)} E \tag{3.44}$$

$$P_{\mathrm{NL}} = d_{\mathrm{eff}} EE \tag{3.45}$$

将式(3.43)代入式(3.38)中得到

$$\nabla \times H = \frac{\partial}{\partial t}(\varepsilon E) + \frac{\partial}{\partial t} P_{\mathrm{NL}} \tag{3.46}$$

对式(3.39)两边取旋度($\nabla \times$)得到

$$\nabla \times \nabla \times E = \nabla \times \left(-\frac{\partial B}{\partial t}\right) = -\mu_0 \frac{\partial}{\partial t}(\nabla \times H) \tag{3.47}$$

将式 (3.46) 代入式 (3.47) 中有

$$\nabla \times \nabla \times \boldsymbol{E} = -\mu_0 \frac{\partial}{\partial t}(\nabla \times \boldsymbol{H}) = -\mu_0 \frac{\partial}{\partial t}\left[\frac{\partial}{\partial t}(\varepsilon \boldsymbol{E} + \boldsymbol{P}_{\mathrm{NL}})\right] \tag{3.48}$$

结合

$$\nabla \times \nabla \times \boldsymbol{E} = \nabla \cdot (\nabla \cdot \boldsymbol{E}) - \nabla^2 \boldsymbol{E} \tag{3.49}$$

利用式 (3.40) $\nabla \cdot \boldsymbol{D} = 0$，则式 (3.49) 为

$$\nabla^2 \boldsymbol{E} = -\nabla \times \nabla \times \boldsymbol{E} = \mu_0 \frac{\partial^2}{\partial t^2}(\varepsilon \boldsymbol{E}) + \mu_0 \frac{\partial^2}{\partial t^2}(\boldsymbol{P}_{\mathrm{NL}}) \tag{3.50}$$

式 (3.50) 即为非线性介质中的波动方程. 由此可见，强的光频场引起非线性介质的极化，极化反过来又将激发新的光频场，从而形成一种新的光频场源，在非线性介质中不同频率的光波之间的能量交换，正是通过非线性电极化强度 $\boldsymbol{P}_{\mathrm{NL}}$ 来实现的.

3.2.2　稳态耦合波方程

从非线性介质中的波动方程出发，推导各个光波相互作用的耦合波方程. 首先讨论光波沿 z 向传播，则有

$$\frac{\partial^2 E}{\partial z^2} = \mu_0 \frac{\partial^2}{\partial t^2}(\varepsilon E) + \mu_0 \frac{\partial^2}{\partial t^2} P_{\mathrm{NL}} \tag{3.51}$$

或

$$\frac{\partial^2 E}{\partial z^2} - \frac{\varepsilon}{c^2} \frac{\partial^2 E}{\partial t^2} = \frac{4\pi}{c^2} \frac{\partial^2 P}{\partial t^2} \tag{3.52}$$

介质中的光频场和电极化强度分别为

$$E(\boldsymbol{r}, t) = \frac{1}{2} \sum [E(\boldsymbol{r}, \omega) \mathrm{e}^{-\mathrm{i}(\omega t - \boldsymbol{k} \cdot \boldsymbol{r})} + \text{c.c.}] \tag{3.53}$$

$$P(\boldsymbol{r}, t) = \frac{1}{2} \sum [P(\boldsymbol{r}, \omega) \mathrm{e}^{-\mathrm{i}(\omega t - \boldsymbol{k} \cdot \boldsymbol{r})} + \text{c.c.}] \tag{3.54}$$

沿 z 方向传播的光频场和电极化强度分别为

$$E(z, t) = \frac{1}{2} \sum [E(z, \omega) \mathrm{e}^{-\mathrm{i}(\omega t - kz)} + \text{c.c.}] \tag{3.55}$$

$$P(z, t) = \frac{1}{2} \sum [P(z, \omega) \mathrm{e}^{-\mathrm{i}(\omega t - kz)} + \text{c.c.}] \tag{3.56}$$

利用公式

$$\frac{\partial^2}{\partial x^2}[f(x)g(x)] = 2\frac{\partial f}{\partial x}\cdot\frac{\partial g}{\partial x} + f\cdot\frac{\partial^2 g}{\partial x^2} + g\cdot\frac{\partial^2 f}{\partial x^2} \tag{3.57}$$

令式(3.55)中

$$f(x) = E(z,\omega)\ , \quad g(x) = e^{-i(\omega t - kz)}$$

首先求出式(3.55)括号内的前一项,利用式(3.57)则有

$$\frac{\partial^2}{\partial x^2}[E(z,\omega)e^{-i(\omega t - kz)}]$$

$$= 2\frac{\partial E(z,\omega)}{\partial z}\cdot(ik)\cdot e^{-i(\omega t - kz)} + E(z,\omega)(ik)^2\cdot e^{-i(\omega t - kz)} + \frac{\partial^2 E(z,\omega)}{\partial z^2}\cdot e^{-i(\omega t - kz)} \tag{3.58}$$

$$= 2(ik)\frac{\partial E(z,\omega)}{\partial z} + (ik)^2 E(z,\omega) + \frac{\partial^2 E(z,\omega)}{\partial z^2}$$

利用式(3.57),再对式(3.55)括号内的复共轭项进行展开,有

$$\frac{\partial^2}{\partial x^2}[E(z,\omega)e^{i(\omega t - kz)}] = 2\frac{\partial E(z,\omega)}{\partial z}\cdot(-ik)\cdot e^{i(\omega t - kz)}$$

$$+ E(z,\omega)(-ik)^2\cdot e^{i(\omega t - kz)} + \frac{\partial^2 E(z,\omega)}{\partial z^2}\cdot e^{i(\omega t - kz)} \tag{3.59}$$

将式(3.58)与式(3.59)相加,得到

$$\frac{\partial^2 E}{\partial z^2} = 2ik\frac{\partial E}{\partial z} + \frac{\partial^2 E}{\partial z^2} \tag{3.60}$$

由于式(3.55)中有 1/2 因子,所以式(3.60)改写为

$$\frac{\partial^2 E}{\partial z^2} = ik\frac{\partial E}{\partial z} + \frac{1}{2}\frac{\partial^2 E}{\partial z^2} \tag{3.61}$$

同理,利用式(3.57),并令 $f(x) = P(z,\omega)$, $g(x) = e^{-i(\omega t - kz)}$,先对式(3.56)中的 $P(z,\omega)$ 括号内的前一项进行展开,有

$$\frac{\partial^2 P}{\partial t^2} = \frac{\partial^2}{\partial t^2}[P(z,\omega)e^{i(\omega t - kz)}]$$

$$= 2\frac{\partial P}{\partial t}e^{-i(\omega t - kz)}(-i\omega) + P(z,\omega)(-i\omega)^2 e^{-i(\omega t - kz)} + \frac{\partial^2 P}{\partial t^2}\cdot e^{-i(\omega t - kz)} \tag{3.62}$$

$$= (-i\omega)2\frac{\partial P}{\partial t} + (-\omega)^2 P(z,t) + \frac{\partial^2 P}{\partial t^2}$$

而式(3.56)中 $P(z,t)$ 的共轭项与式(3.62)合并,并代入 1/2 因子整理为

$$\frac{1}{2}\cdot\frac{4\pi}{c^2}\left(-2i\omega\frac{\partial P}{\partial t} - \omega^2 P + \frac{\partial^2 P}{\partial t^2}\right) = -\frac{4\pi}{c^2}i\omega\frac{\partial P}{\partial t} - \frac{1}{2}\frac{4\pi}{c^2}\omega^2 P + \frac{1}{2}\frac{4\pi}{c^2}\frac{\partial^2 P}{\partial t^2} \tag{3.63}$$

同理

$$\frac{\varepsilon}{c^2}\frac{\partial^2 E}{\partial t^2}=\frac{\varepsilon}{c^2}\mathrm{i}\omega\frac{\partial E}{\partial t}-\frac{1}{2}\frac{\varepsilon}{c^2}\frac{\partial^2 E}{\partial t^2} \tag{3.64}$$

将式 (3.61)、式 (3.63) 和式 (3.64) 代入式 (3.52) 中，得到频率为 ω 的光波在非线性介质中的耦合波方程为

$$\mathrm{i}k\frac{\partial E}{\partial z}+\frac{1}{2}\frac{\partial^2 E}{\partial z^2}+\frac{\varepsilon}{c^2}\mathrm{i}\omega\frac{\partial E}{\partial t}-\frac{1}{2}\frac{\varepsilon}{c^2}\frac{\partial^2 E}{\partial t^2}=-\frac{4\pi}{c^2}\mathrm{i}\omega\frac{\partial P}{\partial t}-\frac{1}{2}\frac{4\pi}{c^2}\omega^2 P+\frac{1}{2}\frac{4\pi}{c^2}\frac{\partial^2 P}{\partial t^2} \tag{3.65}$$

利用慢变振幅近似的不等式为

$$k\frac{\partial E}{\partial z}\gg\frac{\partial^2 E}{\partial z^2},\quad \omega\frac{\partial E}{\partial t}\gg\frac{\partial^2 E}{\partial t^2},\quad \omega^2 P\gg\omega,\quad \frac{\partial P}{\partial t}\gg\frac{\partial^2 P}{\partial t^2} \tag{3.66}$$

式 (3.66) 的物理意义表示在波长为 λ_m 量级的范围内，光频场的幅度 $|E_n|$ 及其导数 $\left|\frac{\partial E_n}{\partial t}\right|$ 值的相对变化不大. 在物理上表示产生的 P_{NL} 的反向波可以忽略.

在稳态时，式 (3.65) 中有 $\frac{\partial E}{\partial t}=0$ 时，则

$$\mathrm{i}k\frac{\partial E}{\partial z}=-\frac{1}{2}\cdot\frac{4\pi}{c^2}\omega^2 P \tag{3.67}$$

$$\frac{\partial E}{\partial z}=-\frac{1}{2\mathrm{i}k}\cdot\frac{4\pi}{c^2}\omega^2 P=\frac{\mathrm{i}2\pi}{kc^2}\omega^2 P \tag{3.68}$$

式 (3.68) 为强光在非线性介质中产生的参量互作用关系式，或称沿 z 方向的耦合波方程.

假设沿 z 方向的三束单色平面波频率分别为 ω_1、ω_2、ω_3，且满足能量守恒和动量守恒，有

$$\omega_3=\omega_1+\omega_2 \tag{3.69}$$

在大多数的非线性光学问题中都满足慢变振幅近似，假设三波共线相位匹配，失配量 Δk 满足

$$\Delta k=k_1+k_2-k_3 \tag{3.70}$$

其复振幅分别为

$$\begin{cases}E_1(z,t)=\dfrac{1}{2}[E_1(z)\mathrm{e}^{-\mathrm{i}(\omega_1 t-k_1 z)}+\mathrm{c.c.}]\\[2mm] E_2(z,t)=\dfrac{1}{2}[E_2(z)\mathrm{e}^{-\mathrm{i}(\omega_2 t-k_2 z)}+\mathrm{c.c.}]\\[2mm] E_3(z,t)=\dfrac{1}{2}[E_3(z)\mathrm{e}^{-\mathrm{i}(\omega_3 t-k_3 z)}+\mathrm{c.c.}]\end{cases} \tag{3.71}$$

总的瞬时光频场为

$$E(z,t) = \sum_{n=1}^{3} E_n(z,t) = E_1(z,t) + E_2(z,t) + E_3(z,t) \tag{3.72}$$

将式(3.72)代入波动方程(3.51)中，其方程的右边两项分别有

$$\mu_0 \varepsilon \frac{\partial^2 E}{\partial t^2} = \mu_0 \varepsilon \frac{\partial^2}{\partial t^2} [E_1(z,t) + E_2(z,t) + E_3(z,t)] \tag{3.73a}$$

$$\mu_0 \frac{\partial^2 P_{NL}}{\partial t^2} = \mu_0 \frac{\partial^2}{\partial t^2} d_{eff} EE = \mu_0 \frac{\partial^2}{\partial t^2} d_{eff} [E_1(z,t) + E_2(z,t) + E_3(z,t)]^2 \tag{3.73b}$$

$$= \mu_0 d_{eff} \frac{\partial^2}{\partial t^2} \{\cdots + E_1 E_2 e^{-i[(\omega_1+\omega_2)t-(k_1+k_2)z]} + \cdots\}$$

由于式(3.73b)中出现了 E^2 项，由此可见，在非线性介质中存在许多新的频率项，如 $2\omega_1$、$2\omega_2$、$2\omega_3$、$\omega_1 \pm \omega_2$、$\omega_2 \pm \omega_3$、$\omega_3 \pm \omega_1$，以及直流项，共12项.

限定分析和讨论 $\omega_3 = \omega_1 + \omega_2$，则式(3.73b)波动方程为

$$\frac{\partial^2 E}{\partial z^2} = \mu_0 \varepsilon \frac{\partial^2}{\partial t^2} (E_1 + E_2 + E_3) + \mu_0 d_{eff} \frac{\partial^2}{\partial t^2} E_1(z) E_2(z) e^{-i[(\omega_1+\omega_2)t-(k_1+k_2)z]} \tag{3.74}$$

式(3.74)中右边的第二项体现了频率为 ω_1 和 ω_2 的光波向频率为 ω_3 的光波传递能量，ω_1 和 ω_2 通过非线性极化波同 ω_3 光波交换能量，又称为三波间的能量耦合.

由式(3.74)得

$$\begin{cases} (P_{eff})_1 = d_{eff} E_3(z) E_2^*(z) e^{-i[(\omega_3-\omega_2)t-(k_3-k_2)z]} \\ (P_{eff})_2 = d_{eff} E_3(z) E_1^*(z) e^{-i[(\omega_3-\omega_1)t-(k_3-k_1)z]} \\ (P_{eff})_3 = d_{eff} E_1(z) E_2(z) e^{-i[(\omega_1+\omega_2)t-(k_1+k_2)z]} \end{cases} \tag{3.75}$$

对于频率为 ω_1 沿 z 方向的耦合波方程的左端，则有

$$\nabla^2 E_1(z,t) = \mu_0 \varepsilon \frac{\partial^2}{\partial t^2} E_1(z,t) + \mu_0 \frac{\partial^2}{\partial t^2} (P_{eff})_1 \tag{3.76}$$

$$\frac{\partial^2 E_1(z,t)}{\partial z^2} = \frac{1}{2} \frac{\partial^2 E_1(z)}{\partial z^2} e^{-i(\omega_1 t-k_1 z)} + (ik) \frac{\partial E_1(z)}{\partial z} e^{-i(\omega_1 t-k_1 z)} - \frac{k_1^2 E_1(z)}{2} e^{-i(\omega_1 t-k_1 z)} \tag{3.77}$$

在慢变振幅近似下

$$\frac{\partial^2 E_1(z)}{\partial z^2} \ll \left| 2k \frac{\partial E_1(z)}{\partial z} \right| \tag{3.78}$$

而右端为

$$\mu_0 \varepsilon \frac{\partial^2 E_1}{\partial t^2} = -\frac{1}{2} \mu_0 \varepsilon \omega_1^2 E_1(z) e^{-i(\omega_1 t-k_1 z)} \tag{3.79}$$

$$\mu_0 \frac{\partial^2 (P_{\text{eff}})_1}{\partial t^2} = -\frac{1}{2}\mu_0 \omega_1^2 d_{\text{eff}} E_3(z) E_2^*(z) \mathrm{e}^{-\mathrm{i}[\omega_1 t - (k_3 - k_2)z]} \tag{3.80}$$

将式(3.77)、式(3.79)和式(3.80)代入式(3.76)中，并利用 $k_1^2 = \omega_1^2 \mu_0 \varepsilon$，可得

$$\frac{\partial E_1(z)}{\partial z} = \frac{\mathrm{i}\omega_1}{2}\sqrt{\frac{\mu_0}{\varepsilon_1}} d_{\text{eff}} E_3(z) E_2^*(z) \mathrm{e}^{-\mathrm{i}(k_3 - k_2 - k_1)z} \tag{3.81}$$

式(3.81)表示在稳态条件下，平面光波 E_1 沿着 z 向的非线性耦合波方程.

同理

$$\frac{\partial E_2(z)}{\partial z} = \frac{\mathrm{i}\omega_2}{2}\sqrt{\frac{\mu_0}{\varepsilon_2}} d_{\text{eff}} E_3(z) E_1^*(z) \mathrm{e}^{-\mathrm{i}(k_3 - k_2 - k_1)z} \tag{3.82}$$

$$\frac{\partial E_3(z)}{\partial z} = \frac{\mathrm{i}\omega_3}{2}\sqrt{\frac{\mu_0}{\varepsilon_3}} d_{\text{eff}} E_1(z) E_2(z) \mathrm{e}^{\mathrm{i}(k_3 - k_2 - k_1)z} \tag{3.83}$$

由式(3.81)~式(3.83)分析讨论我们可以看出：①三个光频场的光波在非线性光学介质中产生了三波相互作用的混频过程，而且任何一个光波振幅随距离的变化必定与有效耦合系数 d_{eff} 相关联. ②适用于光学参量相互作用过程，即三个单色均匀平面波在介质中传播时，只是光波与光波之间的能量和动量交换，而介质不参与光频场间的能量和动量交换，对于光学非参量过程则不适用. ③为了计算耦合波方程及其求解，采用了平面波近似，即光束截面直径比波长大很多. 在小信号近似下，即泵浦光强度视为常数处理，在稳态近似下，即非线性过程与时间无关，目前认为入射光脉冲宽度为纳秒级时，此过程是稳态过程，在无损耗介质中，通常克莱曼近似关系成立，则有 $\chi_{1\text{eff}} = \chi_{2\text{eff}} = \chi_{3\text{eff}}$.

一般情况下，考虑到晶体的电导率 σ_n 不等于 0，则推导三波在介质中的混频过程应考虑耦合波方程的形式变化.

3.2.3　瞬态耦合波方程

如果参与非线性光学过程的光脉冲很短（脉冲宽度小于皮秒量级），有时必须把光频场的幅度随时间 t 的变化考虑进去，此时需要采用瞬态耦合波方程. 我们考虑平面波情况，此时各光波可表示为

$$E_n(z,t) = \frac{1}{2} A_n(z,t) \exp(\mathrm{i}k_n z - \mathrm{i}\omega_n t) + \text{c.c.}, \quad n = 1, 2, 3 \tag{3.84}$$

$E_n(z,t)$ 表示的光波是以 ω_n 为中心频率的准单色波，$E_n(z,t)$ 的傅里叶变换为

$$E_n(z,t) = \int_{-\infty}^{\infty} E_n(z,\omega) \exp(-\mathrm{i}\omega t)\,\mathrm{d}\omega \tag{3.85}$$

仍然考虑慢变振幅近似，假定各光波的光频场的振幅 $A_n(z,t)$ 和非线性极化强度的振幅 $P_n^{\mathrm{NL}}(z,\omega_n)$ 都是坐标 z 和时间 t 的慢变函数. 除满足式 (3.85) 外，还要满足

$$\left|\frac{\partial^2 A_n}{\partial t^2}\right| \ll \left|\omega_n \frac{\partial A_n}{\partial t}\right| \ll \left|\omega_n^2 A_n\right| \tag{3.86}$$

$$\left|\frac{\partial^2 P_n^{\mathrm{NL}}}{\partial t^2}\right| \ll \left|\omega_n \frac{\partial P_n^{\mathrm{NL}}}{\partial t}\right| \ll \left|\omega_n^2 P_n^{\mathrm{NL}}\right| \tag{3.87}$$

考虑到

$$\frac{\partial^2 E_3(z,t)}{\partial t^2} = \int_{-\infty}^{\infty} (-\mathrm{i}\omega)^2 E_3(z,\omega) \exp(-\mathrm{i}\omega t)\, \mathrm{d}\omega \tag{3.88}$$

$$\frac{\partial^3 E_3(z,t)}{\partial t^3} = \int_{-\infty}^{\infty} (\mathrm{i}\omega)^4 E_3(z,\omega) \exp(-\mathrm{i}\omega t)\, \mathrm{d}\omega \tag{3.89}$$

略去 $\dfrac{\partial^2 A_3}{\partial t^2}$ 以上的高次项，可得

$$\frac{\partial A_3}{\partial t} + \frac{1}{u_3}\frac{\partial A_3}{\partial t} = \mathrm{i}B_3 A_1 A_2 \exp(\mathrm{i}z\Delta k) \tag{3.90}$$

这里 u_3 为群速度，有

$$\frac{1}{u_3} = \frac{\partial k(\omega_3)}{\partial \omega} = \frac{n_3}{c}\left[1 + \frac{\omega_3}{n_3}\frac{\partial n(\omega_3)}{\partial \omega}\right] \tag{3.91}$$

其中，$n_3 = \left[\dfrac{\varepsilon(\omega_3)}{\varepsilon_0}\right]^{\frac{1}{2}}$ 为对应中心频率 ω_3 的折射率. 用同样的方法可以得到另外两个光波中心频率为 ω_1 和 ω_2 的方程. 所以这样就可以得到二次非线性效应的三波瞬态耦合波方程为

$$\frac{\partial A_1}{\partial z} + \frac{1}{u_1}\frac{\partial A_1}{\partial t} = \mathrm{i}B_1 A_3 A_2^* \exp(-\mathrm{i}\Delta kz) \tag{3.92}$$

$$\frac{\partial A_2}{\partial z} + \frac{1}{u_2}\frac{\partial A_2}{\partial t} = \mathrm{i}B_2 A_3 A_1^* \exp(-\mathrm{i}\Delta kz) \tag{3.93}$$

$$\frac{\partial A_3}{\partial z} + \frac{1}{u_3}\frac{\partial A_3}{\partial t} = \mathrm{i}B_3 A_1 A_2 \exp(-\mathrm{i}\Delta kz) \tag{3.94}$$

这里

$$\frac{1}{u_n} = \frac{\partial k(\omega_n)}{\partial \omega} = \frac{n_n}{c}\left[1 + \frac{\omega_n}{n_n}\frac{\partial n(\omega_n)}{\partial \omega}\right], \quad n = 1,2,3 \tag{3.95}$$

3.3   曼利–罗(Manley-Rowe)光子流密度守恒关系

在无损耗的非线性介质中，通常克莱曼近似关系成立，并且电导率 $\sigma = 0$，光波与介质之间发生光学参量过程，并保持能量和动量的转换守恒.

3.3.1   平均能流密度

我们假设平均能流密度 S 沿 z 轴传播，其三波的分量定义为

$$S_1 = \frac{1}{2}\sqrt{\frac{\varepsilon_1}{\mu_0}}E_1(z)E_1^*(z) \tag{3.96}$$

$$S_2 = \frac{1}{2}\sqrt{\frac{\varepsilon_2}{\mu_0}}E_2(z)E_2^*(z) \tag{3.97}$$

$$S_3 = \frac{1}{2}\sqrt{\frac{\varepsilon_3}{\mu_0}}E_3(z)E_3^*(z) \tag{3.98}$$

利用三波在非线性介质中的耦合波方程式(3.81)、式(3.82)和式(3.83)，并采用 $\frac{1}{2}\sqrt{\frac{\varepsilon_1}{\mu_0}}E_1^*(z)$ 乘以式(3.81)，整理得到

$$-\mathrm{i}\frac{1}{4}\omega_1 d_{\mathrm{eff}}E_1^*(z)E_2^*(z)E_3(z)\mathrm{e}^{-\mathrm{i}(k_3-k_2-k_1)z} \tag{3.99}$$

因 $\frac{1}{2}\sqrt{\frac{\varepsilon_1}{\mu_0}}E_1(z)$ 乘以式(3.82)*，进一步整理得到

$$\mathrm{i}\frac{1}{4}\omega_1 d_{\mathrm{eff}}E_1(z)E_2(z)E_3^*(z)\mathrm{e}^{-\mathrm{i}(k_3-k_2-k_1)z} \tag{3.100}$$

将式(3.99)和式(3.100)相加得到

$$\frac{1}{2}\sqrt{\frac{\varepsilon_1}{\mu_0}}\left[E_1^*(z)\frac{\partial E_1}{\partial z}+E_1(z)\frac{\partial E_1^*}{\partial z}\right]$$

$$=-\mathrm{i}\frac{1}{4}\omega_1 d\left[E_1^*(z)E_2^*(z)E_3(z)\mathrm{e}^{-\mathrm{i}(k_3-k_2-k_1)z}-E_1(z)E_2(z)E_3^*(z)\mathrm{e}^{-\mathrm{i}(k_3-k_2-k_1)z}\right]$$

再结合式(3.96)～式(3.98)得到

$$\frac{\partial S_1}{\partial z}=\omega_1 I_m\left[d_{\mathrm{eff}}E_1^*(z)E_2^*(z)E_3(z)\mathrm{e}^{-\mathrm{i}(k_3-k_2-k_1)z}\right] \tag{3.101}$$

同理

$$\frac{\partial S_2}{\partial z} = \omega_2 I_m \left[d_{\text{eff}} E_1^*(z) E_2^*(z) E_3(z) e^{-i(k_3 - k_2 - k_1)z} \right] \qquad (3.102)$$

$$\frac{\partial S_3}{\partial z} = \omega_3 I_m \left[d_{\text{eff}} E_1^*(z) E_2^*(z) E_3(z) e^{-i(k_3 - k_2 - k_1)z} \right] \qquad (3.103)$$

将式(3.101)、式(3.102)和式(3.103)相加后得到如下关系:

$$\frac{\partial}{\partial z}(S_1 + S_2 + S_3) = 0 \qquad (3.104)$$

$$S_1 + S_2 + S_3 = \text{const} \qquad (3.105)$$

由式(3.101)、式(3.102)和式(3.103)可以看出,三个分量的各自平均能流密度随 z 变化,但是在无损耗非线性介质内流过垂直于 z 轴平面的平均能流密度之和却不变,也就是说系统的能量保持守恒.

3.3.2 曼利-罗关系

平均光子流密度表示单位时间内通过垂直于 z 轴的单位面积的平均光子数. 假设 $N_i(i=1,2,3)$ 表示光子数

$$N_i = \frac{S_i}{\hbar \omega_i} \qquad (3.106)$$

由式(3.101)和式(3.102),以及式(3.103)和式(3.106)得到

$$\frac{\partial N_1}{\partial z} = \frac{\partial N_2}{\partial z} = -\frac{\partial N_3}{\partial z} \qquad (3.107)$$

式(3.107)表示在无损非线性介质内流过垂直于 z 轴平面的总能流密度保持不变,也就是能量守恒,又称为曼利-罗关系. 由式(3.107)进一步得到方程

$$\frac{\partial}{\partial z}(N_1 + N_2 + N_3) = 0 \qquad (3.108)$$

进一步得到

$$N_1 + N_2 + N_3 = 0$$

由式(3.108)得到

$$N_1 + N_2 = -N_3 \qquad (3.109)$$

式(3.109)表示在无损耗非线性介质中的三波耦合过程中,每产生一个 ω_1 光子,必定同时产生一个 ω_2 光子,同时湮灭一个 ω_3 光子,或者,每产生一个 ω_2 光子,同时产生一个 ω_1 光子和湮灭一个 ω_3 光子. 由此可见,上面描述的是两个光学参量过程,一个相当于一个 ω_1 光子和一个 ω_2 光子合成一个 ω_3 光子;另一个反过程相当于一个 ω_3 光子分裂为一个 ω_1 光子和一个 ω_2 光子. 上述两个参量的差频过程如图

3-1(a)和(b)所示. 图 3-1(a)表明信号波 ω_1 引导的向下跃迁产生了差频 ω_2，图 3-1(b)表明新产生的 ω_2 引导产生了信号波 ω_1. 新产生的 ω_1 又加强了 ω_2 光频场的产生，反复下去，可见在差频产生的过程中，光频场 ω_1 和 ω_2 在光学参量相互作用过程中是指数型增加.

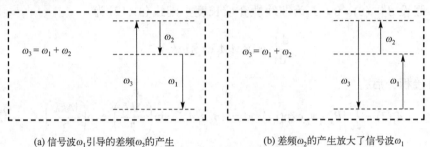

(a) 信号波 ω_1 引导的差频 ω_2 的产生　　　　(b) 差频 ω_2 的产生放大了信号波 ω_1

图 3-1　两个参量的差频过程

3.4　光学混频的稳态小信号解

光学混频过程除了光学倍频外，还可以分为光学和频(SFG)、差频(DFG)、光学参量发生(OPG)、光参量放大(OPA)和光参量振荡(OPO)等过程，这些过程都会发生在非线性光学介质中.

3.4.1　和频过程

我们这里只讨论小信号、稳态近似和平面波条件下的和频过程. 三波在非线性介质中的耦合方程为

$$\frac{\mathrm{d}A_1}{\mathrm{d}z} = \mathrm{i}B_1 A_3 A_2^* \exp(-\mathrm{i}\Delta kz) \tag{3.110}$$

$$\frac{\mathrm{d}A_2}{\mathrm{d}z} = \mathrm{i}B_2 A_3 A_1^* \exp(-\mathrm{i}\Delta kz) \tag{3.111}$$

$$\frac{\mathrm{d}A_3}{\mathrm{d}z} = \mathrm{i}B_3 A_1 A_2 \exp(\mathrm{i}\Delta kz) \tag{3.112}$$

三个光波的光频场表示为

$$E_n(z,t) = \frac{1}{2} a_n A_n(z) \exp[\mathrm{i}(k_n z - \omega_n t)] + \text{c.c.} \quad (n=1,2,3) \tag{3.113}$$

$$\omega_3 = \omega_1 + \omega_2 \tag{3.114}$$

这里小信号条件是指输入到非线性介质的激光(泵浦光)转换为其他频率光的能

量是它本身很小的一部分.

在和频产生过程中，我们令 $E_1(z,t)$ 和 $E_2(z,t)$ 为强的入射光波，$E_3(z,t)$ 为和频光波，由于讨论小信号解，因此在式(3.110)～式(3.112)中，令 A_1、A_2 均为常数，则式(3.110)～式(3.112)中只剩下式(3.112).

再假设 $A_3|_{\omega_3}(0)=0$，L 为非线性介质长度，则式(3.112)为

$$\frac{\mathrm{d}A_3}{\mathrm{d}z}=\mathrm{i}B_3A_1A_2\exp(\mathrm{i}\Delta kz)$$

上式直接积分后得

$$A_3(z)=\int_0^L \mathrm{i}B_3A_1A_2\exp(\mathrm{i}\Delta kz)\mathrm{d}z=\mathrm{i}B_3A_1A_2L\cdot\sin\left(\frac{\Delta kL}{2}\right)\cdot\exp\left(\frac{\mathrm{i}\Delta kL}{2}\right) \quad (3.115)$$

考虑到功率密度 $|I|=\frac{1}{2}nc\varepsilon_0|A|^2$，以及 $B_3=\frac{1}{2}\frac{\omega_3}{n_3c}\cdot\chi_{\mathrm{eff}}$，则式(3.115)表示功率密度关系为

$$|I_3|=\frac{2\pi^2L^2\chi_{\mathrm{eff}}^2}{n_1n_2n_3\lambda_3^2c\varepsilon_0}|I_1||I_2|\sin^2\left(\frac{\Delta kL}{2}\right) \quad (3.116)$$

式中，λ_3 为真空中波长，即 $\lambda_3=\frac{2\pi c}{\omega_3}$.

在以上讨论中，均是假设光频场为平面波，在讨论差频过程中我们采用了 $-\omega_2$ 代替 ω_2，并以 E_2^* 代替 E_2，即可得出类似的结果. 但是，当 ω_1 和 ω_2 很接近时，$\omega_3=\omega_1-\omega_2$ 很小，使得 λ_3 与激光束的横向尺寸可以比较，此时不能忽略 ω_3 光波所具有的衍射效应，光波不能作平面波处理.

3.4.2 光混频高转换效率时的稳态解

我们这里讨论在完全相位匹配 $\Delta k=0$ 条件下的结果，假设

$$A_n(z)=\rho_n(z)\exp[\mathrm{i}\Phi_n(z)] \quad (3.117)$$

将式(3.117)代入式(3.110)～式(3.112)中，并将实部和虚部分开得到

$$\frac{\mathrm{d}\rho_1}{\mathrm{d}z}=B_1\rho_2\rho_3\sin\theta \quad (3.118)$$

$$\frac{\mathrm{d}\rho_2}{\mathrm{d}z}=B_2\rho_1\rho_3\sin\theta \quad (3.119)$$

$$\frac{\mathrm{d}\rho_3}{\mathrm{d}z}=-B_3\rho_1\rho_2\sin\theta \quad (3.120)$$

$$\frac{\mathrm{d}\theta}{\mathrm{d}z} = \left(B_1 \frac{\rho_2 \rho_3}{\rho_1} + B_2 \frac{\rho_2 \rho_1}{\rho_2} - B_3 \frac{\rho_1 \rho_2}{\rho_3} \right) \cos\theta \tag{3.121}$$

其中

$$\theta = \varPhi_1(z) + \varPhi_2(z) + \varPhi_3(z) \tag{3.122}$$

由式 (3.118)～式 (3.120) 获得的能量守恒表示为

$$I_1(z) + I_2(z) + I_3(z) = I_s \tag{3.123}$$

式中，$I_1(z)$、$I_2(z)$ 和 $I_3(z)$ 分别代表三个波的功率密度，I_s 代表总功率密度. 令

$$u_1 = \left(\frac{n_1 c \varepsilon_0}{2 I_s \omega_1} \right)^{\frac{1}{2}} \cdot \rho_1 \tag{3.124}$$

$$u_2 = \left(\frac{n_2 c \varepsilon_0}{2 I_s \omega_2} \right)^{\frac{1}{2}} \cdot \rho_2 \tag{3.125}$$

$$u_3 = \left(\frac{n_3 c \varepsilon_0}{2 I_s \omega_3} \right)^{\frac{1}{2}} \cdot \rho_3 \tag{3.126}$$

$$\zeta = \left(\frac{4\pi^3 \chi_{\text{eff}}^{\ 2} I_s}{n_1 n_2 n_3 \lambda_1 \lambda_2 \lambda_3 \varepsilon_0} \right)^{\frac{1}{2}} \cdot z \tag{3.127}$$

在克莱曼近似下，$\chi_{\text{eff}} = 2 d_{\text{eff}}$，由式 (3.124)～式 (3.126) 可以看出

$$u_1^2 \omega_1 = \frac{I_1}{I_s}, \quad u_2^2 \omega_2 = \frac{I_2}{I_s}, \quad u_3^2 \omega_3 = \frac{I_3}{I_s}$$

则式 (3.123) 可以改写为

$$u_1^2 \omega_1 + u_2^2 \omega_2 + u_3^2 \omega_3 = 1 \tag{3.128}$$

将式 (3.124)～式 (3.127) 代入式 (3.118)～式 (3.121) 中得到

$$\frac{\mathrm{d}u_1}{\mathrm{d}\zeta} = u_2 u_3 \sin\theta \tag{3.128a}$$

$$\frac{\mathrm{d}u_2}{\mathrm{d}\zeta} = u_1 u_3 \sin\theta \tag{3.128b}$$

$$\frac{\mathrm{d}u_3}{\mathrm{d}\zeta} = u_1 u_2 \sin\theta \tag{3.128c}$$

$$\frac{d\theta}{d\zeta} = \frac{\cos\theta}{\sin\theta}\left[\frac{d}{d\zeta}(\ln u_1 u_2 u_3)\right] \tag{3.128d}$$

再将式(3.128a)乘以 u_1，式(3.128b)乘以 u_2，比较两式得到

$$\frac{du_1^2}{d\zeta} - \frac{du_2^2}{d\zeta} = 0 \tag{3.129}$$

故得到

$$u_1^2 - u_2^2 = m_3 \tag{3.130}$$

同理可得

$$u_1^2 + u_3^2 = m_1 \tag{3.131}$$

$$u_2^2 + u_3^2 = m_2 \tag{3.132}$$

式中，m_1、m_2 和 m_3 为积分常数.

对式(3.129)直接积分得

$$u_1 u_2 u_3 \cos\theta = \Gamma \quad (\Gamma \text{ 为积分常数}) \tag{3.133}$$

此时式(3.129)写为

$$\frac{du_3^2}{d\zeta} = -2u_1 u_2 u_3 \sin\theta = \pm 2u_1 u_2 u_3 \sqrt{1-\cos^2\theta} \tag{3.134}$$

将式(3.131)~式(3.133)代入式(3.134)中得到

$$\frac{du_3^2}{d\zeta} = \pm 2[u_3^2(m_2-u_3^2)(m_1-u_3^2) - \Gamma]^{\frac{1}{2}} \tag{3.135}$$

再令 $u_3(0)=0$，则 $\Gamma=0$，此时由式(3.135)可以得到

$$\zeta = \pm\frac{1}{2}\int_0^{u_3^2(z)} \frac{du_3^2}{[u_3^2(m_2-u_3^2)(m_1-u_3^2)]^{\frac{1}{2}}} \tag{3.136}$$

这里式(3.136)为椭圆积分，当 $m_1 > m_2$ 时，由式(3.135)得到

$$u_3 = \sqrt{m_2}\,\mathrm{sn}\left[m_1^{\frac{1}{2}}\zeta, \left(\frac{m_2}{m_1}\right)^{\frac{1}{2}}\right] \tag{3.137}$$

由于 $u_3(0)=0$，故 $m_1=u_1^0(0)$，$m_2=u_2^0(0)$，则式(3.137)可写为

$$u_3 = u_2(0)\mathrm{sn}\left(u_1(0)\zeta, \frac{u_2(0)}{u_1(0)}\right) \tag{3.138}$$

由于 $\mathrm{sn}\chi \ll 1$，则由式(3.138)可以得到如下结论.

68

（1）$u_3(\zeta) \leqslant u_2(0)$，表示当输入光波的光子数不相等时（$\omega_1 \neq \omega_2$），和频光波的光子数不会超过两个输入光波中光子数较少的那个光波. 当非线性晶体足够长，光波传播到某一距离时，其中一个输入光波 ω_2 的能量完全转换为和频光波 ω_3，只剩下和频光波 ω_3 和另一输入光波 ω_1. 此时两个光波继续向前传播，由于光波与非线性介质的相互作用，和频光波 ω_3 的能量又转换到 ω_2 光波中去，直到和频光波的能量衰尽.

（2）当 $m_1 = m_2 = m$，即两个光波输入的光子数相等时，式（3.136）为

$$\zeta = \pm \int_0^{u_3(\zeta)} \frac{\mathrm{d}u_3}{m - u_3^2} = \frac{1}{m^{\frac{1}{2}}} \operatorname{artanh}\left(\frac{u_3}{m^{\frac{1}{2}}}\right) \tag{3.139}$$

对式（3.139）直接积分得

$$u_3(\zeta) = m^{\frac{1}{2}} \tanh\left(m^{\frac{1}{2}}\zeta\right) = u_1(0) \tanh[u_1(0)\zeta] \tag{3.140}$$

此时量子效率为

$$\eta = \frac{u_3^2(\zeta)}{u_1^2(0)} = \tanh^2[u_1(0)\zeta] \tag{3.141}$$

思考题与习题

（1）推导在小信号条件下，强光在非线性光学晶体中传播时的三波耦合方程，并描述其意义.

（2）推导在倍频过程中，基频光为 ω，倍频光为 2ω 的耦合波方程.

（3）在稳态、瞬态条件下，分别推导耦合波方程的小信号解.

（4）推导曼利–罗关系，并说明其物理意义.

第 4 章　光学二次谐波及应用技术

光学二次谐波产生(SHG)是激光问世后第一个被发现的非线性光学效应. 在第一个光倍频实验中采用石英晶体作为非线性光学材料, 其光学性能差, 导致倍频转换效率低, 但是这一新的现象开拓了新的频率波长和新的研究领域. 至今为止, 光学倍频仍然是非线性光学效应中最有实际应用价值的. 所以我们在本章首先对光学倍频原理、光学性质和应用技术进行详细的描述.

4.1　光学频率转换

1961 年, 弗兰肯(Franken)等的二次谐波(倍频)实验标志非线性光学现象的诞生, 其实验装置的原理图如图 4-1 所示. 1962 年, 乔特迈(Giordmine)和马克尔(Maker)等分别提出了相位匹配技术, 大大提高了光倍频和光混频的转换效率. 激光通过在介质中传播产生了新的光学频率, 出现了激光频率的转换, 如频率的上转换 ($\omega_1 \to \omega_2$, $\omega_2 > \omega_1$) 和下转换 ($\omega_1 \to \omega_2$, $\omega_2 < \omega_1$), 以获得新的光学频率. 随着激光技术的发展, 激光频率转换也得到迅猛发展, 如超短脉冲激光器的脉冲宽度由纳秒(ns)、皮秒(ps)、飞秒(fs)到阿秒(as)的进程中, 相应的峰值功率大大提高, 从而使得光混频以及光学参量相互作用过程中的光与物质相互作用的效率大大提高. 由此可见, 激光技术的发展进一步推动了光学频率转换和能量转换效率的提高. 光学二次谐波及和频是频率的上转换过程, 也是获得紫光和深紫外光的有效技术手段, 例如, 调 Q Nd:YAG 激光器输出波长 1064nm 的近红外基频激光, 通过倍频可以得到 532nm 的绿光, 再次倍频得到 266nm 的四次谐波紫外光. 如果基频光(1064nm)与它的倍频光(532nm)进行和频, 就得到了三次谐波的紫光(355nm). 由此可见, 光学混频中的和频使激光波长向着高频光或短波长转换, 而混频中的差频过程使得激光波长向着低频光或长波长转换, 即向红外乃至近中红外扩展. 值得指出的是, 光学频率的上转换或下转换都是指激光与物质相互作用的过程是光学参量相互作用过程, 其保证了光波间的能量转换守恒. 由于倍频技术是采用基频光频率 ω 的相干光产生倍频光 2ω, 所以它是产生紫外强相干光的重要方法和手段.

三波混频是最早实现和最重要的非线性光学过程. 在此类过程中, 两个相干光波(可以是同一个波)从外部输入到非线性介质中产生第三个波, 按照三波相互作用的能量关系可能发生倍频、和频和差频, 分别获得三种新频率的光波长. 三波混频

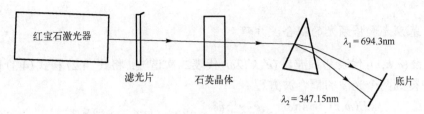

图 4-1 二次谐波实验装置原理图

已经成为扩展强相干光频场的重要技术手段. 目前,通过光学参量或非参量过程获得的光参量激光器、受激拉曼(Raman)激光器、高功率可调谐脉冲激光器等,已经实现了同一台激光器输出不同波长的可调谐光,并广泛应用于医学、物质的动态过程分析等.

4.2 二 次 谐 波

4.2.1 有效倍频极化过程

倍频过程是三波非线性相互作用的一个特殊情况,即有 $\omega = \omega_1 = \omega_2$,$\omega_3 = 2\omega_1 = 2\omega_2 = 2\omega$. 我们首先假设:①非线性光学晶体对于基频 ω 和倍频 2ω 的光波是透明的,不产生损耗;②选择的坐标系能使介质的入射面是 $z = 0$ 平面;③光束很宽,即系统具有 x-y 平面内的平移对称性,因而各个光波在相互作用中其振幅只沿 z 轴变化. 下面分析讨论基频光和倍频光在非线性介质中传播时的相互作用情况.

1. 波动方程

我们讨论每一个光波与同频率的极化波相互作用的波动方程为

$$\frac{\mathrm{d}E(\omega,z)}{\mathrm{d}z} = \mathrm{i}\frac{2\pi\omega^2}{c^2}\frac{1}{(\hat{e}\times k)\cdot(\hat{e}\times k)}\hat{e}\cdot P_{\mathrm{NL}}(\omega,r)\mathrm{e}^{-\mathrm{i}(k\cdot r)} \tag{4.1}$$

式中,$E(\omega,z)$ 表示频率为 ω 的光波 $E(\omega,r) = \hat{e}E(\omega,z)\mathrm{e}^{\mathrm{i}(k\cdot r)}$ 的振幅,$\hat{e}$ 和 k 分别代表二次谐波的偏振方向和波矢.

2. 二次电极化强度

在介质中基波和二次谐波共同作用时分别产生的二次电极化强度为

$$P^{(2)}(\omega,r) = \chi^{(2)}(\omega = 2\omega - \omega):E(2\omega,r)E^*(\omega,r) \tag{4.2}$$

$$P^{(2)}(2\omega,r) = \chi^{(2)}(2\omega = \omega + \omega):E(\omega,r)E(\omega,r) \tag{4.3}$$

式中,$E^*(\omega,r) = E(-\omega,r)$ 表示频率为 ω 的光频场,并且两个二次极化率张量具有全置换对称性

$$2\chi_{ijk}^{(2)}(2\omega = \omega + \omega) = \chi_{jik}^{(2)}(\omega = 2\omega - \omega) \tag{4.4}$$

3. 基频光和倍频光的耦合波方程

假设 $(\hat{e}, \boldsymbol{k}, \omega)$ 代表基频波，$(\hat{e}', \boldsymbol{k}', 2\omega)$ 代表二次谐波. 将式(4.2)和式(4.3)代入式(4.1)中得到两个光波的耦合波方程

$$\frac{\mathrm{d}E(\omega,z)}{\mathrm{d}z} = \mathrm{i}\frac{4\pi\omega^2}{c^2}\frac{\hat{e}\cdot\boldsymbol{\chi}^2:\hat{e}\hat{e}}{(\hat{e}\times\boldsymbol{k})\cdot(\hat{e}\times\hat{\boldsymbol{k}})}E(2\omega,z)E(\omega,\boldsymbol{r})\mathrm{e}^{-\mathrm{i}(\Delta\boldsymbol{k}\cdot\boldsymbol{r})} \tag{4.5a}$$

$$\frac{\mathrm{d}E(2\omega,z)}{\mathrm{d}z} = \mathrm{i}\frac{8\pi\omega^2}{c^2}\frac{\hat{e}'\cdot\boldsymbol{\chi}^2:\hat{e}\hat{e}}{(\hat{e}'\times\boldsymbol{k})\cdot(\hat{e}'\times\hat{\boldsymbol{k}})}E(\omega,z)E(\omega,z)\mathrm{e}^{-\mathrm{i}(\Delta\boldsymbol{k}\cdot\boldsymbol{r})} \tag{4.5b}$$

式中，$\boldsymbol{\chi}^2 = \boldsymbol{\chi}^{(2)}(2\omega = \omega + \omega)$，式(4.4)变为

$$\hat{e}\cdot\boldsymbol{\chi}^{(2)}(\omega = 2\omega - \omega):\hat{e}'\hat{e} = 2\hat{e}'\cdot\boldsymbol{\chi}^{(2)}(2\omega = \omega + \omega):\hat{e}\hat{e} \tag{4.6}$$

$$\Delta\boldsymbol{k} = \boldsymbol{k}' - 2\boldsymbol{k} \tag{4.7}$$

式(4.7)为动量失配量.

4. 讨论

(1)由耦合波方程式(4.5a)和式(4.5b)可知，在确定的初始条件下可以获得基频光和倍频光沿 z 方向消长的情形. 但两个光波之间的耦合关系要依赖于每个光波的偏振方向、波矢方向和入射条件.

(2)在式(4.1)中，当 $\Delta\boldsymbol{k} \neq 0$ 时，动量失配，求解更加困难.

(3)在多数实验过程中，两个光波相互作用较为简单，当使用的非线性介质是单轴晶体时，其折射率椭球的偏心率较小，即 $\dfrac{n_\mathrm{e} - n_\mathrm{o}}{n_\mathrm{o}}$ 在所有方向上都远小于 1.

(4)基频光正入射介质时，由于介质中波矢 k 和 k' 较好地沿 z 轴方向入射，所以式(4.1)可以写为

$$\begin{cases} \dfrac{\mathrm{d}E(\omega,z)}{\mathrm{d}z} = \mathrm{i}\dfrac{k'}{2k}Q\cdot E(2\omega,z)E^*(\omega,z)\mathrm{e}^{-\mathrm{i}\Delta kz} \\[3mm] \dfrac{\mathrm{d}E(2\omega,z)}{\mathrm{d}z} = \mathrm{i}Q\cdot E^2(\omega,z)E^*(\omega,z)\mathrm{e}^{\mathrm{i}\Delta kz} \end{cases} \tag{4.8}$$

式中，耦合系数 Q 为

$$Q = \frac{8\pi\omega^2}{c^2 k'}\hat{e}'\cdot\boldsymbol{\chi}^{(2)}:\hat{e}\hat{e} \tag{4.9}$$

(5)考虑在小信号近似条件下，我们可以讨论基频光传播过程中无损耗，振幅不发生变化时，在初始条件下有 $E(\omega,z) = E(\omega,0)$ 和 $E(2\omega,0) = 0$，则倍频光可直接由式(4.8)确定，即当 $E(2\omega,0) = 0$ 时求解得到

$$E(2\omega,z) = QE^2(\omega,0)\frac{\mathrm{e}^{\mathrm{i}\Delta kz}}{\Delta k} \tag{4.10}$$

再由式(4.10)可以得到

$$I(2\omega) \propto |E(2\omega,z)|^2 = |Q|^2 E^4(\omega,0) \frac{\text{sinc}^2\left(\dfrac{\Delta kz}{2}\right)}{\left(\dfrac{\Delta kz}{2}\right)^2} \tag{4.11}$$

从式(4.11)可知，当 $0 \leqslant z \leqslant L = \dfrac{\pi}{\Delta k}$ 时，倍频光强度由 0 单调上升达到极大值；

当 $z \geqslant L$ 时，倍频光强度逐渐衰减；当 $z = L$ 时，倍频光强度变为 0，L 为晶体长度. 我们给出相干长度的定义

$$L_{\text{c}} = \frac{\pi}{\Delta k} \tag{4.12}$$

式中，L_{c} 为相干长度，即在 L_{c} 内基频光与倍频光保持相位匹配关系和能量的单向转移. 从式(4.12)中可以看出，在一定的 Δk 条件下，当非线性晶体的长度 L 超过相干长度 L_{c} 时，光学频率转换效率就会快速地下降. 由式(4.11)可知函数 $\text{sinc}^2(\Delta kL/2)$ 与 $\Delta kL/2$ 之间的关系，如图4-2所示.

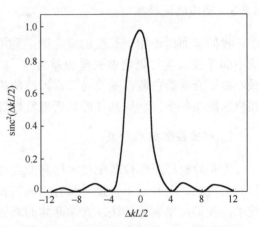

图4-2　$\text{sinc}^2(\Delta kL/2)$ 与 $\Delta kL/2$ 的关系曲线

4.2.2　产生倍频光的条件

我们从式(4.11)和式(4.12)可知，首先相干长度 L_{c} 应大于介质的宏观尺度 L，即保持在整个介质尺度内持续地放大.

当相位匹配条件满足 $\Delta k = 0$，即 $k' = 2k$ 时，由于此时小信号近似不再成立，因此相互作用的特征长度必须通过求解方程(4.8)而得到. 为了讨论问题方便，选择基频光的初相位因子为 0，故 $E(\omega,z)$ 成为实数. 于是方程(4.8)改写为

$$\begin{cases} \dfrac{dE(\omega,z)}{dz} = iQ \cdot E(2\omega,z)E(\omega,z) \\[3mm] \dfrac{dE(2\omega,z)}{dz} = iQ \cdot E^2(\omega,z) \end{cases} \tag{4.13}$$

式(4.13)为非线性微分方程组，它在给定初始条件下的特解为

$$E(\omega,z) = E(\omega,0)\cosh\left(\frac{z}{l}\right) \tag{4.14}$$

$$E(2\omega,z) = iE^2(\omega,0)\tanh\left(\frac{z}{l}\right) \tag{4.15}$$

非线性光学原理及应用

这里利用双曲函数

$$\cosh x = \frac{e^x + e^{-x}}{2}, \qquad \tanh x = \frac{e^x - e^{-x}}{e^x + e^{-x}}$$

而 $l = \dfrac{1}{QE(\omega, 0)}$ 称为相互作用特征长度. 在式 (4.14) 和式 (4.15) 中，在 $z = l$ 处，已有 58% 的基频光能量转换为二次谐波；在 $z = 2l$ 处，转换效率高达 93%，即更长的介质尺寸无实际意义.

4.2.3 相位匹配技术

我们前面讨论相干长度的概念时，利用了完全相位匹配下 $\Delta k = 0$，即非线性介质中的基波矢量与极化波矢量的差为零. 在介质中，一般情况下 $\Delta k \neq 0$，如对于倍频，由于介质的色散，基波与二次谐波的折射率一般总是不相等的，但是在特定的相位匹配条件下，利用晶体的双折射特性等，可以使得这两个光波的折射率相等.

1. 相位匹配技术分类

为有效地利用相位匹配技术提高非线性作用的转换效率，必须讨论参与相互作用的光波之间在介质中传播时具有相同的相速度，以及光波之间如何实现相位匹配技术，我们可以利用非线性光学晶体的双折射与色散特性实现相位匹配.

本章只讨论利用晶体的双折射特性补偿晶体的色散效应，实现相位匹配. 按照光波在介质中的偏振特性分类如下.

1) 角度相位匹配 (又称临界相位匹配)

通过选择特定的参与相互作用的光波传播方向，实现相位匹配的方法称为角度相位匹配. 这个能保证相位匹配的光传播方向的空间角度称为相位匹配角. 例如，在室温时，对 $CsLiB_6O_{10}$ (CLBO) 晶体的色散方程式 (4.16) 和式 (4.17) 进行数值计算，得到负单轴晶体 CLBO 中的寻常光和非寻常光的色散曲线，如图 4-3 所示.

$$n_o^2(\lambda) = 2.2145 + \frac{0.00890}{\lambda^2 - 0.02051} - 0.01413\lambda^2 \tag{4.16}$$

$$n_e^2(\lambda) = 2.0588 + \frac{0.00866}{\lambda^2 - 0.01202} - 0.00607\lambda^2 \tag{4.17}$$

由图 4-3 可以看出，随着波长增大时，折射率将减小. 如果在二次谐波产生的过程中，基频光为 o 光，二次谐波为 e 光，于是只要选择合适的光传播方向 θ_m，就可以实现相位匹配条件 $n_o^\omega = n_e^{2\omega}(\theta_m)$. 在后续章节中，我们将采用折射率椭球几何法进一步描述单轴晶体的相位匹配条件.

2) 温度相位匹配 (又称非临界相位匹配)

利用晶体的折射率的双折射与色散是其温度敏感函数的特性，即 n_e 随温度的改

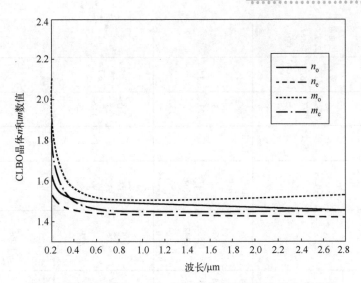

图 4-3　负单轴晶体 CLBO 中寻常光和非寻常光的色散曲线

变量比 n_o 随温度的改变量大得多，通过适当调节晶体的温度，可以实现 θ_m 为 $90°$ 的相位匹配. 由于这种匹配方式是通过调节温度实现的，所以称为温度相位匹配. 例如在室温时，非线性光学晶体 $LiNbO_3(LN)$ 的色散曲线如图 4-4 所示. 根据 LN 晶体的塞尔梅耶色散方程，即折射率色散关系为

$$n_o^2 = 4.9048 + 0.11768 / (\lambda^2 - 0.04750) - 0.027169\lambda^2 \tag{4.18}$$

$$n_e^2 = 4.5820 + 0.099169 / (\lambda^2 - 0.04443) - 0.02195\lambda^2 \tag{4.19}$$

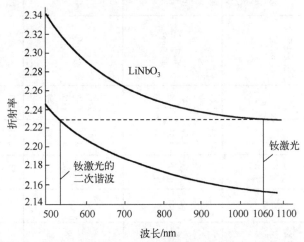

图 4-4　非线性光学晶体 $LiNbO_3(LN)$ 在匹配温度下的色散曲线

由于温度相位匹配对角度的调谐不甚敏感，所以又称为非临界相位匹配. 常见非线性晶体的特性如表 4-1 所示.

表 4-1 常见非线性晶体的特性

晶体	对称类型	透明波段 /μm	折射率 (20℃) 波长 /μm	n_o	n_e	非线性系数 /(pm/V)	破坏阈值 波长 /μm	τ_p /ns	I/(GW/cm²)	线性吸收系数 波长 /μm	α /cm⁻¹	倍频基波波长 /μm	匹配角 /(°)	匹配形式	匹配温度 /℃	接受温度 $2\delta TL$/(℃·cm)	接受角 $2\delta\theta L$/(mrad·cm)
KH₂PO₄ (KDP)	$\bar{4}2m$	0.2~1.5	0.347	1.54	1.49	$d_{36}=0.43$ (1.06μm)	0.69	20	0.4	0.78	0.024	1.06	41 (I) 59 (II)	I, II	23	3.5	1.0
			0.53	1.51	1.47		0.53	0.2	17	0.89	0.015	0.946	47	I	23		
			0.694	1.51	1.47		1.06	0.2	23	1.06	0.03	0.53	50.6	I	23		
			1.06	1.49	1.46							0.6943	90	I	-13.7		
												0.5145 0.56~0.77	66~45				
KD₂PO₄ (KD*P)	$\bar{4}2m$	0.2~1.5	0.347	1.53	1.49	$d_{36}=0.40$ (1.06μm)	1.06	10	0.5	0.53	0.005	1.06	37	I	20	6.7	1.7
			0.53	1.51	1.47		1.06	0.25	6	1.06	0.005	1.06	53.5	II	23		
			0.694	1.50	1.48				>10			0.532	90	I	40.6		
			1.06	1.49	1.46							0.6943	52	I	25		
LiNbO₃ (LN)	$3m$	0.4~5	0.53	2.33	2.23	$d_{15}=5.45$ (1.06μm) $d_{22}=2.76$ (1.06μm)	0.53		0.01	0.8~2.6	0.08	1.15	90	I	169~281	0.6	50
			0.694	2.28	2.19		0.53		>10			1.064	90	I	-8~165		
			1.06	2.23	2.16		1.06		0.12								
							1.06		>10								

续表

晶体	对称类型	透明波段/μm	折射率(20℃) 波长/μm	n_o	n_e	非线性系数/(pm/V)	破坏阈值 波长/μm	τ_p/ns	I/(GW/cm²)	线性吸收系数 波长/μm	α/cm⁻¹	倍频基波波长/μm	匹配角/(°)	匹配形式	匹配温度/℃	接受温度 $2\delta TL$/(℃·cm)	接受角 $2\delta L$/(mrad·cm)
Ag₃AsS₃	3m	0.6~13	0.69 1.06 10.6	2.96 2.82 2.70	2.69 2.58 2.50	$d_{15}=5.45$ (1.06μm) $d_{22}=2.76$ (1.06μm)	0.694 1.06 10.6	14 18 220	0.003 0.02 0.05	0.69 1.06 9.2 10.6	0.2 0.1 0.29 0.45	10.6 2.06 2.7~2.9	22.5	I			
AgGaS₂	$\overline{4}2m$	0.5~13	0.53 0.694 1.06 5.3 10.6	2.65 2.52 2.45 2.69 2.34	2.62 2.47 2.40 2.34 2.29	$d_{36}=13.4$ (10.6μm)	0.59 0.625 0.6943 1.06 10.6	500 500 10 35 200	0.002 0.003 0.02 0.025 0.025	0.6~12	<0.09	10.6 3.39	67.5 33	I I			
AgGaSe	$\overline{4}2m$	0.71~18	1.06 5.3 10.6	2.7 2.61 2.59	2.68 2.58 2.56	$d_{36}=33.1$ (10.6μm)	10.6	200	>0.002			10.6	57.5	II	98		

续表

晶体	对称类型	透明波段/μm	折射率(20℃) 波长/μm	n_o	n_e	非线性系数/(pm/V)	破坏阈值 波长/μm	τ_p/ns	I/(GW/cm²)	线性吸收系数 波长/μm	α/cm⁻¹	倍频基波波长/μm	匹配角/(°)	匹配形式	匹配温度/℃	接受温度 $2\delta Tl$/(℃·cm)	接受角 $2\delta\theta l$/(mrad·cm)
ZnGeP₂	4̄2m	0.74~12	1.06	2.23	3.23	$d_{36}=75.4$ (10.6μm)	1.06	30	0.003	1	3						
			5.3	3.11	3.15					3.5	0.4						
			10.6	3.07	3.11					10.6	0.9						
β-BaB₆O₄ (BBO)	3	0.19-3	1.064	1.66	1.54	$d_{11}=1.78$ (1.079μm)	1.064	7.5	2			1.064	21	I	23		1.2
		0.19-3	0.532	1.67	1.55	$d_{22}=0.13$ (1.079μm)	0.694	0.02	10			0.694	35	I	23		
			0.3547	1.70	1.58	$d_{31}=0.13$ (1.079μm)						0.532	48	I	23		
			0.2660	1.78	1.62												
CsLiB₆O₁₀ (CLBO)	4̄2m	0.18~2.75	0.532	1.4985	1.4462	$d_{36}=1.16$ (0.484μm)	1.064	1	26	1.064	0.025	1.064	41.86	I		43.1	1.7
			1.064	1.4852	1.4355	$d_{36}=1.01$ (0.532μm)						1.030	42.55	II		8.3	

续表

晶体(以下为双轴晶体)	对称类型	透明波段/μm	折射率(20℃) 波长/μm	n_x	n_y	n_z	非线性系数d/(pm/V)	破坏阈值 波长/μm	τ_p/ns	I/(GW/cm²)	线性吸收系数 波长/μm	α/cm⁻¹	倍频基波波长/μm	匹配角/(°)	匹配形式	匹配温度/℃	接受温度 ΔTL/(℃·cm)	接受角 $\Delta\theta L$/(mrad·cm)
KTiOPO₄ (KTP)	$mm2$	0.35~4.0	0.5	1.787	1.797	1.898	d_{31}~5.8 d_{24}~6.8 d_{32}~4.5 d_{33}~12 d_{15}~5.4 (1.064μm)	1.06	20	0.16	1.03	0.01	1.06		I	23	>50	50
			1.0	1.740	1.749	1.831					0.53	0.01	1.06		II	23	>50	50
			1.5	1.725	1.736	1.818												
LiB₃O₅ (LBO)	$mm2$	0.165~3.2	0.355	1.597	1.627	1.643	d_{31}=1.05 d_{32}=-0.98 d_{33}=0.05 (1.064μm)	1.06	1.3	18.9	1.06	0.02	1.06	32.9	I		~0.07	52
			0.532	1.578	1.606	1.621							1.03	33.6	II			
			1.064	1.565	1.621	1.643												

2. 相位匹配

在晶体的正常色散条件下，当激光入射到光学晶体后发生倍频现象时，一般有 $\Delta k = 2k_1 - k_2 \neq 0$，因此在 E^{ω_s} 中的相位因子是 z 的函数，这意味着所有 $\mathrm{d}z$ 薄片贡献的倍频光不能同相位叠加，有时甚至抵消，总的倍频光输出功率很小，但是非线性光学现象仍然存在. 只有当基频光与倍频光之间的波矢之差 $\Delta k = 0$ 时，在 E^{ω_s} 中的相位因子才与 z 无关. 故不同 $\mathrm{d}z$ 薄片发射的倍频光在输出端同相位叠加，使倍频光功率输出最大. 由此定义 $\Delta k = 0$ 为相位匹配，又称为完全相位匹配.

当 Δk 满足一定相位匹配条件范围时，在式 (4.11) 中的相位匹配因子 $\dfrac{L\Delta k}{2} = \dfrac{L}{2}(k^{2\omega} - 2k^{\omega})$ 是由于晶体的正常色散形成的相位差. 当 $\dfrac{1}{2}L\Delta k$ 相位因子改变 $\dfrac{\pi}{2}$ 时，相位因子 $\dfrac{\sin\left(\dfrac{L\Delta k}{2}\right)}{\dfrac{L \cdot \Delta k}{2}}$ 从一个极大值达到相邻的一个极大值. 定义 $\dfrac{1}{2}L \cdot \Delta k = \dfrac{1}{2}L_c \cdot \Delta k = \dfrac{\pi}{2}$，以及 $L_c = \dfrac{\pi}{\Delta k}$ 为倍频光相邻两个峰值间的距离. 利用 $k = \dfrac{2\pi n}{\lambda}$ 则有

$$k^{2\omega} = \frac{2\pi n_2^{2\omega}}{\lambda^{2\omega}} = \frac{2\pi n_2^{2\omega}}{\dfrac{\lambda^{\omega}}{2}} = \frac{4\pi n_2^{2\omega}}{\lambda^{\omega}}$$

$$k^{\omega} = \frac{2\pi n_1^{2\omega}}{\lambda^{\omega}}$$

得到

$$L_c = \frac{\pi}{k^{2\omega} - 2k^{\omega}} = \frac{\lambda^{\omega}}{n^{2\omega} - n^{\omega}} \tag{4.20}$$

由式 (4.20) 可以看出，实现相位匹配的条件为

$$n^{2\omega} = n^{\omega} \tag{4.21}$$

即非线性晶体对应于倍频光的折射率与对应于基频光的折射率相等时，才能实现完全相位匹配. 由此可见，当 $L_c \to \infty$，即相干长度越长时，相位匹配为完全相位匹配，光频场的转换效率最大；当 L_c 越短时，相位匹配失配，其相应的转换效率越小.

4.3   角度相位匹配

本节重点讨论分析在倍频过程中，假设基频光与倍频光的波矢量方向相同时的

共线相位匹配，以及晶体在Ⅰ类、Ⅱ类相位匹配条件下的角度相位匹配.

在Ⅰ类相位匹配时，基频光只能取一种偏振状态，倍频光取另一种偏振状态. 例如，对于负单轴晶体，基频光取寻常光(o 光)，倍频光取非寻常光(e 光)；对于正单轴晶体，基频光取寻常光(e 光)，倍频光取非寻常光(o 光).

要保证入射到晶体上的基频光和产生的倍频光具有不同的偏振态，应在制备晶体时将晶体切割成所需要的光通过时的偏振形式，以确保基频光和倍频光满足相位匹配条件.

4.3.1　负单轴晶体中Ⅰ类相位匹配

对于负单轴晶体、Ⅰ类相位匹配条件时，基频光与倍频光之间的偏振特性为 $o+o\rightarrow e$，或表示为 ooe. 负单轴晶体的特点为

$$n_{\mathrm{o}}^{2\omega} > n_{\mathrm{e}}^{2\omega}, \quad n_{\mathrm{o}}^{\omega} > n_{\mathrm{e}}^{\omega} \tag{4.22}$$

相位匹配条件可写为

$$\Delta \boldsymbol{k} = 2\boldsymbol{k}_1^{\mathrm{o}} - \boldsymbol{k}_2^{\mathrm{e}}(\theta) = 0 \tag{4.23}$$

式中，e 光的折射率是 θ 的函数. 我们采用折射率椭球几何法描述基频光与倍频光的相位匹配，如图 4-5 所示.

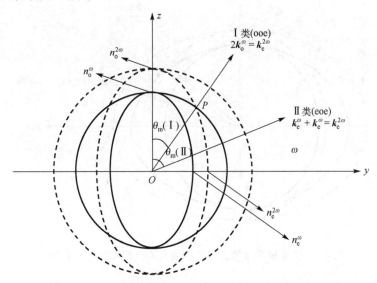

图 4-5　负单轴晶体的折射率曲面及相位匹配方向示意图

在图 4-5 中，实线为基频光的折射率面，球面代表 o 光，虚线为倍频光的折射率面，椭球面为 e 光. 由图 4-5 知，P 点为 o 光与 e 光波矢方向的折射率面交线点，二者与光轴 Oz 夹角为 θ_{m}，即 $\theta_{\mathrm{m}} = \langle\widehat{Oz, \boldsymbol{k}}\rangle$，即基频光波矢 $\boldsymbol{k}_1^{\omega}$、倍频光波矢 $\boldsymbol{k}_2^{2\omega}$ 与光

轴 Oz 有夹角 θ_m 时，在 P 点的基频光和倍频光的折射率关系为

$$n_o^\omega = n_e^{2\omega}(\theta_m) \tag{4.24}$$

故称 θ_m 为相位匹配角. 此时基频光与倍频光实现了完全相位匹配.

4.3.2 正单轴晶体中 I 类相位匹配

对于正单轴晶体、I 类相位匹配条件时，基频光与倍频光之间的偏振特性为 e+e→o，或表示为 eeo. 根据正单轴晶体的特点有

$$n_e^{2\omega} > n_o^{2\omega}, \quad n_e^\omega > n_o^\omega \tag{4.25}$$

我们采用折射率椭球几何法描述基频光与倍频光之间的相位匹配，如图 4-6 所示. 在图 4-6 中，实线为基波的折射率面，球面代表 o 光，虚线为倍频波的折射率面，椭球面为 e 光. 由图 4-6 可以看出，P 点为 o 光与 e 光波矢方向的折射率面交线点，二者与光轴 Oz 夹角为 θ_m，在 P 点的基频光和倍频光的折射率关系为

$$n_e^\omega(\theta_m) = n_o^{2\omega} \tag{4.26}$$

式(4.26)为正单轴晶体 I 类相位匹配条件，此时基频光与倍频光实现了完全相位匹配.

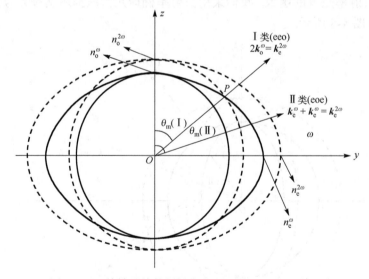

图 4-6　正单轴晶体的折射率曲面及相位匹配方向示意图

4.3.3 I 类、II 类相位匹配方式

1. I 类相位匹配

当基频光以单一的线偏振光(如 o 光或 e 光)形式入射，而倍频光为另一偏振状

态的线偏振光(如 e 光或 o 光). 对于单轴晶体, Ⅰ类相位匹配的偏振特性和相位匹配条件如表 4-2 所示.

表 4-2　单轴晶体Ⅰ类相位匹配的偏振特性和相位匹配条件

晶体性质	偏振特性条件	相位匹配条件
正单轴晶体	e+e→o	$n_e^\omega(\theta_m) = n_o^{2\omega}$
负单轴晶体	o+o→e	$n_o^\omega = n_e^{2\omega}(\theta_m)$

2. Ⅱ类相位匹配

当基频光同时以两种不同的线偏振光(o 光和 e 光)形式入射,即两者的偏振方向是垂直的,而产生的倍频光为单一状态的线偏振光(如 e 光或 o 光). 对于单轴晶体, Ⅱ类相位匹配的偏振特性和相位匹配条件如表 4-3 所示.

表 4-3　单轴晶体Ⅱ类相位匹配的偏振特性和相位匹配条件

晶体性质	偏振特性条件	相位匹配条件
正单轴晶体	e+o→o	$\frac{1}{2}[n_o^\omega + n_e^\omega(\theta_m)] = n_o^{2\omega}$
负单轴晶体	o+e→e	$\frac{1}{2}[n_e^\omega(\theta_m) + n_o^\omega] = n_e^{2\omega}(\theta_m)$

3. 以Ⅱ类相位匹配举例

1) 负单轴晶体

我们分析推导Ⅱ类相位匹配时的相位匹配条件,由

$$\Delta k = k_e^{2\omega} - k_e^\omega - k_o^\omega \tag{4.27}$$

式中, $k_e^{2\omega}$、k_e^ω 和 k_o^ω 分别代表非寻常光的倍频光、非寻常光的基频光和寻常光的基频光的波矢大小.

基于 $k = \dfrac{2\pi n}{\lambda}$, 有 $k_e^{2\omega} = \dfrac{2\pi n_e^{2\omega}}{\lambda^{2\omega}} = \dfrac{2\pi n_e^{2\omega}}{\dfrac{\lambda^\omega}{2}} = \dfrac{4\pi n_e^{2\omega}}{\lambda^\omega}$, $k_o^\omega = \dfrac{2\pi n_o^\omega}{\lambda^\omega}$, 以及 $k_o^{2\omega} = \dfrac{2\pi n_o^{2\omega}}{\lambda^\omega}$,

$k_e^\omega = \dfrac{2\pi n_e^\omega}{\lambda^\omega}$, 将其分别代入式(4.27)中得到

$$\Delta k = \frac{4\pi n_e^{2\omega}(\theta_m)}{\lambda^\omega} - \frac{2\pi n_e^\omega(\theta_m)}{\lambda^\omega} - \frac{2\pi n_o^\omega}{\lambda^\omega} = 0$$

这里整理得出

$$2n_e^{2\omega}(\theta_m) - n_e^\omega(\theta_m) - n_o^\omega = 0$$

$$\frac{1}{2}[n_e^\omega(\theta_m) + n_o^\omega] = n_e^{2\omega}(\theta_m) \tag{4.28}$$

式(4.28)为Ⅱ类相位匹配条件下，负单轴晶体的Ⅱ类完全相位匹配条件.

  2) 正单轴晶体

  根据三波的偏振条件，对于正单轴晶体的完全相位匹配条件为

$$\Delta k = k_o^{2\omega} - k_e^{\omega}(\theta_m) - k_o^{\omega}(\theta_m) = 0 \tag{4.29}$$

式中，$k_o^{2\omega}$、k_o^{ω} 和 k_e^{ω} 分别代表寻常光的倍频光、寻常光的基频光和非寻常光的基频光的波矢大小. 分别将 $k_o^{2\omega}$、k_o^{ω} 和 k_e^{ω} 与波长的关系式代入式(4.29)中，得到

$$\Delta k = \frac{4\pi n_o^{2\omega}}{\lambda^{\omega}} - \frac{2\pi n_e^{\omega}(\theta_m)}{\lambda^{\omega}} - \frac{2\pi n_o^{\omega}}{\lambda^{\omega}} = 0$$

这里整理得到

$$2n_o^{2\omega}(\theta_m) - n_e^{\omega}(\theta_m) - n_o^{\omega} = 0$$

进一步将上式改写为

$$\frac{1}{2}[n_o^{\omega} + n_e^{\omega}(\theta_m)] = n_o^{2\omega} \tag{4.30}$$

式(4.30)为Ⅱ类相位匹配条件下，正单轴晶体的完全相位匹配条件.

4.3.4　单轴晶体中 3m 点群倍频极化率计算

  假设入射光频场的振幅为 E，其 o 光与 e 光的振幅分量分别为 E^o 和 E^e. $\theta = \langle \boldsymbol{k}, z \rangle$，$z$ 为光轴，$\phi = \langle \boldsymbol{OM}, \boldsymbol{Ox} \rangle$，$\boldsymbol{OM}$ 为 $\boldsymbol{k}$ 在 $x_1 O x_2$ 面上的投影.

  由图 4-7 中的几何关系得到 E^o 在 x_1、x_2、x_3 轴上的分量为

$$\begin{bmatrix} E_1^o \\ E_2^o \\ E_3^o \end{bmatrix} = \begin{bmatrix} E^o \sin\phi \\ -E^o \cos\phi \\ 0 \end{bmatrix} \tag{4.31}$$

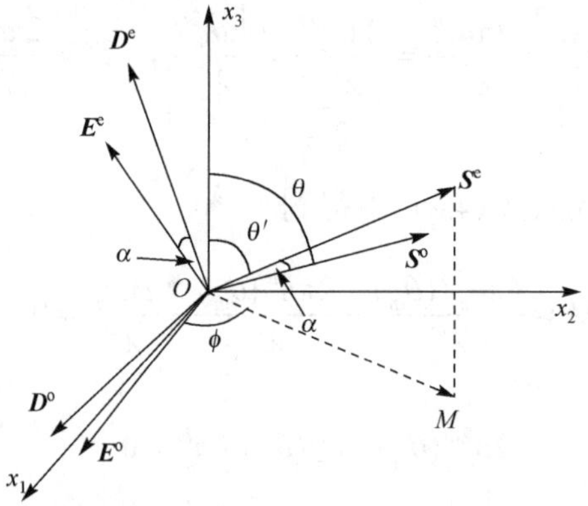

图 4-7　单轴晶体的 o 光和 e 光在晶轴上的投影

其中，E^o 在 x_1Ox_2 平面内，$E^o \perp x_3$ 轴. 而 E^e 在 x_1、x_2、x_3 轴上的分量为

$$\begin{bmatrix} E_1^e \\ E_2^e \\ E_3^e \end{bmatrix} = \begin{bmatrix} E^e \cos\theta\cos\phi \\ -E^e\cos\theta\sin\phi \\ E^e\sin\theta \end{bmatrix} \tag{4.32}$$

这里 $3m$ 点群的有效非线性系数 d_{il} 矩阵为

$$d_{il} = \begin{bmatrix} 0 & 0 & 0 & 0 & d_{15} & -d_{22} \\ -d_{22} & d_{22} & 0 & d_{15} & 0 & 0 \\ d_{15} & d_{15} & d_{33} & 0 & 0 & 0 \end{bmatrix} \tag{4.33}$$

1. 负单轴晶体 I 类相位匹配

对于 I 类相位匹配条件下的负单轴晶体，基频光与倍频光之间的偏振条件满足 o+o→e. 利用式 (4.33)，以及电极化强度与光频场的强度的矩阵关系

$$\begin{bmatrix} P_1 \\ P_2 \\ P_3 \end{bmatrix} = \begin{bmatrix} 0 & 0 & 0 & 0 & d_{15} & -d_{22} \\ -d_{22} & d_{22} & 0 & d_{15} & 0 & 0 \\ d_{15} & d_{15} & d_{33} & 0 & 0 & 0 \end{bmatrix} \begin{bmatrix} E_1^o E_1^o \\ E_2^o E_2^o \\ E_3^o E_3^o \\ 2E_2^o E_3^o \\ 2E_1^o E_3^o \\ 2E_1^o E_2^o \end{bmatrix} \tag{4.34}$$

将式 (4.34) 展开得到

$$\begin{aligned} P_1 &= d_{15} \cdot 2E_1^o E_3^o - 2d_{22}E_1^o E_2^o \\ &= 2d_{15}E^o\sin\phi \times 0 - 2d_{22}E^o\sin\phi(-E^o\cos\phi) \\ &= 2d_{22}\sin\phi\cdot\cos\phi\cdot E^o E^o \end{aligned} \tag{4.35a}$$

$$\begin{aligned} P_2 &= -d_{22}E_1^o E_1^o + d_{22}E_2^o E_2^o + 2d_{15}E_2^o E_3^o \\ &= -d_{22}(E^o\sin\phi\cdot E^o\sin\phi) + d_{22}(-E^o\cos\phi)(-E^o\cos\phi) + 2d_{15}E_2^o \times 0 \\ &= -d_{22}\sin^2\phi E^o E^o + d_{22}\cos^2\phi E^o E^o \\ &= (-d_{22}\sin^2\phi + d_{22}\cos^2\theta)E^o E^o \end{aligned} \tag{4.35b}$$

$$\begin{aligned} P_3 &= d_{15}E_1^o E_1^o + d_{15}E_2^o E_2^o + d_{33}E_3^o E_3^o \\ &= d_{15}(E^o\sin\phi)^2 + d_{15}(-E^o\cos\phi)^2 + d_{33}E_3^o \times 0 \\ &= (d_{15}\sin^2\phi + d_{15}\cos^2\theta)E^o E^o = d_{15}E^o E^o \end{aligned} \tag{4.35c}$$

这里整理后进一步得到

$$P_1 = 2d_{22}\sin\phi\cdot\cos\phi\cdot E^o E^o \tag{4.36a}$$

$$P_2 = (-d_{22}\sin^2\phi + d_{22}\cos^2\theta)E^o E^o \tag{4.36b}$$

$$P_3 = d_{15}E^{\circ}E^{\circ} \tag{4.36c}$$

由 Ⅰ 类相位匹配条件下的负单轴晶体的偏振条件 o+o→e，则有 $P^e // E^e$，P^e 的几何关系为

$$P^e = P_1\cos\phi\cdot\cos\theta - P_2\sin\phi\cdot\cos\theta + P_3\sin\theta \tag{4.37}$$

将式(4.36)代入式(4.37)中得到倍频光的极化强度为

$$P^e = (d_{15}\sin\theta - d_{22}P_2\cos\theta\sin3\phi)E^{\circ}E^{\circ} \tag{4.38}$$

由式(4.38)可知，在 Ⅰ 类相位匹配条件下负单轴晶体的有效非线性系数，或有效非线性极化率系数为

$$d_{oo}^e = d_{15}\sin\theta - d_{22}P_2\cos\theta\sin3\phi \quad (oo \to e) \tag{4.39}$$

2. 正单轴晶体 Ⅰ 类相位匹配

在 Ⅰ 类相位匹配条件下，正单轴晶体的基频光与倍频光之间的偏振条件为 e+e→o. 我们利用式(4.33)，以及电极化强度与光频场的强度的矩阵关系

$$\begin{bmatrix} P_1 \\ P_2 \\ P_3 \end{bmatrix} = \begin{bmatrix} 0 & 0 & 0 & 0 & d_{15} & -d_{22} \\ -d_{22} & d_{22} & 0 & d_{15} & 0 & 0 \\ d_{15} & d_{15} & d_{33} & 0 & 0 & 0 \end{bmatrix} \begin{bmatrix} E_1^e E_1^e \\ E_2^e E_2^e \\ E_3^e E_3^e \\ 2E_2^e E_3^e \\ 2E_1^e E_3^e \\ 2E_1^e E_2^e \end{bmatrix} \tag{4.40}$$

进一步分别得到

$$P_1 = (-2d_{15}\cos\theta\cdot\cos\phi\cdot\sin\theta - 2d_{22}\cos^2\theta\cdot\cos\phi\cdot\sin\phi)E^e E^e \tag{4.41a}$$

$$P_2 = (-2d_{22}\cos^2\theta\cdot\cos^2\phi + 2d_{22}\cos^2\theta\cdot\sin^2\phi - 2d_{15}\cos\theta\cdot\sin\phi\cdot\sin\theta)E^e E^e \tag{4.41b}$$

$$P_3 = P_1\sin\theta - P_2\cos\theta = (d_{22}\cos^2\theta\cdot\cos3\phi)E^e E^e \tag{4.41c}$$

由式(4.41c)得到

$$d_{ee}^o = d_{\text{eff}}(ee \to o) = d_{22}\cos^2\theta\cdot\cos3\phi \tag{4.42}$$

式(4.42)是 Ⅰ 类相位匹配条件下，正单轴晶体的有效非线性极化率系数.

3. 正单轴晶体和负单轴晶体 Ⅱ 类相位匹配

在 Ⅱ 类相位匹配条件下，正单轴晶体的偏振条件为 o+e→o，负单轴晶体的偏振条件为 o+e→e. 电极化强度 P 与光频场 E 的矩阵关系为

$$\begin{bmatrix} P_1 \\ P_2 \\ P_3 \end{bmatrix} = \begin{bmatrix} 0 & 0 & 0 & 0 & d_{15} & -d_{22} \\ -d_{22} & d_{22} & 0 & d_{15} & 0 & 0 \\ d_{15} & d_{15} & d_{33} & 0 & 0 & 0 \end{bmatrix} \begin{bmatrix} E_1^o E_1^e \\ E_2^o E_2^e \\ E_3^o E_3^e \\ E_2^o E_3^e + E_2^e E_3^o \\ E_1^o E_3^e + E_1^e E_3^o \\ E_1^o E_2^e + E_1^e E_2^o \end{bmatrix} \tag{4.43}$$

我们对上式展开为

$$P_1 = d_{15}(E_1^o E_3^e + E_3^o E_1^e) - d_{22}(E_1^o E_2^e + E_2^o E_1^e) \tag{4.44a}$$

$$P_2 = -d_{22}E_1^o E_1^e + d_{22}E_2^o E_2^e + d_{15}(E_2^o E_3^e + E_3^o E_2^e) \tag{4.44b}$$

$$P_3 = d_{15}E_1^o E_1^e + d_{15}E_2^o E_2^e + d_{33}E_3^o E_3^e \tag{4.44c}$$

并将 E_1^o、E_2^o、E_3^o、E_1^e、E_2^e、E_3^e 分别代入上式得到

$$\begin{cases} P_1 = (d_{15}\sin\theta\sin\phi - d_{22}\cos\theta\cos 2\phi)E^o E^e \\ P_2 = (d_{22}\cos\theta\sin 2\phi - d_{15}\sin\theta\cos\phi)E^o E^e \\ P_3 = 0 \end{cases} \tag{4.45}$$

由几何关系，分别得到正单轴和负单轴晶体的电极化强度 P^o 和 P^e 分别为

$$\begin{cases} P^o = P_1\sin\phi - P_2\cos\phi & (P^o/\!/E^o) \\ P^e = P_1\cos\phi\cos\theta - P_2\sin\phi\cos\theta + P_3\sin\theta & (P^e/\!/E^e) \end{cases} \tag{4.46}$$

将式(4.45)代入式(4.46)中，分别得到

$$P^o = (d_{15}\sin\theta - d_{22}\cos\theta\sin 3\phi)E^o E^e \tag{4.47}$$

$$P^e = (d_{22}\cos^2\theta\cos 3\phi)E^o E^e \tag{4.48}$$

由式(4.47)得到

$$d_{oe}^o = d_{15}\sin\theta - d_{22}\cos\theta\sin 3\phi \tag{4.49}$$

式(4.49)为 II 类相位匹配条件下，正单轴晶体的有效非线性极化率系数.

再由式(4.48)得到

$$d_{oe}^e = d_{22}\cos^2\theta\cos 3\phi \tag{4.50}$$

式(4.50)为 II 类相位匹配条件下，负单轴晶体的有效非线性极化率系数.

4.3.5　I 类相位匹配负单轴晶体的匹配角

在 I 类相位匹配条件下，负单轴晶体的偏振条件满足 o+o→e，相位匹配条件为

$$n_e^{2\omega}(\theta_m) = n_o^{\omega} \tag{4.51}$$

由于 $n_e = n_e(\theta)$ 为非寻常光, 其折射率与角度 θ 有关, 倍频光的折射率由椭球方程为

$$\frac{1}{[n_e^{2\omega}(\theta)]^2} = \frac{\cos^2\theta}{(n_o^{2\omega})^2} + \frac{\sin^2\theta}{(n_e^{2\omega})^2} \tag{4.52}$$

将式 (4.52) 整理为

$$\frac{1}{(n_o^{\omega})^2} = \frac{(n_e^{2\omega})^2\cos^2\theta}{(n_o^{2\omega})^2(n_e^{2\omega})^2} + \frac{(n_o^{2\omega})^2\sin^2\theta}{(n_e^{2\omega})^2(n_o^{2\omega})^2}$$

$$\frac{(n_o^{2\omega})^2(n_e^{2\omega})^2}{(n_o^{\omega})^2} = (n_e^{2\omega})^2(1-\sin^2\theta_m) + (n_o^{2\omega})^2\sin^2\theta_m$$

$$\frac{(n_o^{2\omega})^2(n_e^{2\omega})^2}{(n_o^{\omega})^2} = (n_e^{2\omega})^2 + [(n_o^{2\omega})^2 - (n_e^{2\omega})^2]\sin^2\theta_m$$

$$\sin\theta_m = \left[\frac{\dfrac{(n_o^{2\omega})^2(n_e^{2\omega})^2}{(n_o^{\omega})^2} - (n_e^{2\omega})^2}{(n_o^{2\omega})^2 - (n_e^{2\omega})^2}\right]^{\frac{1}{2}}$$

进一步整理为

$$\sin\theta_m = \left[\left(\frac{n_e^{2\omega}}{n_o^{\omega}}\right)^2 \frac{(n_e^{2\omega})^2 - (n_o^{\omega})^2}{(n_e^{2\omega})^2 - (n_e^{2\omega})^2}\right]^{\frac{1}{2}} \tag{4.53}$$

由式 (4.53) 可以进一步得到相位匹配角 θ_m.

4.4 单轴晶体中角度相位匹配的允许参量

在非线性光学晶体中, 光束具有一定的发散度和带宽, 这两个因素都可以使得三波相互作用过程中, 三个光波不能完全共线而发生偏离, 从而产生相位失配量 Δk. 在单轴晶体中, 三个光波沿着某一个特定方向 θ_m 入射时, 若满足 $\Delta k=0$, 即实现了完全相位匹配. 但在实际应用中, 由于晶体的生长技术、光波的光束质量等因素, 很难做到三波在非线性光学晶体中的完全相位匹配, 总会存在或大或小的相位失配量 Δk, 从而降低了光学频率的转换效率. 本节分析光波在单轴晶体中, 角度相位匹配时的允许参量.

4.4.1 单轴晶体中的相位匹配的允许发散角

一般情况下，规定一个相位失配量 $\Delta k = \pm \left| \dfrac{2\pi}{L} \right|$，其中 L 为晶体长度，即在 $\Delta k = 0$ 的两侧各有 $2\pi/L$ 大小的允许失配量.

在单轴晶体中讨论和频条件下的相互作用. 假设三波的波矢入射方向的相位匹配角为 θ_m，传播的频率分别为 ω_1、ω_2、ω_3，即有 $\omega_3 = \omega_1 + \omega_2$. 当三个光波波矢方向为 $\theta = \theta_m + \Delta\theta$ 时，$\Delta\theta$ 为允许发散角或发散角，其相应的相位失配量 Δk 为

$$\Delta k = k_3 - k_2 - k_1 = (\omega_3/c)n_3(\omega_3,\theta) - (\omega_2/c)n_2(\omega_2,\theta) - (\omega_1/c)n_1(\omega_1,\theta) \tag{4.54}$$

将相位失配量 Δk 在 $\theta = \theta_m$ 时进行泰勒级数展开

$$\Delta k = \Delta k\big|_{\theta=\theta_m} + \frac{\partial(\Delta k)}{\partial\theta}\theta + \cdots \approx \theta_m \cdot \Delta\theta + \frac{1}{2}(d^2\Delta k/d\theta^2)\theta \approx \theta_m(\Delta\theta)^2 \tag{4.55}$$

式 (4.55) 与 $\Delta k = \pm\left|\dfrac{2\pi}{L}\right|$ 联立后可以求解允许发散角 $\Delta\theta$.

1. 负单轴晶体中的 I 类相位匹配

我们以倍频为例，假设允许发散角为 $\Delta\theta$，对应的相位失配量范围满足 $\Delta k = \pm\left|\dfrac{2\pi}{L}\right|$，如果相位失配量的范围有

$$\Delta k < 2\pi/L \tag{4.56}$$

并假设基频光为严格的单色光，波长为 λ，基频光的波矢与光轴的夹角有

$$\theta = \theta_m + \Delta\theta \tag{4.57}$$

在 I 类相位匹配条件下，负单轴晶体倍频情况的相位失配量 Δk 满足

$$\Delta k = k_2 - 2k_1 = \frac{2\pi}{\lambda_{20}}n_e^{2\omega} - 2\frac{2\pi}{\lambda_{10}}n_o^{\omega}$$

又因为倍频光波长与基频光波长满足 $\lambda_{20} = \lambda_{10}/2$，所以有

$$\Delta k = \frac{2\pi\cdot 2}{\lambda_{10}}n_e^{2\omega} - \frac{4\pi}{\lambda_{10}}n_o^{\omega} = \frac{4\pi}{\lambda_{10}}(n_e^{2\omega} - n_o^{\omega})$$

进一步考虑非寻常光 e 与传播方向有关，得到

$$\Delta k = \frac{4\pi}{\lambda_{10}}[n_e^{2\omega}(\theta) - n_o^{\omega}] \tag{4.58}$$

式中，$n_e^{2\omega}(\theta) = \left[\dfrac{\sin^2\theta}{(n_e^{2\omega})^2} + \dfrac{\cos^2\theta}{(n_o^{2\omega})^2} \right]^{-\frac{1}{2}}$.

将 Δk 在 $\theta = \theta_m$ 处泰勒级数展开为

$$\Delta k = \Delta k \big|_{\theta=\theta_m} + \frac{\partial(\Delta k)}{\partial\theta} \tag{4.59}$$

在 $\theta = \theta_m$ 时，式 (4.59) 中第一项 $\Delta k \big|_{\theta=\theta_m} = 0$ ，则式 (4.59) 整理为

$$\Delta k = \frac{1}{\lambda_{10}} \left\{ \frac{\partial}{\partial\theta} \left[\frac{\sin^2\theta}{(n_e^{2\omega})^2} + \frac{\cos^2\theta}{(n_o^{2\omega})^2} \right]^{-\frac{1}{2}} - \frac{\partial}{\partial\theta}(n_o^\omega) \right\} \Bigg|_{\theta=\theta_m} \Delta\theta \tag{4.60}$$

$$= \frac{2\pi}{\lambda_{10}}(n_o^\omega)^3 \left[\frac{1}{(n_o^{2\omega})^2} - \frac{1}{(n_e^{2\omega})^2} \right] \sin(2\theta_m)\Delta\theta$$

基于波矢间的允许参量范围 $\Delta k = \pm \left| \dfrac{2\pi}{L} \right|$ ，并且有 $\Delta k \leqslant \dfrac{2\pi}{L}$ ，则式 (4.60) 整理为

$$\frac{2\pi}{\lambda_{10}}(n_o^\omega)^3 \left[\frac{1}{(n_o^{2\omega})^2} - \frac{1}{(n_e^{2\omega})^2} \right] \sin(2\theta_m)\Delta\theta \leqslant \frac{2\pi}{L}$$

最后得到允许发散角为

$$\Delta\theta \leqslant \frac{\lambda_{10}}{L \cdot (n_o^{2\omega})^3 \left[\dfrac{1}{(n_o^{2\omega})^2} - \dfrac{1}{(n_e^{2\omega})^2} \right] \sin(2\theta_m)} \tag{4.61}$$

由式 (4.61) 可知，在允许发散角 $\Delta\theta$ 范围内仍有倍频光输出；当双折射和色散很小时，有 $n_1 = n_2, n_o^{2\omega} \doteq n_e^{2\omega}$ ，此时式 (4.61) 可以简化为

$$\Delta\theta \leqslant \frac{\lambda_{10}}{2} \cdot \frac{1}{L \cdot (n_e^{2\omega} - n_o^{2\omega}) \cdot \sin(2\theta_m)} \tag{4.62}$$

2. 负单轴晶体中的 II 类相位匹配

在 II 类相位匹配条件下，若满足负单轴晶体的偏振条件，寻常光与非寻常光的折射率的特性为

$$n_1(\omega_1,\theta) = n_e(\omega_1,\theta), \quad n_2(\omega_2,\theta) = n_o(\omega_2,\theta), \quad n_3(\omega_3,\theta) = n_e(\omega_3,\theta) \tag{4.63}$$

$$\mathrm{d}\Delta k / \mathrm{d}\theta = \mathrm{d}k_3 / \mathrm{d}\theta - \mathrm{d}k_2 / \mathrm{d}\theta - \mathrm{d}k_1 / \mathrm{d}\theta$$

对于 II 类相位匹配下的负单轴晶体，满足

$$n_1(\omega_1,\theta) = n_e(\omega_1,\theta), \quad n_2(\omega_2,\theta) = n_o(\omega_2), \quad n_3(\omega_3,\theta) = n_e(\omega_3,\theta) \tag{4.64}$$

这里 Δk 与允许发散角的关系可以进一步推导为

$$\frac{\mathrm{d}\Delta k}{\mathrm{d}\theta} = \frac{\mathrm{d}k_3}{\mathrm{d}\theta} - \frac{\mathrm{d}k_2}{\mathrm{d}\theta} - \frac{\mathrm{d}k_1}{\mathrm{d}\theta} = \frac{\mathrm{d}k_3}{\mathrm{d}\theta} - \frac{\mathrm{d}k_1}{\mathrm{d}\theta}$$

$$= \frac{\omega_3}{c}\frac{\mathrm{d}n_e(\omega_3,\theta)}{\mathrm{d}\theta} - \frac{\omega_1}{c}\frac{\mathrm{d}n_e(\omega_1,\theta)}{\mathrm{d}\theta}$$

$$= -\frac{1}{2}\frac{\omega_3}{c}n_e^3(\omega_3,\theta)[n_e^{-2}(\omega_3) - n_o^{-2}(\omega_3)]\sin 2\theta + \frac{1}{2}\frac{\omega_1}{c}n_e^3(\omega_1,\theta)[n_e^{-2}(\omega_1) - n_o^{-2}(\omega_1)]\sin 2\theta$$

$$\tag{4.65}$$

进一步求得

$$\frac{\mathrm{d}^2\Delta k}{\mathrm{d}\theta^2} = \frac{\mathrm{d}}{\mathrm{d}\theta}\left(\frac{\mathrm{d}\Delta k}{\mathrm{d}\theta}\right) = \frac{\mathrm{d}^2 k_3}{\mathrm{d}\theta^2} - \frac{\mathrm{d}^2 k_1}{\mathrm{d}\theta^2}$$

$$= -\frac{1}{2}\frac{\omega_3}{c}[n_e^{-2}(\omega_3) - n_o^{-2}(\omega_3)]\left[3n_e^2(\omega_3,\theta)\frac{\mathrm{d}n_e(\omega_3,\theta)}{\mathrm{d}\theta}\sin 2\theta + 2n_e^3(\omega_3,\theta)\cos 2\theta\right]$$

$$+ \frac{1}{2}\frac{\omega_1}{c}[n_e^{-2}(\omega_1) - n_o^{-2}(\omega_1)]\times\left[3n_e^2(\omega_1,\theta)\frac{\mathrm{d}n_e(\omega_1,\theta)}{\mathrm{d}\theta}\sin 2\theta + 2n_e^3(\omega_3,\theta)\cos 2\theta\right]$$

$$\tag{4.66}$$

3. 正单轴晶体中的 I 类相位匹配

在 I 类相位匹配条件下的正单轴晶体，其寻常光与非寻常光的折射率特性为

$$n_1(\omega_1,\theta) = n_e(\omega_1,\theta), \quad n_2(\omega_2,\theta) = n_e(\omega_2,\theta), \quad n_3(\omega_3,\theta) = n_o(\omega_3) \tag{4.67}$$

这里 Δk 与允许发散角的关系进一步推导为

$$\frac{\mathrm{d}\Delta k}{\mathrm{d}\theta} = \frac{\mathrm{d}k_3}{\mathrm{d}\theta} - \frac{\mathrm{d}k_2}{\mathrm{d}\theta} - \frac{\mathrm{d}k_1}{\mathrm{d}\theta} = -\frac{\mathrm{d}k_3}{\mathrm{d}\theta} - \frac{\mathrm{d}k_1}{\mathrm{d}\theta}$$

$$= -\frac{\omega_2}{c}\frac{\mathrm{d}n_e(\omega_3,\theta)}{\mathrm{d}\theta} - \frac{\omega_1}{c}\frac{\mathrm{d}n_e(\omega_1,\theta)}{\mathrm{d}\theta}$$

$$= \frac{1}{2}\frac{\omega_2}{c}n_e^3(\omega_2,\theta)[n_e^{-2}(\omega_2) - n_o^{-2}(\omega_2)]\sin 2\theta + \frac{1}{2}\frac{\omega_1}{c}n_e^3(\omega_1,\theta)[n_e^{-2}(\omega_1) - n_o^{-2}(\omega_1)]\sin 2\theta$$

$$\tag{4.68}$$

这里很容易得到

$$\frac{\mathrm{d}^2\Delta k}{\mathrm{d}\theta^2} = -\frac{\mathrm{d}^2 k_2}{\mathrm{d}\theta^2} - \frac{\mathrm{d}^2 k_1}{\mathrm{d}\theta^2}$$

$$= \frac{1}{2}\frac{\omega_2}{c}[n_e^{-2}(\omega_2) - n_o^{-2}(\omega_2)]\left[3n_e^2(\omega_2,\theta)\frac{\mathrm{d}n_e(\omega_2,\theta)}{\mathrm{d}\theta}\sin 2\theta + 2n_e^3(\omega_2,\theta)\cos 2\theta\right]$$

$$+ \frac{1}{2}\frac{\omega_1}{c}[n_e^{-2}(\omega_2) - n_o^{-2}(\omega_1)]\left[3n_e^2(\omega_1,\theta)\frac{\mathrm{d}n_e(\omega_1,\theta)}{\mathrm{d}\theta}\sin 2\theta + 2n_e^3(\omega_1,\theta)\cos 2\theta\right]$$

$$\tag{4.69}$$

4. 正单轴晶体中的Ⅱ类相位匹配

在Ⅱ类相位匹配条件下的正单轴晶体，其寻常光与非寻常光的折射率特性为

$$n_1(\omega_1,\theta) = n_o(\omega_1), \quad n_2(\omega_2,\theta) = n_e(\omega_2,\theta), \quad n_3(\omega_3,\theta) = n_o(\omega_3) \tag{4.70}$$

进一步可以推导出相位匹配失配量与允许发散角的关系为

$$\begin{aligned}\frac{d\Delta k}{d\theta} &= \frac{dk_3}{d\theta} - \frac{dk_2}{d\theta} - \frac{dk_1}{d\theta} = \frac{dk_2}{d\theta} = -\frac{\omega_2}{c}\frac{dn_e(\omega_2,\theta)}{d\theta} \\ &= \frac{1}{2}\frac{\omega_2}{c}n_e^3(\omega_2,\theta)[n_e^{-2}(\omega_2) - n_o^{-2}(\omega_2)]\sin 2\theta\end{aligned} \tag{4.71}$$

$$\begin{aligned}\frac{d^2\Delta k}{d\theta^2} &= \frac{d}{d\theta}\left(\frac{d\Delta k}{d\theta}\right) \\ &= \frac{1}{2}\frac{\omega_2}{c}\left[n_e^{-2}(\omega_2) - n_o^{-2}(\omega_2)\right]\left[3n_e^2(\omega_2,\theta)\frac{dn_e(\omega_2,\theta)}{d\theta}\sin 2\theta + 2n_e^3(\omega_2,\theta)\cos 2\theta\right]\end{aligned} \tag{4.72}$$

4.4.2 单轴晶体 CLBO 的允许参量

1. 允许发散角

在单轴晶体中，我们选择Ⅰ、Ⅱ类相位匹配下的负单轴晶体 CLBO 进行讨论分析. 当光波沿某特定方向 θ_m 入射 CLBO 晶体中，并实现完全相位匹配，即有 $\Delta k = k_3 - k_2 - k_1 = 0$. 但在实际情况中，由于光波在传播过程中的发散和频率展宽等因素，很难在所有方向上实现完全相位匹配，而相位失配会导致频率转换效率降低. 通常规定 $\Delta k = \pm\dfrac{2\pi}{L}$（其中 L 为晶体长度）是决定倍频光与基频光之间的允许参量，或三波相互作用时的允许参量.

我们假设三波频率分别为 ω_1、ω_2、ω_3，并满足和频过程 $\omega_3 = \omega_1 + \omega_2$，三波相互作用的相位匹配角为 θ_m，当三波波矢方向满足 $\theta = \theta_m + \Delta\theta$ 时，相位失配量 Δk 为

$$\Delta k = \frac{\omega_3}{c}n_3(\omega_3,\theta) - \frac{\omega_2}{c}n_2(\omega_2,\theta) - \frac{\omega_1}{c}n_1(\omega_1,\theta) \tag{4.73}$$

将 Δk 对 θ 在 θ_m 附近展开成泰勒级数为

$$\Delta k = \Delta k\big|_{\theta=\theta_m} + \frac{d(\Delta k)}{d\theta}\bigg|_{\theta=\theta_m}\Delta\theta + \frac{1}{2}\frac{d^2(\Delta k)}{d\theta^2}\bigg|_{\theta=\theta_m}(\Delta\theta)^2 + \cdots \tag{4.74}$$

结合

$$n_e(\omega_j,\theta) = \left[\frac{n_o^2(\omega_j)n_e^2(\omega_j)}{n_o^2(\omega_j)\sin^2\theta + n_e^2(\omega_j)\cos^2\theta}\right]^{\frac{1}{2}} \tag{4.75}$$

式 (4.75) 中的 ω_j 是寻常光或非寻常光的频率，可以根据三波在负单轴晶体中的偏振条件决定. 当温度为 20℃时，CLBO 晶体中的色散方程为

$$n_o^2(\lambda) = 2.2145 + \frac{0.00890}{\lambda^2 - 0.02051} - 0.01413\lambda^2 \tag{4.76}$$

$$n_e^2(\lambda) = 2.0588 + \frac{0.00866}{\lambda^2 - 0.01202} - 0.00607\lambda^2 \tag{4.77}$$

由式 (4.75)～式 (4.77) 可知，对负单轴晶体的 I 类相位匹配有

$$\frac{\mathrm{d}\Delta k}{\mathrm{d}\theta} = \frac{\mathrm{d}k_3}{\mathrm{d}\theta} - \frac{\mathrm{d}k_2}{\mathrm{d}\theta} - \frac{\mathrm{d}k_1}{\mathrm{d}\theta} = \frac{\mathrm{d}k_3}{\mathrm{d}\theta}$$
$$= -\frac{1}{2}\frac{\omega_3}{c} n_e^3(\omega_3,\theta)[n_e^{-2}(\omega_3) - n_o^{-2}(\omega_3)]\sin 2\theta \tag{4.78}$$

$$\frac{\mathrm{d}^2\Delta k}{\mathrm{d}\theta^2} = \frac{\mathrm{d}^2 k_3}{\mathrm{d}\theta^2}$$
$$= -\frac{1}{2}\frac{\omega_3}{c}\left[n_e^{-2}(\omega_3) - n_o^{-2}(\omega_3)\right]\left[3n_e^2(\omega_3,\theta)\frac{\mathrm{d}n_e(\omega_3,\theta)}{\mathrm{d}\theta}\sin 2\theta + 2n_e^3(\omega_3,\theta)\cos 2\theta\right] \tag{4.79}$$

对于在 II 类相位匹配条件下的负单轴晶体有

$$\frac{\mathrm{d}\Delta k}{\mathrm{d}\theta} = \frac{\mathrm{d}k_3}{\mathrm{d}\theta} - \frac{\mathrm{d}k_2}{\mathrm{d}\theta} - \frac{\mathrm{d}k_1}{\mathrm{d}\theta} = \frac{\mathrm{d}k_3}{\mathrm{d}\theta} - \frac{\mathrm{d}k_2}{\mathrm{d}\theta}$$
$$= -\frac{1}{2}\frac{\omega_3}{c} n_e^3(\omega_3,\theta)[n_e^{-2}(\omega_3) - n_o^{-2}(\omega_3)]\sin 2\theta$$
$$+ \frac{1}{2}\frac{\omega_2}{c} n_e^3(\omega_2,\theta)[n_e^{-2}(\omega_2) - n_o^{-2}(\omega_2)]\sin 2\theta \tag{4.80}$$

$$\frac{\mathrm{d}^2\Delta k}{\mathrm{d}\theta^2} = \frac{\mathrm{d}^2 k_3}{\mathrm{d}\theta^2} - \frac{\mathrm{d}^2 k_2}{\mathrm{d}\theta^2}$$
$$= -\frac{1}{2}\frac{\omega_3}{c}[n_e^{-2}(\omega_3) - n_o^{-2}(\omega_3)]\left[3n_e^2(\omega_3,\theta)\frac{\mathrm{d}n_e(\omega_3,\theta)}{\mathrm{d}\theta}\sin 2\theta + 2n_e^3(\omega_3,\theta)\cos 2\theta\right]$$
$$+ \frac{1}{2}\frac{\omega_2}{c}[n_e^{-2}(\omega_2) - n_o^{-2}(\omega_2)]\left[3n_e^2(\omega_2,\theta)\frac{\mathrm{d}n_e(\omega_2,\theta)}{\mathrm{d}\theta}\sin 2\theta + 2n_e^3(\omega_2,\theta)\cos 2\theta\right] \tag{4.81}$$

而

$$\Delta k \big|_{\theta=\theta_m} = 0 \tag{4.82}$$

对于倍频情况有

$$\omega_1 = \omega_2 = \omega \tag{4.83a}$$

$$\omega_3 = 2\omega \qquad (4.83\text{b})$$

我们将式(4.83a)、式(4.83b)代入式(4.74)、式(4.78)、式(4.79)、式(4.80)和式(4.81)中，并与式(4.82)和 $\Delta k = \pm \dfrac{\pi}{L}$ 联立，且式(4.74)中只考虑一阶导数，可求得负单轴晶体的 I、II 类相位匹配条件下的倍频允许发散角 $\Delta\theta$ 分别为

$$\Delta\theta(\text{I}) = \pm \left| \frac{\dfrac{\pi}{L}}{\dfrac{\omega}{c} n_e^3(2\omega,\theta)[n_e^{-2}(2\omega) - n_o^{-2}(2\omega)]\sin 2\theta} \right| L \qquad (4.84)$$

$$\Delta\theta(\text{II}) = \pm \left| \frac{\dfrac{\pi}{L}}{\dfrac{\omega}{c} n_e^3(2\omega,\theta)[n_e^{-2}(2\omega) - n_o^{-2}(2\omega)]\sin 2\theta - \dfrac{1}{2}\dfrac{\omega}{c} n_e^3(\omega,\theta)[n_e^{-2}(\omega) - n_o^{-2}(\omega)]\sin 2\theta} \right| L$$
$$(4.85)$$

这里将图 2-6 中的倍频匹配角 θ_m、$n_o(\omega) = n_e(2\omega,\theta)$、式(4.75)和式(4.76)代入式(4.84)和式(4.85)中，可求得 I、II 类相位匹配条件下倍频的允许发散角 $\Delta\theta$. 经过数值模拟计算分别得到了非线性晶体 CLBO 和 BBO 的倍频允许发散角以及比较曲线，如图 4-8 所示. 由图 4-8 可知，基频光波长为 1064nm 时，CLBO 晶体的 I 类倍频的允许发散角为 5.85mrad·mm，小于其 II 类倍频的允许发散角（9.62mrad·mm），大于 BBO 晶体的 I 类倍频的允许发散角（2.86mrad·mm）. 当基频光波长在 680～2400nm 时，CLBO 晶体的倍频允许发散角随波长增加线性增大，并且远大于相同条件下 BBO 晶体的允许发散角.

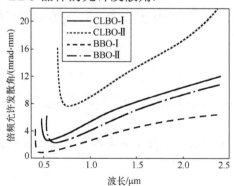

图 4-8　CLBO、BBO 晶体的倍频允许发散角曲线

2. 允许波长

假设基频光波长为 λ_{1m} 时，可以实现完全相位匹配. 在倍频情况下，我们考虑基

频光波长有一偏移量 $\Delta\lambda_1$ 时，有 $\lambda_1 = \lambda_2$，$\Delta\lambda_1 = \Delta\lambda_2$，$\Delta\lambda_3 = \dfrac{1}{2}\Delta\lambda_1$，将相位失配量 Δk 在 λ_{1m} 处展开成泰勒级数

$$\Delta k = \Delta k\big|_{\lambda_1=\lambda_{1m}} + \frac{\mathrm{d}\Delta k}{\mathrm{d}\lambda_1}\bigg|_{\lambda_1=\lambda_{1m}}\Delta\lambda_1 + \frac{1}{2}\frac{\mathrm{d}^2\Delta k}{\mathrm{d}\lambda_1^2}\bigg|_{\lambda_1=\lambda_{1m}}(\Delta\lambda_1)^2 + \cdots \tag{4.86}$$

式 (4.86) 中只计算一阶导数. 对 I 类相位匹配条件下的倍频有

$$\frac{\mathrm{d}\Delta k}{\mathrm{d}\lambda_1} = \frac{1}{2}\frac{\mathrm{d}k_3}{\mathrm{d}\lambda_3} - 2\frac{\mathrm{d}k_1}{\mathrm{d}\lambda_1} \tag{4.87}$$

再将式 (4.75) 两边对 λ_3 求导，得

$$\frac{\mathrm{d}n_3(2\omega,\theta)}{\mathrm{d}\lambda_3} = \frac{\dfrac{\mathrm{d}n_{o3}}{\mathrm{d}\lambda_3}n_{e3} + \dfrac{\mathrm{d}n_{e3}}{\mathrm{d}\lambda_3}n_{o3}}{(n_{o3}^2\sin^2\theta + n_{e3}^2\cos^2\theta)^{\frac{1}{2}}} - \frac{n_3(2\omega,\theta)\left(\sin^2\theta\dfrac{\mathrm{d}n_{o3}}{\mathrm{d}\lambda_3}n_{e3} + \cos^2\theta\dfrac{\mathrm{d}n_{e3}}{\mathrm{d}\lambda_3}n_{o3}\right)}{n_{o3}^2\sin^2\theta + n_{e3}^2\cos^2\theta} \tag{4.88}$$

其中，$n_{o3} = n_o(\lambda_3), n_{e3} = n_e(\lambda_3)$. 这里将 CLBO 晶体的色散方程式 (4.76) 和式 (4.77) 两边对 λ_3 求导得

$$\frac{\mathrm{d}n_{o3}}{\mathrm{d}\lambda_3} = \frac{\dfrac{0.00890}{(\lambda_3^2 - 0.02051)^2}\cdot 2\lambda_3 - 0.02826\lambda_3}{2n_{o3}} \tag{4.89}$$

$$\frac{\mathrm{d}n_{e3}}{\mathrm{d}\lambda_3} = \frac{\dfrac{0.00866}{(\lambda_3^2 - 0.01202)^2}\cdot 2\lambda_3 - 0.01214\lambda_3}{2n_{e3}} \tag{4.90}$$

而

$$\frac{\mathrm{d}k_3}{\mathrm{d}\lambda_3} = 2\pi\frac{\mathrm{d}\dfrac{n_3(2\omega,\theta)}{\lambda_3}}{\mathrm{d}\lambda_3} = 2\pi\frac{\dfrac{\mathrm{d}n_3(2\omega,\theta)}{\mathrm{d}\lambda_3}\lambda_3 - n_3(2\omega,\theta)}{\lambda_3^2} \tag{4.91}$$

将式 (4.88) ～式 (4.90) 代入式 (4.91) 中，可求得 $\dfrac{\mathrm{d}k_3}{\mathrm{d}\lambda_3}$.

将式 (4.76) 两边对 λ_1 求导得

$$\frac{\mathrm{d}n_{o1}}{\mathrm{d}\lambda_1} = \frac{\dfrac{0.00890}{(\lambda_1^2 - 0.02051)^2}\cdot 2\lambda_1 - 0.02826\lambda_1}{2n_{o1}} \tag{4.92}$$

而

$$\frac{\mathrm{d}k_1}{\mathrm{d}\lambda_1}=2\pi\frac{\mathrm{d}\left(\frac{n_{\mathrm{o}1}}{\lambda_1}\right)}{\mathrm{d}\lambda_1}=2\pi\frac{\frac{\mathrm{d}n_{\mathrm{o}1}}{\mathrm{d}\lambda_1}\lambda_1-n_{\mathrm{o}1}}{\lambda_1^2} \tag{4.93}$$

将式(4.92)代入式(4.93)中，可求得$\frac{\mathrm{d}k_1}{\mathrm{d}\lambda_1}$、$\frac{\mathrm{d}k_3}{\mathrm{d}\lambda_3}$和$\frac{\mathrm{d}k_2}{\mathrm{d}\lambda_2}$，再将式(4.92)代入式(4.87)

中，并与$\Delta k=\pm\frac{\pi}{L}$联立，可以求得Ⅰ类相位条件下的倍频允许波长为

$$\Delta\lambda_1(\mathrm{I})=\pm\left|\frac{\frac{\lambda_1^2}{L}}{4\left[\frac{\mathrm{d}n_{\mathrm{e}}(\lambda_3,\theta)}{\mathrm{d}\lambda_3}\lambda_3-n_{\mathrm{e}}(\lambda_3,\theta)\right]-4\left[\frac{\mathrm{d}n_{\mathrm{o}}(\lambda_1)}{\mathrm{d}\lambda_1}\lambda_1-n_{\mathrm{o}}(\lambda_1)\right]}\right|\cdot L \tag{4.94}$$

对于Ⅱ类相位匹配条件下的倍频有

$$\frac{\mathrm{d}(\Delta k)}{\mathrm{d}\lambda}=\frac{1}{2}\frac{\mathrm{d}k_3}{\mathrm{d}\lambda_3}-\frac{\mathrm{d}k_2}{\mathrm{d}\lambda_2}-\frac{\mathrm{d}k_1}{\mathrm{d}\lambda_1} \tag{4.95}$$

对于偏振方向为 e 光的基频光，假设其在 CLBO 晶体中的折射率为$n_2(\omega,\theta)$，则有

$$\frac{\mathrm{d}k_2}{\mathrm{d}\lambda_2}=2\pi\frac{\mathrm{d}\frac{n_2(\omega,\theta)}{\lambda_2}}{\mathrm{d}\lambda_2}=2\pi\frac{\frac{\mathrm{d}n_2(\omega,\theta)}{\mathrm{d}\lambda_2}\lambda_2-n_2(\omega,\theta)}{\lambda_2^2} \tag{4.96}$$

根据式(4.88)、式(4.89)、式(4.90)和式(4.96)，可求得$\frac{\mathrm{d}k_2}{\mathrm{d}\lambda_2}$，将$\frac{\mathrm{d}k_1}{\mathrm{d}\lambda_1}$、$\frac{\mathrm{d}k_2}{\mathrm{d}\lambda_2}$和$\frac{\mathrm{d}k_3}{\mathrm{d}\lambda_3}$

分别代入式(4.95)中，并与$\Delta k=\pm\frac{\pi}{L}$联立，求得Ⅱ类相位匹配条件下的倍频允许波长为

$$\Delta\lambda_1(\mathrm{II})$$
$$=\pm\left|\frac{\frac{\lambda_1^2}{L}}{4\left[\frac{\mathrm{d}n_{\mathrm{e}}(\lambda_3,\theta)}{\mathrm{d}\lambda_3}\lambda_3-n_{\mathrm{e}}(\lambda_3,\theta)\right]-2\left[\frac{\mathrm{d}n_{\mathrm{e}}(\lambda_1,\theta)}{\mathrm{d}\lambda_1}\lambda_1-n_{\mathrm{e}}(\lambda_1,\theta)\right]-2\left[\frac{\mathrm{d}n_{\mathrm{o}}(\lambda_1)}{\mathrm{d}\lambda_1}\lambda_1-n_{\mathrm{o}}(\lambda_1)\right]}\right|\cdot L \tag{4.97}$$

由图 2-6 中不同基频光波长的Ⅰ、Ⅱ类倍频匹配角 θ，根据式(4.94)和式(4.97)，可分别求得Ⅰ、Ⅱ类相位匹配时的倍频允许波长 $\Delta\lambda_1$（Ⅰ）和 $\Delta\lambda_1$（Ⅱ）. 基频光波长在480～2400nm 波段时，CLBO、BBO 晶体的倍频允许波长曲线如图 4-9 所示. 由图 4-9 可以看出，与 BBO 晶体相比，基频光波长在 480～2400nm 范围内时，CLBO 晶

体的 I 类倍频允许波长范围较宽；基频光波长在 800～2300nm 范围内时，CLBO 的 II 类倍频允许波长范围较宽.

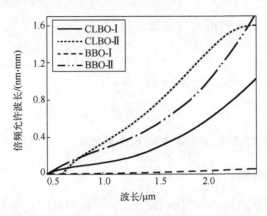

图 4-9　CLBO、BBO 晶体的倍频允许波长曲线

4.4.3　单轴晶体中的非临界相位匹配时的允许发散角

在单轴晶体中，当相位匹配角 θ_{m} 等于 90° 时，相位匹配亦称为 90° 相位或非临界相位匹配. 当 $\theta = 90°$ 时，光波的波矢 $\boldsymbol{k}$ 与光线方向 $\boldsymbol{S}$ 完全重合，都垂直于光轴方向，而光波的 $\boldsymbol{E}$ 矢量与 $\boldsymbol{D}$ 矢量方向也相同，光波的倍频离散角为零. 对于 90° 相位匹配，相位失配量 Δk 的泰勒级数展开式的第一项 $\partial \Delta k / \partial \theta$ 为零，此时必须考虑二阶导数项有

$$\Delta k = (1/2)(\mathrm{d}^2 \Delta k / \mathrm{d}\theta^2)(\Delta \theta)^2 \tag{4.98}$$

下面给出在单轴晶体中，非临界相位匹配的允许发散角.

1. I 类相位匹配条件下的负单轴晶体中的允许发散角

根据式 (4.79) 中的 $\mathrm{d}^2 \Delta k / \mathrm{d}\theta^2$ 为

$$\frac{\mathrm{d}^2 \Delta k}{\mathrm{d}\theta^2} = \frac{\mathrm{d}^2 k_3}{\mathrm{d}\theta^2} = \frac{\omega_3}{c}[n_{\mathrm{e}}^{-2}(\omega_3) - n_{\mathrm{o}}^{-2}(\omega_3)]n_{\mathrm{e}}^3(\omega_3) \tag{4.99}$$

负单轴晶体 I 类相位匹配时的允许发散角为

$$\Delta \theta = \pm \left| \frac{\dfrac{\pi}{L}}{\dfrac{1}{2}\dfrac{\omega_3}{c}[n_{\mathrm{e}}^{-2}(\omega_3) - n_{\mathrm{o}}^{-2}(\omega_3)]n_{\mathrm{e}}^3(\omega_3)} \right|^{\frac{1}{2}} \tag{4.100}$$

2. II 类相位匹配条件下的负单轴晶体中的允许发散角

根据式 (4.81) 中的 $\mathrm{d}^2 \Delta k / \mathrm{d}\theta^2$ 为

$$\frac{\mathrm{d}^2 \Delta k}{\mathrm{d}\theta^2} = \frac{\mathrm{d}^2 k_3}{\mathrm{d}\theta^2} - \frac{\mathrm{d}^2 k_1}{\mathrm{d}\theta^2} = -\frac{\omega_2}{c}[n_e^{-2}(\omega_3) - n_o^{-2}(\omega_3)]n_e^3(\omega_3) + \frac{\omega_3}{c}[n_e^{-2}(\omega_3) - n_o^{-2}(\omega_3)]n_e^3(\omega_3)$$

$$(4.101)$$

负单轴晶体Ⅱ类相位匹配时的允许发散角为

$$\Delta\theta = \pm \left| \frac{\dfrac{\pi}{L}}{\dfrac{1}{2}\dfrac{\mathrm{d}^2\Delta k}{\mathrm{d}\theta^2}} \right|^{\frac{1}{2}}$$

$$(4.102)$$

3. Ⅰ类相位匹配时正单轴晶体中的允许发散角

我们根据式(4.69)得到

$$\frac{\mathrm{d}^2\Delta k}{\mathrm{d}\theta^2} = -\frac{\omega_2}{c}[n_e^{-2}(\omega_2) - n_o^{-2}(\omega_2)]n_e^3(\omega_2) - \frac{\omega_1}{c}[n_e^{-2}(\omega_1) - n_o^{-2}(\omega_1)]n_e^3(\omega_1)$$

$$(4.103)$$

正单轴晶体Ⅰ类相位匹配时的允许发散角为

$$\Delta\theta = \pm \left| \frac{\dfrac{\pi}{L}}{\dfrac{1}{2}\dfrac{\mathrm{d}^2\Delta k}{\mathrm{d}\theta^2}} \right|^{\frac{1}{2}}$$

$$(4.104)$$

4. Ⅱ类相位匹配时正单轴晶体中的允许角

根据式(4.72)得到

$$\frac{\mathrm{d}^2\Delta k}{\mathrm{d}\theta^2} = -\frac{1}{2}\frac{\omega_3}{c}[n_e^{-2}(\omega_2) - n_o^{-2}(\omega_2)]n_e^3(\omega_2)$$

$$(4.105)$$

这里很容易得到正单轴晶体Ⅱ类相位匹配时的允许发散角为

$$\Delta\theta = \pm \left| \frac{\dfrac{\pi}{L}}{\dfrac{1}{2}\dfrac{\mathrm{d}^2\Delta k}{\mathrm{d}\theta^2}} \right|^{\frac{1}{2}}$$

$$(4.106)$$

4.4.4 单轴晶体中的非临界相位匹配时的允许温度

实际中,人们通常采用改变晶体的工作温度来改变光波在单轴晶体中的主折射率,以达到非临界相位匹配(NCPM). 如果光波在单轴晶体中的主折射率随温度改变是线性变化的,则有

$$n_o(\omega_i, T) = n_o(\omega_i) + \frac{\mathrm{d}n_o(\omega_i, T)}{\mathrm{d}T}\Delta T$$

$$(4.107)$$

$$n_e(\omega_i, T) = n_e(\omega_i) + \frac{dn_e(\omega_i, T)}{dT} \Delta T \tag{4.108}$$

根据单轴晶体中 Ⅰ、Ⅱ 类非临界相位匹配的条件，我们可求出不同情况下三波相互作用下的匹配温度 T_m.

当晶体的温度 T 偏离匹配温度 T_m 时，产生相位失配量 Δk. Δk 在 T_m 处可以展开成温度 T 的泰勒级数

$$\Delta k = \Delta k \big|_{T=T_m} + \frac{d\Delta k}{dT}\bigg|_{T=T_m} \Delta T + \frac{1}{2}\frac{d^2\Delta k}{dT^2}\bigg|_{T=T_m}(\Delta T)^2 + \cdots \quad \Delta k = \pm \pi / L \tag{4.109}$$

选取泰勒级数的一阶导数项，可以进一步求得不同情况下的单轴晶体中三波相位匹配的允许温度.

1. Ⅰ 类相位匹配下的负单轴晶体中的允许温度

根据相位匹配与允许温度的关系，可得

$$\frac{d\Delta k}{dT} = \frac{\omega_1}{c}\frac{dn_o(\omega_1)}{dT} + \frac{\omega_2}{c}\frac{dn_o(\omega_2)}{dT} - \frac{\omega_3}{c}\frac{dn_e(\omega_3)}{dT} \tag{4.110}$$

进一步可以得到

$$\Delta T = \frac{\Delta k}{\dfrac{d\Delta k}{dT}} = \frac{\pi/L}{\dfrac{\omega_1}{c}\dfrac{dn_o(\omega_1)}{dT} + \dfrac{\omega_2}{c}\dfrac{dn_o(\omega_2)}{dT} - \dfrac{\omega_3}{c}\dfrac{dn_e(\omega_3)}{dT}} \tag{4.111}$$

2. Ⅱ 类相位匹配下的负单轴晶体中的允许温度

根据相应失配与允许温度的关系可得

$$\frac{d\Delta k}{dT} = \frac{\omega_1}{c}\frac{dn_o(\omega_1)}{dT} + \frac{\omega_2}{c}\frac{dn_e(\omega_2)}{dT} - \frac{\omega_3}{c}\frac{dn_e(\omega_3)}{dT} \tag{4.112}$$

这里很容易得到

$$\Delta T = \frac{\Delta k}{\dfrac{d\Delta k}{dT}} \tag{4.113}$$

3. Ⅰ 类相位匹配下的正单轴晶体中的允许温度

在 Ⅰ 类相位匹配下，根据相位失配与允许温度的关系可得

$$\frac{d\Delta k}{dT} = \frac{\omega_1}{c}\frac{dn_e(\omega_1)}{dT} + \frac{\omega_2}{c}\frac{dn_e(\omega_2)}{dT^2} - \frac{\omega_3}{c}\frac{dn_o(\omega_3)}{dT} \tag{4.114}$$

进一步得到

$$\Delta T = \frac{\Delta k}{\dfrac{d\Delta k}{dT}} \tag{4.115}$$

4. Ⅱ类相位匹配下的正单轴晶体中的允许温度

由相位失配与允许温度的关系，可以得到

$$\frac{\mathrm{d}\Delta k}{\mathrm{d}T} = \frac{\omega_1}{c}\frac{\mathrm{d}n_\mathrm{o}(\omega_1)}{\mathrm{d}T} + \frac{\omega_2}{c}\frac{\mathrm{d}n_\mathrm{e}(\omega_2)}{\mathrm{d}T} - \frac{\omega_3}{c}\frac{\mathrm{d}n_\mathrm{o}(\omega_3)}{\mathrm{d}T} \tag{4.116}$$

整理得到允许温度为

$$\Delta T = \frac{\Delta k}{\dfrac{\mathrm{d}\Delta k}{\mathrm{d}T}} \tag{4.117}$$

4.4.5 非临界相位匹配的 CLBO 晶体允许参量

1. Ⅰ、Ⅱ类相位匹配条件下的允许发散角

前面提到了当 $\theta = 90°$ 时的相位匹配称为非临界相位匹配. 我们讨论在倍频条件时，将 $\theta = \dfrac{\pi}{2}$、式(4.83a)和式(4.83b)分别代入式(4.78)、式(4.79)、式(4.80)和式(4.81)中，并与式(4.74)、式(4.82)，以及 $\Delta k = \pm\dfrac{\pi}{L}$ 联立并推导，可求得 NCPM 的Ⅰ类、Ⅱ类条件下的倍频允许发散角为

$$\Delta\theta(\mathrm{I}) = \pm\sqrt{\left|\frac{\dfrac{\lambda_3}{L}}{[n_\mathrm{e}^{-2}(2\omega) - n_\mathrm{o}^{-2}(2\omega)]n_\mathrm{e}^{-3}(2\omega)}\right|\cdot L} \tag{4.118}$$

$$\Delta\theta(\mathrm{II}) = \pm\sqrt{\left|\frac{-\dfrac{\lambda_3}{L}}{[n_\mathrm{e}^{-2}(2\omega) - n_\mathrm{o}^{-2}(2\omega)]n_\mathrm{e}^{3}(2\omega)} + \frac{\dfrac{\lambda_1}{L}}{[n_\mathrm{e}^{-2}(\omega) - n_\mathrm{o}^{-2}(\omega)]n_\mathrm{e}^{3}(\omega)}\right|\cdot L} \tag{4.119}$$

再将式(4.76)、式(4.77)代入式(4.118)、式(4.119)中，可求得 NCPM 时，CLBO 晶体的倍频允许发散角. 若基频光波长在 480～2400nm 的 NCPM 条件下，CLBO 晶体和 BBO 晶体的倍频允许发散角曲线如图 4-10 所示. 由图 4-10 可知，当匹配条件满足非临界相位匹配，基频光波长取 1064nm 时，CLBO 晶体的Ⅰ类倍频允许发散角为 7.3 mrad·mm，小于其Ⅱ类倍频允许发散角(10.1 mrad·mm)，大于 BBO 晶体的Ⅰ类、Ⅱ类倍频允许发散角(分别为 5.0 mrad·mm、6.9 mrad·mm)；当基频光波长在 500～2400nm 范围内时，CLBO 晶体的倍频允许发散角随基频光波长的增加而线性增加，且大于相同条件下 BBO 晶体的允许发散角.

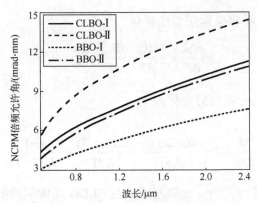

图 4-10　在 NCPM 条件下，CLBO 晶体和 BBO 晶体的倍频允许发散角曲线

2. Ⅰ、Ⅱ 类相位匹配的允许温度

非线性光学晶体中的温度变化会改变光波在晶体中的主折射率 n_o 和 n_e，从而导致相位匹配失配，降低频率转换的耦合效率. 假设温度为 T_m 时，恰好满足完全相位匹配条件，即 $\Delta k\big|_{T=T_m} = 0$. 若温度偏离 T_m 有一小量 ΔT，将相位失配量 Δk 在 T_m 附近进行泰勒级数展开

$$\Delta k = \Delta k\big|_{T=T_m} + \frac{\mathrm{d}\Delta k}{\mathrm{d}T}\bigg|_{T=T_m} \Delta T + \frac{1}{2}\frac{\mathrm{d}^2\Delta k}{\mathrm{d}T^2}\bigg|_{T=T_m} (\Delta T)^2 + \cdots \tag{4.120}$$

在式 (4.120) 中只考虑一阶导数，将式 (4.75) 的两边对温度 T 求导，得到

$$\frac{\mathrm{d}n_3(2\omega,\theta)}{\mathrm{d}T} = \frac{\dfrac{\mathrm{d}n_{o3}}{\mathrm{d}T}n_{e3} + \dfrac{\mathrm{d}n_{e3}}{\mathrm{d}T}n_{o3}}{(n_{o3}^2\sin^2\theta + n_{e3}^2\cos^2\theta)^{\frac{1}{2}}} - \frac{\sin^2\theta\dfrac{\mathrm{d}n_{o3}}{\mathrm{d}T}n_{o3} + \cos^2\theta\dfrac{\mathrm{d}n_{e3}}{\mathrm{d}T}n_{e3}}{n_{o3}^2\sin^2\theta + n_{e3}^2\cos^2\theta}n_3(2\omega,\theta) \tag{4.121}$$

式中，$n_{o3} = n_o(2\omega)$，$n_{e3} = n_e(2\omega)$. 式中的 θ 采用图 2-6 中的 Ⅰ 类倍频匹配角，并利用 CLBO 晶体的热光方程

$$\frac{\mathrm{d}n_o(\lambda)}{\mathrm{d}T} = (-1.04\lambda^2 + 0.35\lambda^2 - 12.91)\times10^{-6}\ (^\circ\mathrm{C}^{-1}) \tag{4.122}$$

$$\frac{\mathrm{d}n_e(\lambda)}{\mathrm{d}T} = (3.31\lambda^2 - 2.43\lambda - 8.4)\times10^{-6}(^\circ\mathrm{C}^{-1}) \tag{4.123}$$

再代入式 (4.120) 和式 (4.121) 中，可求得 $\dfrac{\mathrm{d}\Delta k}{\mathrm{d}T}$，并与 $\Delta k = \pm\dfrac{\pi}{L}$ 联立，即可以得到 Ⅰ 类相位匹配时倍频的允许温度为

$$\Delta T(\mathrm{I}) = \pm\left|\frac{\dfrac{\pi}{2L}}{\dfrac{\omega}{c}\dfrac{\mathrm{d}n_3(2\omega,\theta)}{\mathrm{d}T} - \dfrac{\omega}{c}\dfrac{\mathrm{d}n_{o1}(\omega)}{\mathrm{d}T}}\right|\cdot L \tag{4.124}$$

对负单轴晶体Ⅱ类相位匹配的倍频有

$$\frac{\mathrm{d}\Delta k}{\mathrm{d}T}=\frac{1}{2}\frac{\mathrm{d}k_3}{\mathrm{d}T}-\frac{\mathrm{d}k_2}{\mathrm{d}T}-\frac{\mathrm{d}k_1}{\mathrm{d}T} \tag{4.125}$$

由 $k_i=\dfrac{2\pi}{\lambda_i}(i=1,2,3)$，式 (4.125) 变化为

$$\frac{\mathrm{d}\Delta k}{\mathrm{d}T}=2\pi\left(\frac{\mathrm{d}n_3(2\omega,\theta)}{\lambda_3\mathrm{d}T}-\frac{\mathrm{d}n_2(\omega,\theta)}{\lambda_1\mathrm{d}T}-\frac{\mathrm{d}n_o(\omega)}{\lambda_1\mathrm{d}T}\right) \tag{4.126}$$

式中，$n_2(\omega,\theta)$ 是偏振方向为 e 光的基频光在 CLBO 晶体中的折射率.

再根据式 (4.121)、式 (4.122)、式 (4.123) 和式 (4.126)，可求得 $\dfrac{\mathrm{d}\Delta k}{\mathrm{d}T}$，再与 $\Delta k=\pm\dfrac{\pi}{L}$ 联立，可以得到Ⅱ类相位匹配时倍频的允许温度为

$$\Delta T(\mathrm{II})=\pm\left|\frac{\dfrac{\pi}{L}}{\dfrac{2\omega}{c}\dfrac{\mathrm{d}n_3(2\omega,\theta)}{\mathrm{d}T}-\dfrac{\omega}{c}\dfrac{\mathrm{d}n_2(\omega,c)}{\mathrm{d}T}-\dfrac{\omega}{c}\dfrac{\mathrm{d}n_{o1}(\omega)}{\mathrm{d}T}}\right|\cdot L \tag{4.127}$$

式中的 θ 采用图 2-6 中Ⅱ类相位匹配时的倍频匹配角，并代入式 (4.124) 和式 (4.127)，可以计算得到 CLBO 晶体倍频的允许温度. 当基频光波长在 480～2400nm 范围内，CLBO 晶体倍频的允许温度曲线，如图 4-11 所示. 由图 4-11 可以看出，泵浦光波长大于 680nm 时，其Ⅱ类倍频允许温度大于相同泵浦条件下Ⅰ类的倍频允许温度，当泵浦光波长为 1064nm 时，CLBO 晶体Ⅱ类倍频的允许温度为 38.7℃·mm，远大于Ⅰ类倍频允许温度 17.7℃·mm.

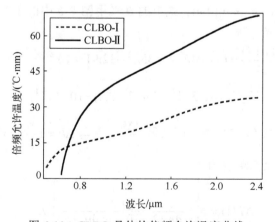

图 4-11　CLBO 晶体的倍频允许温度曲线

4.5　几种典型光束的光学倍频

4.5.1　理想单色平面波的倍频

本节讨论超短脉冲高斯光束的倍频、平顶高斯光束的倍频. 假设光波在非线性光学晶体中传播时，满足小信号近似和完全相位匹配 $\Delta k = 0$ 条件.

1. 倍频的稳态小信号的解

基于三波耦合波方程

$$\frac{dE_1(z)}{dz} = -\mathrm{i}kE_2(z)E_1^*(z) \tag{4.128a}$$

$$\frac{dE_2(z)}{dz} = -\mathrm{i}kE_1(z)E_1(z) = -\mathrm{i}kE_1^2(z) \tag{4.128b}$$

式中

$$k = \sqrt{\frac{\mu_0}{\varepsilon_1}}\omega_1 d_{\mathrm{eff}} \tag{4.129}$$

$$E_1(z) = \frac{1}{2}E_{01}(z)\mathrm{e}^{\mathrm{i}\varphi_1(z)} \tag{4.130}$$

$$E_2(z) = \frac{1}{2}E_{02}(z)\mathrm{e}^{\mathrm{i}\varphi_2(z)} \tag{4.131}$$

这里将式(4.130)、式(4.131)代入式(4.128a)和式(4.128b)中得到

$$\frac{1}{2}\frac{dE_{01}}{dz}\mathrm{e}^{\mathrm{i}\varphi_1(z)} + \frac{1}{2}\mathrm{i}\frac{d\varphi_1(z)}{dz}\mathrm{e}^{\mathrm{i}\varphi_1(z)}E_{01}(z)$$
$$= -\mathrm{i}\frac{k}{4}E_{01}(z)E_{02}(z)\mathrm{e}^{-\mathrm{i}[\varphi_1(z)-\varphi_2(z)]}\frac{1}{2}\frac{dE_{01}}{dz}\mathrm{e}^{\mathrm{i}\varphi_1(z)} + \frac{1}{2}\mathrm{i}\frac{d\varphi_1(z)}{dz}\mathrm{e}^{\mathrm{i}\varphi_1(z)}E_{01}(z) \tag{4.132}$$
$$= -\mathrm{i}\frac{k}{4}E_{01}(z)E_{02}(z)\mathrm{e}^{-\mathrm{i}[\varphi_1(z)-\varphi_2(z)]}$$

为简单起见，只讨论光频场的振幅方程，则式(4.132)中的相位 φ 随 z 变化暂不考虑

$$\frac{dE_{01}}{dz} = -\mathrm{i}\frac{k}{2}E_{01}E_{02}(z)\mathrm{e}^{-\mathrm{i}[2\varphi_1(z)-\varphi_2(z)]} \tag{4.133}$$

$$\frac{dE_{02}}{dz} = -\mathrm{i}kE_{01}^2\mathrm{e}^{\mathrm{i}[2\varphi_1(z)-\varphi_2(z)]} \tag{4.134}$$

将式(4.133)与式(4.134)比较可知，倍频光的初相位比产生它的极化波落后 $\frac{\pi}{2}$，

利用

$$e^{-i\frac{\pi}{2}} = -i \tag{4.135}$$

则

$$\frac{dE_{01}(z)}{dz} = -\frac{1}{2}kE_{01}(z)E_{02}(z) \tag{4.136}$$

$$\frac{dE_{02}(z)}{dz} = \frac{1}{2}kE_{01}{}^2(z) \tag{4.137}$$

由能流密度守恒定律知

$$S_1(z) + S_2(z) = S_1(0) \tag{4.138}$$

$$E_{01}^2(z) + E_{02}^2(z) = E_{01}^2(0) \tag{4.139}$$

将式(4.139)代入式(4.137)中得到

$$\frac{dE_{02}(z)}{dz} = \frac{1}{2}k[E_{01}{}^2(0) - E_{02}{}^2(z)] \tag{4.140}$$

由边界条件可知

$$E_{02}(z)\big|_{z=0} = 0 \tag{4.141}$$

式(4.140)为一阶非线性微分方程,联立式(4.141)可以得到

$$E_{02}(z) = E_{01}(0)\text{th}\left[\frac{1}{2}E_{01}(0)kz\right] \tag{4.142}$$

进一步得到

$$S_2(z) = S_{10}\text{th}^2\left[\frac{1}{2}E_{01}(0)kz\right] \tag{4.143}$$

同理

$$S_1(z) = S_1(0)\text{sech}^2\left[\frac{1}{2}E_{01}(0)kz\right] \tag{4.144}$$

2. 特征长度

特征长度是选择倍频晶体长度的依据之一. 我们在选择高转换效率的倍频晶体时,一般将晶体的长度选择在 $L_{\text{SHG}} \sim 2L_{\text{SHG}}$ 的范围.

$$L_{\text{SHG}} = \left[\frac{1}{2}E_{01}(0)k\right]^{-1} = \left[\frac{2\sqrt{\varepsilon_1}}{\sqrt{\varepsilon_0}\omega_1 d_{\text{eff}}E_{01}(0)}\right] \tag{4.145}$$

由式 (4.145) 可以看出，L_{SHG} 与基频光的功率有关，当基频光的功率越高，则特征长度越小.

4.5.2　高斯光束的倍频

前面讨论分析了理想均匀平面波的倍频，然而作为倍频的输入光束是由高功率脉冲激光器产生，其往往是基模 (TEM$_{00}$) 或高阶模 (如 TEM$_{01}$、TEM$_{10}$ 等) 组成的高斯分布的光束，所以下面讨论高斯光束的倍频产生及现象.

在近场小信号、90° 相位匹配，以及忽略离散效应条件下，并在直角坐标系中讨论 TEM$_{00}$ 模高斯光束的光频场分布，如图 4-12 所示.

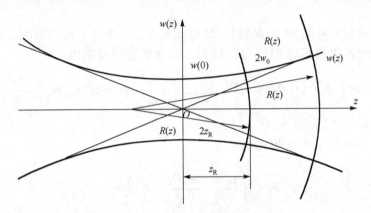

图 4-12　TEM$_{00}$ 模高斯光束的光频场分布

1. 基模高斯光束的光场分布

沿 z 轴传播的基模高斯光束的表达式为

$$E_1(x,y,z) = \frac{E_1 w_0}{w(z)} \exp\left[-\frac{r^2}{w^2(z)}\right] \cdot \exp\left[-\mathrm{i}k\left(z + \frac{r^2}{2R(z)}\right) + \mathrm{i}\varphi(z)\right] \tag{4.146}$$

式中，$r^2 = x^2 + y^2$，$\varphi(z) = \arctan\dfrac{z}{z_R}$，$z_R = \dfrac{1}{2} w_0^2 k$，$w(z) = w_0\left[1 + \left(\dfrac{z}{z_R}\right)^2\right]^{\frac{1}{2}}$，$R(z) = z\left[1 + \left(\dfrac{z_R}{z}\right)^2\right]$. 其中 w_0 为 $z = 0$ 处的束腰，$w(z)$ 为 z 点处的光斑半径，$R(z)$ 为 z 点处的波阵面曲率半径，z_R 为高斯光束的瑞利长度.

当 $R(z)\big|_{z=0} \to \infty$ 时，波阵面为一平面. 式 (4.146) 表示的各点 (x,y,z) 在 $z = 0$ 处的振幅分布呈高斯型分布

$$E_1(x, y, 0) = E_1 \exp\left(-\frac{r^2}{w_0^2}\right) \tag{4.147}$$

假设高斯光束相应的基频光的光功率采用 P_1 表示为

$$P_1 = \frac{1}{2}\sqrt{\frac{\varepsilon}{\mu_0}}\int|E_1(x, y, 0)|^2 \, \mathrm{d}x\mathrm{d}y = \frac{1}{2}\sqrt{\frac{\varepsilon}{\mu_0}}E_1^2 \frac{\pi w_0^2}{2} = S_{01}\left(\frac{\pi w_0^2}{2}\right) \tag{4.148}$$

式中，$S_{01} = \frac{1}{2}\sqrt{\frac{\varepsilon}{\mu_0}}E_1^2$ 代表光束的中心光强.

2. 倍频过程

我们讨论在 $L \ll Z_R$ (L 为晶体长度) 近场条件下，不考虑离散效应，利用平面波情况下的耦合波方程式(3.81)～式(3.83)，倍频的光场分布为

$$E_2(x, y, L) = -\mathrm{i}k\int_0^L E_1^2(x, y, z)\mathrm{d}z = -\mathrm{i}k\int_0^L E_1^2 \exp\left(-\frac{2r^2}{w_1^2}\right)\mathrm{d}z = -\mathrm{i}kLE_1^2 \exp\left(-\frac{2r^2}{w_1^2}\right) \tag{4.149}$$

式中，$r^2 = x^2 + y^2$，与 z 无关.

由式(4.149)可知，倍频光功率为

$$P_2 = 2\left(\frac{\mu_0}{\varepsilon_0}\right)^{\frac{3}{2}} \cdot \frac{w^2 d^2 L^2}{n_1^3} \cdot P_1 \cdot \frac{S_{10}}{2} \tag{4.150}$$

因此倍频转换效率为

$$\eta = \frac{P_2}{P_1} = \left(\frac{\mu_0}{\varepsilon_0}\right)^{\frac{3}{2}} \cdot \frac{w^2 d^2 L^2}{n_1^3} \cdot \frac{S_{10}}{2} \tag{4.151}$$

由式(4.149)可看出，倍频光仍为高斯分布，束腰半径为 $w_2 = \frac{w_1}{\sqrt{2}}$.

4.5.3 影响倍频转换效率的因素

假设三波的光学频率关系为 $\omega_1 = \omega_2 = \omega$，$\omega_3 = 2\omega_1 = 2\omega_2 = 2\omega$，三波相互作用的过程可以由三波耦合波方程描述为

$$\frac{\partial E_1(z)}{\partial z} = -\mathrm{i}\frac{\omega_1}{2}\sqrt{\frac{\mu_0}{\varepsilon_1}}d_{\mathrm{eff}}E_2(z)E_1^*(z)\mathrm{e}^{\mathrm{i}\Delta kz} \tag{4.152}$$

$$\frac{\partial E_2(z)}{\partial z} = -\mathrm{i}\frac{2\omega_1}{2}\sqrt{\frac{\mu_0}{\varepsilon_2}}d_{\mathrm{eff}}E_1(z)E_1(z)\mathrm{e}^{-\mathrm{i}\Delta kz} \tag{4.153}$$

$$\Delta k = k_2 - 2k_1 \tag{4.154}$$

在小信号下有

$$E_1(z) = E_1(0) \tag{4.155}$$

式 (4.153) 变为

$$\frac{\partial E_2(z)}{\partial z} = -\mathrm{i}\omega_1 \sqrt{\frac{\mu_0}{\varepsilon_2}} d_{\mathrm{eff}} E_1(0) E_1(0) \mathrm{e}^{-\mathrm{i}\Delta kz} \tag{4.156}$$

对式 (4.156) 从 $0 \to L$ 积分得到

$$E_2(z) = \int_0^L \mathrm{d}E_2(z) = -\mathrm{i}\omega_1 \frac{2\omega_1}{2} \sqrt{\frac{\mu_0}{\varepsilon_2}} d_{\mathrm{eff}} E_0^2(0) \int_0^L \mathrm{e}^{-\mathrm{i}\Delta kz} \mathrm{d}z$$

$$= \mathrm{i}\omega_1 \sqrt{\frac{\mu_0}{\varepsilon_2}} d_{\mathrm{eff}} E_1^2(0) \cdot \frac{\mathrm{i}}{\Delta k}(\mathrm{e}^{-\mathrm{i}\Delta kL} - 1)$$

进一步整理得到

$$E_2(L) = -\mathrm{i}\omega_1 \sqrt{\frac{\mu_0}{\varepsilon_2}} d_{\mathrm{eff}} E_1(0) E_1(0) \frac{\mathrm{e}^{\mathrm{i}\Delta kL} - 1}{\mathrm{i}\Delta k} \tag{4.157}$$

根据倍频光输出光强为

$$I_2(L) = \frac{1}{2}\sqrt{\frac{\mu_0}{\varepsilon_2}} E_2(L) E_2^{\ *}(L)$$

$$= \frac{1}{2}\sqrt{\frac{\varepsilon_2}{\mu_0}}\left[-\mathrm{i}\omega_1 \sqrt{\frac{\mu_0}{\varepsilon_2}} d_{\mathrm{eff}} E_1^2 \frac{\mathrm{e}^{\mathrm{i}\Delta kL} - 1}{\mathrm{i}\Delta k}\right]\left[-\mathrm{i}\omega_1 \sqrt{\frac{\mu_0}{\varepsilon_2}} d_{\mathrm{eff}} E_1^{*2}(0) \frac{\mathrm{e}^{\mathrm{i}\Delta kL} - 1}{\mathrm{i}\Delta k}\right]^* \tag{4.158}$$

$$= 2\omega_1^2 \sqrt{\frac{\mu_0}{\varepsilon_2}} d_{\mathrm{eff}}^{\ 2}[E_1(0)E_1^{\ *}(0)]^2 \cdot L^2 \cdot \left[\frac{\sin\left(\frac{1}{2}\Delta kL\right)}{\frac{1}{2}\Delta kL}\right]^2$$

将 $E_1(0)E_1^{\ *}(0) = 2I_1(0)\sqrt{\frac{\mu_0}{\varepsilon_1}}$ 代入式 (4.158) 得到

$$I_2(L) = 2\left(\frac{\mu_0}{\varepsilon_0}\right)^{3/2} \cdot \frac{\omega_1^2 d_{\mathrm{eff}}^{\ 2}}{n_1^2 n_2} I_1^2(0) \cdot \left[\frac{\sin\left(\frac{1}{2}\Delta kL\right)}{\frac{1}{2}\Delta kL}\right]^2$$

$$\eta = \frac{I_2(L)}{I_1(0)} = 2\left(\frac{\mu_0}{\varepsilon_0}\right)^{3/2} \cdot \frac{\omega_1^2 d_{\mathrm{eff}}^{\ 2} L^2}{n_1^2 n_2} I_1^2(0) \cdot \left[\frac{\sin\left(\frac{1}{2}\Delta kL\right)}{\frac{1}{2}\Delta kL}\right]^2 \tag{4.159}$$

我们由式(4.159)进一步分析讨论：① $\eta \propto \dfrac{d_{\text{eff}}^2}{n_1^2 n_2}$ ，其中优值系数为 $\dfrac{d_{\text{eff}}}{n_1^2 n_2}$ ，有效非线性系数 d_{eff} 越大，转换效率越大；② $\eta \propto I_1(0)$ ， $I_1(0)$ 越大， η 越大；③在

$$\sin\left(\dfrac{\dfrac{1}{2}\Delta kL}{\dfrac{1}{2}\Delta kL}\right) = \dfrac{\sin x}{x}$$ 中，当 $\Delta k \to 0$ 时， $\eta \to$ 最大值， $\Delta k \neq 0$ 时， η 按相位匹配因子变

化， $\eta < 1$ ，在 $\Delta k \neq 0$ 时的某一确定值下， η 随 L 是周期性变化． $\text{sinc}^2\left(\dfrac{\Delta kL}{2}\right)$ 与 $\dfrac{\Delta kL}{2}$ 之

间的关系，即 $\text{sinc}^2\left(\dfrac{\Delta kL}{2}\right)$ 函数图，如图4-2所示．由图4-2可以看出，当 $\Delta k = 0$ 时，

$\text{sinc}^2\left(\dfrac{\Delta kL}{2}\right) = 1$ ，为最大值，当 Δk 增加时，函数 $\text{sinc}^2\left(\dfrac{\Delta kL}{2}\right)$ 下降很快，因此光混频

或者倍频的效率下降很快．④在光倍频中，考虑基频光与倍频光在共线条件下传播，

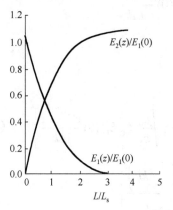

图4-13 基频光功率向倍频光转化与 L/L_s 的关系

即 $\boldsymbol{k}_1$ 与 $\boldsymbol{k}_2$ 同方向， $\Delta k = 0$ 的条件即是 $n_1 = n_2$ 的条件．我们给出相干长度 L_s 的定义为 $L_s = \dfrac{\pi}{\Delta k}$ ．在一定 Δk 条件下，当非线性晶体的长度超过相干长度时，转换效率同样会很快下降，如图4-13所示．从图4-13可知，对于高效率倍频的晶体厚度应选在 $L_s \sim 2L_s$ 范围内，由此可见相干长度对于设计倍频器件来说是一个重要参数．⑤输入光束的发散角、谱线宽度、偏振度、晶体温度以及离散效应等都是影响频率转换的因素．

4.6　平顶高斯光束倍频

随着激光器件的发展及应用领域的拓宽，对激光束的辐射分布形式的需求更加多样化．例如，在核聚变中，就需要采用超高斯反射率镜的谐振腔，获得强激光在空域和时域上的均匀分布，以达到对聚变的驱动作用．A. Parent 等在1992年提出了超高斯光束模型．超高斯光束的优点是光频场分布函数的形式简单，但使用它常不能得到解析的传输公式．1994年，F. Gori 引入了平顶高斯光束的概念，用以描述这类光频场的强度分布近似为平顶的光束，并给出了它在自由空间传输的规律．

平顶高斯光束的建立，为研究均匀激光束的传输变换，光束质量诊断和控制，以及与物质相互作用提供了数学模型和理论基础.

4.6.1　平顶高斯光束的物理模型

在 $z=0$ 界面处，轴对称的平顶高斯光束光频场的场强为

$$E(r,0) = E_0 \exp\left[-\frac{(N+1)r^2}{\omega_0^2}\right] \sum_{m=0}^{N} \frac{1}{m!}\left[\frac{(N+1)r^2}{\omega_0^2}\right]^m \tag{4.160}$$

式中，ω_0 和 N 分别为平顶高斯光束的束腰宽度和阶数（$N=0$ 约化为高斯光束）；E_0 为常数，代表光束中心处的场强. 我们围绕平顶高斯光束在传输横截面上的光强分布进行分析讨论.

图 4-14 为不同阶数的平顶高斯光束的横向光场随空间坐标 r 的变化规律. 当 $N=0$ 时，平顶高斯光束约化为普通高斯光束形式，随着阶数 N 的增大，横向光场均匀性越来越强，呈平顶方波形式.

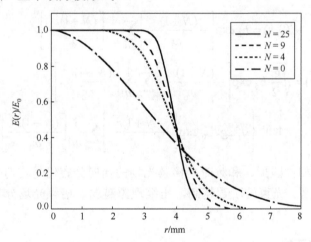

图 4-14　不同阶数的平顶高斯光束的横向光场分布

在慢变振幅近似、无损耗和电导率为零的介质中，三波共线相位匹配条件下，三波频率满足 $\omega_1 + \omega_2 = \omega_3$. 平顶高斯光束的三波耦合方程为

$$\frac{\mathrm{d}u_1(\xi,r)}{\mathrm{d}\xi} = -u_2(\xi,r)u_3(\xi,r)\sin\theta \tag{4.161}$$

$$\frac{\mathrm{d}u_2(\xi,r)}{\mathrm{d}\xi} = -u_1(\xi,r)u_3(\xi,r)\sin\theta \tag{4.162}$$

$$\frac{\mathrm{d}u_3(\xi,r)}{\mathrm{d}\xi} = -u_1(\xi,r)u_2(\xi,r)\sin\theta \tag{4.163}$$

$$\frac{1}{2k_1 kr}\frac{du_1(\xi,r)}{dr}-u_1(\xi,r)\frac{d\varphi_1(\xi)}{d\xi}=-u_2(\xi,r)u_3(\xi,r)\cos\theta \tag{4.164}$$

$$\frac{1}{2k_2 kr}\frac{du_2(\xi,r)}{dr}-u_2(\xi,r)\frac{d\varphi_2(\xi)}{d\xi}=-u_1(\xi,r)u_3(\xi,r)\cos\theta \tag{4.165}$$

$$\frac{1}{2k_3 kr}\frac{du_3(\xi,r)}{dr}-u_3(\xi,r)\frac{d\varphi_3(\xi)}{d\xi}=-u_1(\xi,r)u_2(\xi,r)\cos\theta \tag{4.166}$$

$\xi=\frac{1}{2}\mu_0\varepsilon_0 d_{\text{eff}}\prod_{i=1}^{3}\sqrt{\frac{\omega_i^2}{k_i\cos\alpha_i}}z=kz$，$d\xi=\frac{1}{2}u_0\varepsilon_0 d_{\text{eff}}\prod_{i=1}^{3}\sqrt{\frac{\omega_i^0}{k_i\cos x_i}}dz=kz$. 在 I 类相位匹配情况下，式 (4.164) 中的 u_1 和 u_2 完全相同. 当满足完全相位匹配时，我们可以推导出平顶高斯光束 I 类倍频光的场强为

$$u_3(\xi,r)=u_0\tanh\left(\sqrt{2}\xi u_0\right)/\sqrt{2} \tag{4.167}$$

即有

$$E_3(r,z)=\sqrt{g_1}E(0,r)\tanh\left[\sqrt{2}zg_2E(0,r)\right]/\sqrt{2} \tag{4.168}$$

$$E(0,r)=E_0\exp\left[-\frac{(N+1)r^2}{\omega_0^2}\right]\sum_{m=0}^{N}\frac{1}{m!}\left[\frac{(N+1)r^2}{\omega_0^2}\right]^m \tag{4.169}$$

$$E_3(z,r)=\sqrt{\frac{g_1}{2}}E_0\exp\left[-\frac{(N+1)r^2}{\omega_0^2}\right]\sum_{m=0}^{N}\frac{1}{m!}\left[\frac{(N+1)r^2}{\omega_0^2}\right]^m$$
$$\times\tanh\left\{\sqrt{2}zg_2E_0\exp\left[-\frac{(N+1)r^2}{\omega_0^2}\right]\sum_{m=0}^{N}\frac{1}{m!}\left[\frac{(N+1)r^2}{\omega_0^2}\right]^m\right\} \tag{4.170}$$

在讨论 I 类相位匹配、和频时，倍频光场的横向分布仍是均匀平顶分布，但出现了光斑压缩现象. 光束的阶数越高，压缩现象越弱，倍频光场分布越接近于基频光波场分布.

4.6.2 I 类相位匹配

平顶高斯光束的 I 类倍频的强度大小与基频光的一致，从另一方面证明了在理论上平顶高斯光束的 I 类倍频转换效率可趋近于 1 的结论. 我们进一步讨论在 I 类相位匹配条件下，取 $E_0=0.25\times10^6\text{V/mm}$，$z=5\text{mm}$，讨论在 $N=4$ 和 $N=25$ 时，数值模拟计算得到倍频光横向光斑的压缩现象，如图 4-15 所示.

这里倍频转换效率为

$$\eta(z)=\frac{p_3(z)}{p_0(0)}=\frac{n_3\int_0^\infty g_1E^2(0,r)\tanh^2\left[\sqrt{2}zg_2E(0,r)\right]r dr}{n_1\int_0^\infty 2E^2(0,r)r dr} \tag{4.171}$$

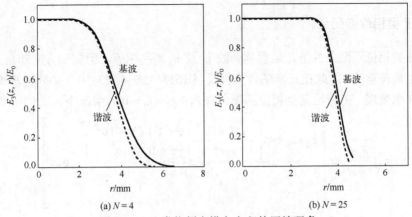

(a) $N=4$ (b) $N=25$

图 4-15　Ⅰ类倍频光横向光斑的压缩现象

式中

$$g_1=\frac{k_2\omega_3^2\cos\alpha_2}{k_3\omega_2^2\cos\alpha_3}=\frac{k_1\omega_3^2\cos\alpha_1}{k_3\omega_1^2\cos\alpha_3} \tag{4.172}$$

$$g_2=\frac{1}{2}\mu_0\varepsilon_0 d_{\text{eff}}\frac{\omega_2\omega_3}{(k_2k_3\cos\alpha_2\cos\alpha_3)^{1/2}} \tag{4.173}$$

$$E(0,r)=E_0\exp\left[-\frac{(N+1)r^2}{\omega_0^2}\right]\sum_{m=0}^{N}\frac{1}{m!}\left[\frac{(N+1)r^2}{\omega_0^2}\right]^m \tag{4.174}$$

我们讨论基频光的强度一定时的Ⅰ类倍频效率,当 N 随 z 增大并逐渐达到同一饱和限度时,N 越高,达到饱和倍频效率所需晶体长度越短,在 z 相同的情况下,倍频效率随 N 增大,任何阶数的平顶高斯光束的倍频效率都大于相应晶体长度上的高斯光束的转换效率.平顶高斯光束在 CLBO 晶体上的Ⅰ类倍频(1064nm→532nm)效率与晶体长度 z 的关系如图 4-16 所示.

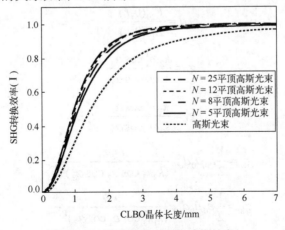

图 4-16　平顶高斯光束的转换效率

4.6.3　Ⅱ类相位匹配

在Ⅱ类相位匹配条件下，虽然耦合波 u_1 及 u_2 频率相等，但振动方向却是正交的，其振幅也是任意的. 因此在三波耦合方程式(4.161)～式(4.163)中，必须将基频光作为两束光波来处理. 在满足完全相位匹配条件 $k_3 - k_2 - k_1 = 0$ 的情况下，我们很容易得到

$$
E_3(z,r) = \sqrt{\frac{g_1 d^2}{1+d^2}}\, \mathrm{sn}\left[\frac{g_2 z E_0 \exp\left[-\dfrac{(N+1)r^2}{\omega_0^2}\right]\sum_{m=0}^{N}\dfrac{1}{m!}\left[\dfrac{(N+1)r^2}{\omega_0^2}\right]^m}{\sqrt{1+d^2}}, g_3 d\right]
$$
$$
(4.175\mathrm{a})
$$

$$
\times E_0 \exp\left[-\frac{(N+1)r^2}{\omega_0^2}\right]\sum_{m=0}^{N}\frac{1}{m!}\left[\frac{(N+1)r^2}{\omega_0^2}\right]^m, \quad g_3 d < 1
$$

$$
E_3(z,r) = \sqrt{\frac{g_1'}{1+d^2}}\, \mathrm{sn}\left[\frac{g_2' d z E_0 \exp\left[-\dfrac{(N+1)r^2}{\omega_0^2}\right]\sum_{m=0}^{N}\dfrac{1}{m!}\left[\dfrac{(N+1)r^2}{\omega_0^2}\right]^m}{\sqrt{1+d^2}}, g_3'/d\right]
$$
$$
(4.175\mathrm{b})
$$

$$
\times E_0 \exp\left[-\frac{(N+1)r^2}{\omega_0^2}\right]\sum_{m=0}^{N}\frac{1}{m!}\left[\frac{(N+1)r^2}{\omega_0^2}\right]^m, \quad g_3'/d < 1
$$

式中

$$
E_0(0,r) = E_0 \exp\left[-\frac{(N+1)r^2}{\omega_0^2}\right]\sum_{m=0}^{N}\frac{1}{m!}\left[\frac{(N+1)r^2}{\omega_0^2}\right]^2 \tag{4.176}
$$

$$
d = \frac{E_{20}(0,r)}{E_{10}(0,r)} \tag{4.177}
$$

$$
g_1 = \frac{k_2 \omega_3^2 \cos\alpha_3}{k_3 \omega_2^2 \cos\alpha_3} \tag{4.178}
$$

$$
g_1' = \frac{k_1 \omega_3^2 \cos\alpha_1}{k_3 \omega_1^2 \cos\alpha_3} \tag{4.179}
$$

$$
g_2 = \frac{1}{2}\varepsilon_0 \mu_0 d_{\mathrm{eff}} \frac{\omega_2 \omega_3}{(k_2 k_3 \cos\alpha_2 \cos\alpha_3)^{1/2}} \tag{4.180}
$$

$$
g_2' = \frac{1}{2}\varepsilon_0 \mu_0 d_{\mathrm{eff}} \frac{\omega_1 \omega_3}{(k_1 k_3 \cos\alpha_1 \cos\alpha_3)^{1/2}} \tag{4.181}
$$

$$g_3 = \frac{\omega_1}{\omega_2}\left(\frac{k_2 \cos\alpha_2}{k_1 \cos\alpha_1}\right)^{1/2} \tag{4.182}$$

$$g_3' = \frac{\omega_2}{\omega_1}\left(\frac{k_1 \cos\alpha_1}{k_2 \cos\alpha_2}\right)^{1/2} \tag{4.183}$$

在 CLBO 晶体中，结合平顶高斯光束的 Ⅱ 类相位匹配条件下的倍频（1064nm→532nm），通过数值计算得到 Ⅱ 类倍频光的横向分布，如图 4-17 所示. 平顶高斯光束的 Ⅱ 类倍频光仍为均匀平顶分布，并且横向光斑也出现了压缩. 我们比较图 4-17(a) 和 (b)，可以看出，光束阶数一定时 ($N = 4$)，基频光的偏振分量比 d 对倍频光的转换效率起着决定作用. 当 $d = 0.99$ 时，平顶高斯光束的 Ⅱ 类倍频光与基频光基本一致. 比较图 4-17(a) 和 (c)，同样可以看出在相同条件下，平顶高斯光束的基频光阶数越高，Ⅱ 类倍频光的光斑变化程度越小.

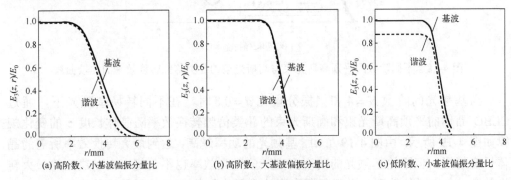

(a) 高阶数、小基波偏振分量比　　(b) 高阶数、大基波偏振分量比　　(c) 低阶数、小基波偏振分量比

图 4-17　Ⅱ 类倍频光的横向分布

平顶高斯光束的 Ⅱ 类倍频转换效率为

$$\eta(z) = \frac{g_1 d^2}{1+d^2} \frac{\displaystyle\int_0^\infty \mathrm{sn}^2\left[\frac{g_2 z E_0(0,r)}{\sqrt{1+d^2}}, g_3 d\right] E_0^2(0,r)2\pi r \mathrm{d}r}{\displaystyle\int_0^\infty E_0^2(0,r)2\pi r \mathrm{d}r}, \quad g_3 d < 1 \tag{4.184}$$

$$\eta(z) = \frac{g_1'}{1+d^2} \frac{\displaystyle\int_0^\infty \mathrm{sn}^2\left[\frac{g_2' dz E_0(0,r)}{\sqrt{1+d^2}}, g_3'/d\right] E_0^2(0,r)2\pi r \mathrm{d}r}{\displaystyle\int_0^\infty E_0^2(0,r)2\pi r \mathrm{d}r}, \quad g_3'/d < 1 \tag{4.185}$$

当基频光的强度和偏振分量比一定时，即 $E_0 = 0.5\times10^6\,\mathrm{V/mm}$，$d = 0.8$ 时，在 CLBO 晶体中，不同阶数的平顶高斯光束与高斯光束的 Ⅱ 类倍频转换效率的比较曲线如图 4-18 所示. 从图 4-18 中可以看出，平顶高斯光束 Ⅱ 类倍频转换效率并不像 Ⅰ

类时那样趋向饱和，而是出现了振荡现象，在达到最大倍频效率之前，当 z 一定时，倍频效率随 N 增大，且任何阶数的平顶高斯光束的倍频效率都大于高斯光束的倍频效率. 在同等条件下，平顶高斯光束达到的最大转换效率 78.1% 高于高斯光束的最大转换效率 69.4%.

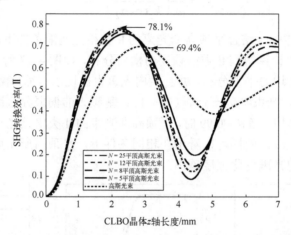

图 4-18 不同阶数的平顶高斯光束与高斯光束的 Ⅱ 类倍频转换效率的比较曲线

当基频光的阶数 $N = 4$ 和偏振分量比 $d = 0.8$ 时，在不同转换基频光下，通过 CLBO 晶体的平顶高斯光束和高斯光束的 Ⅱ 类倍频转换效率随晶体长度 z 的变化规律如图 4-19 所示. 由图 4-19 可知，基频光的功率越高，达到最大转换效率所需的晶体长度越短，但不论基频光的功率多高，倍频光效率也不会超出由 d 决定的最大转换效率. 在相同条件下，平顶高斯光束达到最大转换效率时所需的晶体长度比高斯光束的短，且其最大转换效率高于高斯光束.

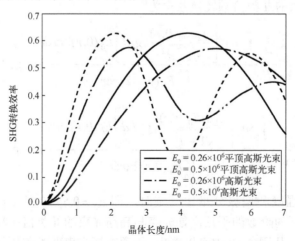

图 4-19 Ⅱ 类倍频转换效率在不同基频光下随晶体长度 z 的变化规律

在Ⅱ类相位条件下，平顶高斯光束在 CLBO 晶体上的倍频（1064nm→532nm）转换效率与 d 的关系曲线如图 4-20 所示. 由图 4-20 可知,倍频转换效率随 d 先增后降,转换效率最大时 d 的取值与倍频晶体性质有关,与基频光的形状无关. 采用 CLBO 晶体,Ⅱ类倍频转换效率最大时 d 应取为 0.99,在晶体长度为 5mm 时,平顶高斯光束达到的最大转换效率为 91.5%,高于高斯光束的最大效率 78.8%.

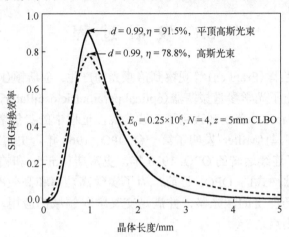

图 4-20　Ⅱ类倍频转换效率与 d 的关系曲线

思考题与习题

(1) 在角度相位匹配中，描述正单轴和负单轴晶体的Ⅰ类、Ⅱ类相位匹配时的偏振条件, 以及对应的相位匹配条件.

(2) 在光混频的和频和差频中，描述二者的频率下转换和上转换过程.

(3) 在平面波和稳态条件下，推导倍频和混频的转换效率解.

(4) 当高斯光束和平顶高斯光束分别入射非线性光学晶体时,描述产生的二次谐波的波形变化及物理意义.

第 5 章　光参量激光器

5.1　发　展　过　程

1961 年，弗兰肯(Franken)等观察到倍频光的产生. 金斯顿(Kingston)和克罗尔 (Kroll)等分别提出了光学参量振荡器(optical parametric oscillator，OPO). 1965 年，Wang 和雷斯脱(Racette)首次观察到了三波非线性过程中的参量增益. 1965 年，乔特迈(Giordmine)和密勒(Miller)发明了第一台 OPO. 1968 年，史密斯(Smith) 和拜尔(Byer)成功研制了连续运转的 OPO. 1970 年，史密斯(Smith)和帕克(Parker)等成功研制了连续式和脉冲式的 OPO. 目前，为了实现高功率和高效率输出、宽带可调谐、窄线宽和轻巧便携的激光器，并满足交叉学科领域的应用，光参量激光器已成为人们研究的热点之一.

在非线性介质中，频率为 ω_1、ω_2 和 ω_3 的三个光频场通过参量相互作用交换能量和动量. 在某一给定条件下，为了说明三个光频场在光学参量相互作用下是如何发生的，以及光学参量相互作用的形式，就需要分析相互作用过程中三个光频场之间的能量和动量守恒.

5.2　光参量激光器的基本原理

5.2.1　光参量发生

一束频率为 ω_3 的泵浦光在非线性晶体中传播时，由于其二次非线性极化效应产生两束新的光波成分，如频率为 ω_1 的信号光和频率为 ω_2 的闲频光，此过程称为光参量发生. 初始状态时没有频率为 ω_1 和 ω_2 的光波成分，此时泵浦光强度很高，随着泵浦光 ω_3 在非线性晶体中传播时光参量发生过程持续进行，泵浦光的能量不断耦合到新产生的光波成分中. 光参量发生过程的实质是光子在非线性晶体中的湮灭-产生过程. 在光参量发生过程中，每湮灭一个高频光子 ω_3，就会同时产生两个低频光子 ω_1 和 ω_2，并且两个低频光可以在此过程中获得增益. 而光参量发生过程的增益是通过各光波在非线性晶体中的能量耦合来提供，泵浦光 ω_3 的能量通过三个光波之间的耦合作用，将能量转换给信号光 ω_1 和闲频光 ω_2. 三个不同频率的光子必然要满足能量守恒条件 $\omega_3 = \omega_1 + \omega_2$，同时满足相互作用中的动量守恒条件 $k_3 = k_1 + k_2$，通常把动量守恒条件又称为相位匹配条件. 光参量发生的原理图如图 5-1 所示.

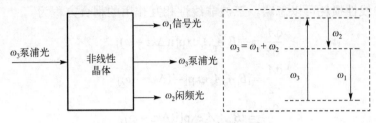

图 5-1　光参量发生原理图

5.2.2　光参量放大

在光学差频过程中，频率为 ω_p 的泵浦光的能量转移到频率为 ω_s 的信号光，并使之放大，同时产生频率为 ω_i 的闲频光，这种过程称光参量放大，其基本原理如图 5-2 所示.

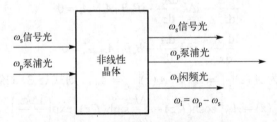

图 5-2　光参量放大原理图

在光参量放大过程中，其实质是产生差频光波的混频过程. 混频过程中的差频过程是每湮灭一个高频光子，同时产生两个低频光子. 在此过程中这两个低频光子获得增益，因此可以作为这两个低频光中的一个光波的放大器. 如果将一个强的高频光 ω_p (假设为泵浦光) 和一个弱的低频光 ω_s (假设为信号光) 同时入射到非线性光学晶体，则可以产生差频光 ω_i (称为闲频光)，而此时弱的信号光被放大了. 当泵浦光、信号光和闲频光多次通过非线性光学晶体发生三波耦合相互作用时，信号光和闲频光得到了多次放大.

在激光器中，增益是由激光介质中的原子、分子或离子在激光上下能级之间通过粒子反转数产生的，而在光参量激光器中，增益则是由非线性介质中各光频场之间的相互耦合作用而产生的. 在非线性介质中，我们首先讨论分析三波为单色平面波，其在传播过程中三波相互作用耦合产生光参量增益.

假设每一个均匀单色平面波表示为

$$E_n(z,t) = \frac{1}{2} A_n(z) \exp[i(k_n z - \omega_n t + \varphi_n)] + \text{c.c.} \quad (n = \text{s,i,p}) \tag{5.1}$$

非线性光学原理及应用

式中，$n = \mathrm{s}, \mathrm{i}, \mathrm{p}$ 分别代表信号光 ω_s、闲频光 ω_i 和泵浦光 ω_p，φ_n 代表初相位. 假设非线性介质中线性损耗可以忽略，三波非线性相互作用的耦合方程为

$$\frac{\mathrm{d}A_\mathrm{s}^*}{\mathrm{d}z} = -\mathrm{i}B_\mathrm{s} A_\mathrm{p}^* A_\mathrm{i} \exp[\mathrm{i}(\Delta kz + \varphi)] \tag{5.2a}$$

$$\frac{\mathrm{d}A_\mathrm{i}}{\mathrm{d}z} = \mathrm{i}B_\mathrm{i} A_\mathrm{p} A_\mathrm{s}^* \exp[-\mathrm{i}(\Delta kz + \varphi)] \tag{5.2b}$$

$$\frac{\mathrm{d}A_\mathrm{p}}{\mathrm{d}z} = \mathrm{i}B_\mathrm{p} A_\mathrm{s} A_\mathrm{i} \exp[\mathrm{i}(\Delta kz + \varphi)] \tag{5.2c}$$

式中，$B_n = \dfrac{\omega_n}{2n_n c}\chi_{\mathrm{eff}}$，$\Delta k = k_\mathrm{s} + k_\mathrm{i} - k_\mathrm{p}$，$\varphi = \varphi_\mathrm{s} + \varphi_\mathrm{i} - \varphi_\mathrm{p}$.

假设小信号增益，则 A_p 为常数. 在式 (5.2) 中只剩式 (5.2a) 和式 (5.2b). 在式 (5.2a) 和式 (5.2b) 中对 z 微分，除了 A_p 为常数外，对 A_s、A_i 指数中含有 z 的项均微分并整理得到

$$\frac{\mathrm{d}^2 A_\mathrm{s}}{\mathrm{d}z^2} - \mathrm{i}\Delta k \frac{\mathrm{d}A_\mathrm{s}^*}{\mathrm{d}z} - \mathrm{i}B_\mathrm{s} B_\mathrm{i} \left|A_\mathrm{p}\right|^2 A_\mathrm{s}^* = 0 \tag{5.3a}$$

$$\frac{\mathrm{d}^2 A_\mathrm{i}}{\mathrm{d}z^2} + \mathrm{i}\Delta k \frac{\mathrm{d}A_\mathrm{i}}{\mathrm{d}z} - B_\mathrm{s} B_\mathrm{i} \left|A_\mathrm{p}\right|^2 A_\mathrm{i} = 0 \tag{5.3b}$$

假设边界条件为 $A_\mathrm{s}(z)\big|_{z=0} = A_\mathrm{s0}$，$A_\mathrm{i}(z)\big|_{z=0} = A_\mathrm{i0}$，则式 (5.3) 的解为

$$\begin{aligned}
A_\mathrm{s}^*(z) = {} & A_\mathrm{s0}\left[\cosh(\Gamma z) - \frac{\mathrm{i}\Delta k}{2\Gamma}\sinh(\Gamma z)\right]\exp\left(\frac{\mathrm{i}\Delta kz}{2}\right) \\
& + A_\mathrm{i0}\left(-\frac{\mathrm{i}B_\mathrm{s} A_\mathrm{p}^*}{\Gamma}\right)\sinh(\Gamma z) \cdot \exp\left[\mathrm{i}\left(\frac{\Delta kz}{2} + \varphi\right)\right]
\end{aligned} \tag{5.4a}$$

$$\begin{aligned}
A_\mathrm{i}(z) = {} & A_\mathrm{i0}\left[\cosh(\Gamma z) + \frac{\mathrm{i}\Delta k}{2\Gamma}\sinh(\Gamma z)\right]\exp\left(\frac{-\mathrm{i}\Delta kz}{2}\right) \\
& + A_\mathrm{s0}\left(\frac{\mathrm{i}B_\mathrm{i} A_\mathrm{p}}{\Gamma}\right)\sinh(\Gamma z) \cdot \exp\left(-\frac{\mathrm{i}\Delta kz}{2} - \mathrm{i}\varphi\right)
\end{aligned} \tag{5.4b}$$

式中，$\Gamma^2 = \Gamma_0^2 - \left(\dfrac{\Delta k}{2}\right)^2$，$\Gamma_0^2 = B_\mathrm{s} B_\mathrm{i}\left|A_\mathrm{p}\right|^2$，$\Gamma$ 为增益系数，Γ_0 是 $\Delta k = 0$ 时的增益系数. 式 (5.4) 改写为

$$\begin{aligned}
A_\mathrm{s}^*(z) = {} & A_\mathrm{s0}\left[1 + \frac{\Gamma_0^2}{\Gamma^2}\sinh^2(\Gamma z)\right]^{\frac{1}{2}}\exp\left[\mathrm{i}\left(\frac{\Delta kz}{2} - \frac{\pi}{2} + \varphi_\mathrm{m}\right)\right] \\
& + A_\mathrm{i0}\left(\frac{B_\mathrm{s} A_\mathrm{p}^*}{\Gamma}\right)\sinh(\Gamma z) \cdot \exp\left[\mathrm{i}\left(\frac{\Delta kz}{2} - \frac{\pi}{2} + \varphi\right)\right]
\end{aligned} \tag{5.5a}$$

$$A_i(z) = A_{i0} \left[1 + \frac{\Gamma_0^2}{\Gamma^2} \sinh^2(\Gamma z) \right]^{\frac{1}{2}} \exp\left[i\left(-\frac{\Delta k z}{2} + \frac{\pi}{2} - \varphi_m \right) \right]$$

$$+ A_{s0} \left(\frac{B_i A_p}{\Gamma} \right) \sinh(\Gamma z) \cdot \exp\left(-\frac{\Delta k z}{2} + \frac{\pi}{2} - \varphi \right) \tag{5.5b}$$

式中

$$\varphi_m = \arctan\left[\frac{2\Gamma}{\Delta k \operatorname{th}(\Gamma z)} \right] \tag{5.5c}$$

由式 (5.5) 可知，当 $\varphi = \varphi_m$ 时，信号光和闲频光的输出功率最大. 当 $A_{i0} = 0$ 时，式 (5.5a) 可以得到信号波的功率增益 G_s 为

$$G_s = \frac{|A_s(L)|^2}{|A_{s0}|^2} = 1 + \left(\frac{\Gamma_0}{\Gamma} \right)^2 \sinh^2(\Gamma L) = 1 + \left(\frac{\Gamma_0}{\Gamma} \right)^2 \sinh^2\left\{ \left[\Gamma_0^2 - \left(\frac{\Delta k}{2} \right)^2 \right]^{\frac{1}{2}} \cdot L \right\} \tag{5.6}$$

式中，L 为非线性介质长度.

由式 (5.6) 可知，当 $\Gamma_0 < \left(\dfrac{\Delta k}{2} \right)^2$ 时，即 $\Delta k \neq 0$ 时，为低增益；$\Delta k = 0$ 时，光参量放大的信号增益最大值为

$$G_{sm} = \sinh^2(\Gamma_0 L)$$

5.2.3 光参量振荡

由 5.2.2 节的讨论可知，在非线性光学晶体中，当泵浦光与信号光和闲频光相互耦合作用时，信号光和闲频光获得增益. 如果将非线性光学晶体放在光学谐振腔内，当泵浦光作用于该晶体后增益大于损耗时，在谐振腔内就会产生光参量振荡. 为了使能量转换效率提高，可以把非线性晶体置于一谐振腔内，当泵浦光 ω_p 入射非线性光学晶体，且泵浦光的能量超过某一阈值时，即参量相互作用的增益超过腔内损耗，信号光 ω_s 和闲频光 ω_i 同时在腔内产生谐振，此时 ω_s 和 ω_i 在谐振腔内建立起振荡. 振荡的阈值对应于参量增益与 ω_s、ω_i 在腔内能量损耗相平衡时泵浦光的光强. 光参量振荡又分为双共振光参量振荡 (double-resonator oscillation, DRO) 和单共振光参量振荡 (single-resonator oscillation, SRO). 双共振光参量振荡原理图如图 5-3 所示.

光参量振荡实际上是产生混频光波的差频过程. 在差频过程中，每湮灭一个高频光子，同时要产生两个低频光子. 光参

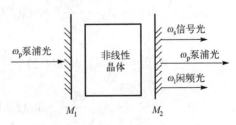

图 5-3 双共振光参量振荡原理图

量振荡中的 DRO 是同时对信号光和闲频光共振，而 SRO 是对其中一个参量光频率振荡，也就是说对信号光或闲频光中的一个光波发生共振. 在 OPO 中，当增益大于损耗时，谐振腔内才会产生参量光振荡，其原理图如图 5-4 所示.

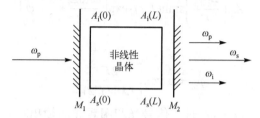

图 5-4　参量光振荡原理图

假设当增益达到振荡阈值时，信号光和闲频光在腔内循环一周时仍保持原来的数值表示为

$$r_s A_s^*(L) \cdot \exp(-ik_s L) = A_s(0) \tag{5.7a}$$

$$r_i A_i(L) \cdot \exp(ik_i L) = A_i(0) \tag{5.7b}$$

式中，$A_s(0)$ 和 $A_i(0)$ 分别表示信号光和闲频光在非线性晶体输入端处的幅度；$A_s(L)$ 和 $A_i(L)$ 分别为信号光和闲频光在非线性晶体输出端处的幅度. r_s 和 r_i 分别为信号光和闲频光从非线性晶体输出面通过光学谐振腔，经过反射镜 M_1、M_2 反射后再回到晶体输入面处的复传输系数（其中包括了反射镜的损耗和腔内损耗）

$$r_s = R_s \cdot \exp[i(\varphi_s + k_s L)] \tag{5.8a}$$

$$r_i = R_i \cdot \exp[i(\varphi_i - k_i L)] \tag{5.8b}$$

式中，φ_s 和 φ_i 分别为没用泵浦光的情况下，信号光场和闲频光场循环一周的相位移. 将式 (5.5a)、式 (5.5b) 代入式 (5.7a) 和式 (5.7b) 中，并令 $z = L$，我们得到一组关于 $A_s(0)$ 和 $A_i(0)$ 的线性代数方程组

$$
\begin{aligned}
A_s(0) = r_s \cdot \Bigg\{ & A_{s0} \left[\cosh(\Gamma L) - \frac{i\Delta k}{2\Gamma} \sinh(\Gamma L) \right] \cdot \exp\left(\frac{i\Delta k L}{2} \right) \\
& + A_{i0} \left(-\frac{iB_s A_p^*}{\Gamma} \right) \sinh(\Gamma L) \cdot \exp\left[i\left(\frac{\Delta k L}{2} + \varphi \right) \right] \Bigg\} \cdot \exp(-ik_s L)
\end{aligned}
\tag{5.9a}
$$

$$
\begin{aligned}
A_i(0) = r_i \cdot \Bigg\{ & A_{i0} \left[\cosh(\Gamma L) + \frac{i\Delta k}{2\Gamma} \sinh(\Gamma L) \right] \cdot \exp\left(-\frac{i\Delta k L}{2} \right) \\
& + A_{s0} \left(\frac{iB_i A_p}{\Gamma} \right) \sinh(\Gamma L) \cdot \exp\left[i\left(-\frac{\Delta k L}{2} - \varphi \right) \right] \Bigg\} \cdot \exp(ik_i L)
\end{aligned}
\tag{5.9b}
$$

式 (5.9a) 和式 (5.9b) 有解的条件是其系数行列式为零，整理得到

$$1+R_{\mathrm{i}}R_{\mathrm{s}}\cdot\exp[\mathrm{i}(\varphi_{\mathrm{s}}+\varphi_{\mathrm{i}})]+\mathrm{i}\left[1+\frac{\Gamma_0^2}{\Gamma^2}\sinh^2(\Gamma L)\right]^{\frac{1}{2}}\left\{R_{\mathrm{s}}\cdot\exp\mathrm{i}\left(\varphi_{\mathrm{s}}+\frac{\Delta kL}{2}+\varphi_{\mathrm{m}}\right)\right.$$
$$\left.-R_{\mathrm{i}}\cdot\exp\left[\mathrm{i}\left(\varphi_{\mathrm{i}}-\frac{\Delta kL}{2}-\varphi_{\mathrm{m}}\right)\right]\right\}=0 \tag{5.10}$$

将式(5.10)的实部和虚部分开后的两个方程分别为

$$1+R_{\mathrm{i}}R_{\mathrm{s}}\cos(\varphi_{\mathrm{s}}+\varphi_{\mathrm{i}})-\left[1+\frac{\Gamma_0^2}{\Gamma^2}\sinh^2(\Gamma L)\right]^{\frac{1}{2}}\left[R_{\mathrm{s}}\cdot\sin\left(\varphi_{\mathrm{s}}+\frac{\Delta kL}{2}+\varphi_{\mathrm{m}}\right)\right.$$
$$\left.-R_{\mathrm{i}}\cdot\sin\left(\varphi_{\mathrm{i}}-\frac{\Delta kL}{2}-\varphi_{\mathrm{m}}\right)\right]=0 \tag{5.11a}$$

$$R_{\mathrm{i}}R_{\mathrm{s}}\sin(\varphi_{\mathrm{s}}+\varphi_{\mathrm{i}})+\left[1+\frac{\Gamma_0^2}{\Gamma^2}\sinh^2(\Gamma L)\right]^{\frac{1}{2}}\left[R_{\mathrm{s}}\cdot\cos\left(\varphi_{\mathrm{s}}+\frac{\Delta kL}{2}+\varphi_{\mathrm{m}}\right)\right.$$
$$\left.-R_{\mathrm{i}}\cdot\sin\left(\varphi_{\mathrm{i}}-\frac{\Delta kL}{2}-\varphi_{\mathrm{m}}\right)\right]=0 \tag{5.11b}$$

1. 单共振光参量振荡

这里假设 $R_{\mathrm{i}}=0$，由式(5.11)得到 SRO 的阈值条件为

$$R_{\mathrm{s}}\left[1+\frac{\Gamma_0^2}{\Gamma^2}\sinh^2(\Gamma L)\right]^{\frac{1}{2}}=1 \tag{5.12a}$$

$$\varphi_{\mathrm{s}}+\frac{\Delta kL}{2}+\varphi_{\mathrm{m}}=\frac{\pi}{2}+2q\pi \tag{5.12b}$$

式(5.12)中的 q 为整数. 在完全相位匹配($\Delta k=0$)时，我们假设 SRO，有 $\Gamma=\Gamma_0$，结合式(5.5c)得到 $\varphi_{\mathrm{m}}=\frac{\pi}{2}$，在阈值处可认为有 $\Gamma_0 L\ll 1$，由式(5.12a)和 SRO 的阈值条件简化为

$$(\Gamma_0 L)_{\mathrm{th}}^2=\frac{1-R_{\mathrm{s}}^2}{R_{\mathrm{s}}^2} \tag{5.13a}$$

由式(5.12b)很容易得到无泵浦光时信号光循环一周的相位移为

$$\varphi_{\mathrm{s}}=2q\pi \tag{5.13b}$$

当 $\Delta k\neq 0$，$\frac{\Delta k}{2}\gg\Gamma_0$ 和 $\Gamma\cong\frac{\mathrm{i}\Delta k}{2}$ 时，由式(5.5c)中的 $\varphi_{\mathrm{m}}=\arctan\left[\dfrac{2\Gamma}{\Delta k\cdot\mathrm{th}(\Gamma z)}\right]$ 得到

$\dfrac{\Delta k L}{2} + \varphi_{\mathrm{m}} = \dfrac{\pi}{2}$，于是由式(5.12a)和式(5.12b)得到 SRO 的阈值条件为

$$(\Gamma_0 L)^2_{\mathrm{th}} = \frac{1-R_{\mathrm{s}}^2}{R_{\mathrm{s}}^2}\left[\sin^2\left(\frac{\Delta k L}{2}\right)\right]^{-1} \tag{5.14a}$$

$$\varphi_{\mathrm{s}} = 2q\pi \tag{5.14b}$$

式(5.14a)和式(5.14b)分别表示在谐振腔内对信号光共振发生的阈值和相位.

2. 双共振光参量振荡

讨论信号光和闲频光同时在 OPO 内共振情况，即 $\varphi_{\mathrm{i}} = 2p\pi, \varphi_{\mathrm{s}} = 2q\pi$ (p、q 为整数).
这里由式(5.11a)和式(5.11b)出现，当 $\Delta k = 0$ 时，DRO 阈值条件为

$$(\Gamma_0 L)^2_{\mathrm{th}} = \frac{(1-R_{\mathrm{i}}^2)(1-R_{\mathrm{s}}^2)}{(R_{\mathrm{i}} + R_{\mathrm{s}})^2} \tag{5.15a}$$

当 $\Delta k \neq 0$ 时，由式(5.11)得到 DRO 阈值条件为

$$(\Gamma_0 L)^2_{\mathrm{th}} = \frac{(1-R_{\mathrm{i}}^2)(1-R_{\mathrm{s}}^2)}{(R_{\mathrm{i}} + R_{\mathrm{s}})^2}\left(\sin^2\frac{\Delta k L}{2}\right)^{-1} \tag{5.15b}$$

比较式(5.14a)和式(5.15)可以看出，当 R_{i} 和 R_{s} 接近于 1 时，DRO 的阈值比 SRO 的阈值要低很多. 根据式(5.14a)和式(5.15)可以求得阈值泵浦功率密度 I_{pth} 为

$$I_{\mathrm{pth}} = \frac{1}{2}nc\varepsilon_0 |A_0|^2 = \frac{1}{2}\frac{nc\varepsilon_0}{B_\varepsilon B_{\mathrm{i}} L^2}(\Gamma_0 L)^2_{\mathrm{th}} \tag{5.16}$$

5.3 转 换 效 率

在稳态和小信号平面波情况下，本节分别讨论光参量振荡的双共振和单共振时的转换效率.

5.3.1 双共振光参量振荡的转换效率

假设双共振腔对信号光和闲频光都具有高的 Q 值，即腔内损耗低，达到稳态后，有 $\dfrac{\mathrm{d}A_{\mathrm{i}}}{\mathrm{d}z} \doteq \dfrac{\mathrm{d}A_{\mathrm{s}}}{\mathrm{d}z} \doteq 0$. 于是在三波耦合波方程中，只剩下泵浦光场的方程. 在分析讨论中，我们必须分别考虑泵浦光的前后向传播方程. 前后向传播的泵浦光场分别以 A_{p}^+、A_{p}^- 表示

$$\frac{\mathrm{d}A_{\mathrm{p}}^+}{\mathrm{d}z} = \mathrm{i}B_{\mathrm{p}}A_{\mathrm{i}0}A_{\mathrm{s}0} \cdot \exp[\mathrm{i}(\Delta k z + \varphi_+)] \tag{5.17a}$$

$$\frac{\mathrm{d}A_{\mathrm{p}}^{-}}{\mathrm{d}z} = -\mathrm{i}B_{\mathrm{p}}A_{i0}A_{s0} \cdot \exp[-\mathrm{i}(\Delta kz - \varphi_{-})] \tag{5.17b}$$

式中，$\varphi_{+} = \varphi_{s+} + \varphi_{i+} - \varphi_{p+}$ 为前向波的初相位；$\varphi_{-} = \varphi_{s-} + \varphi_{i-} - \varphi_{p-}$ 为后向波的初相位. 在式 (5.17) 中近似认为前后向信号光与闲频光的幅度是相等的，即有 $A_{s+} = A_{s-}$, $A_{i+} = A_{i-}$，并且在小信号条件下与 z 无关. 式 (5.17a) 描述了泵浦光转换为信号光和闲频光的物理过程，又称差频过程. 式 (5.17b) 描述了信号光、闲频光混频后产生泵浦光的和频过程，或称为逆转换光波过程，显然逆转换产生光波的过程降低了转换效率. 对式 (5.17a) 积分得到

$$A_{\mathrm{p}}^{+} = A_{\mathrm{p}0} + \mathrm{i}B_{\mathrm{p}}A_{i0}A_{s0} \cdot L \cdot \sin\left(\frac{\Delta kL}{2}\right)\exp\left[\mathrm{i}\left(\frac{\Delta kL}{2} + \varphi_{+}\right)\right] \tag{5.18}$$

式中，$A_{\mathrm{p}0}$ 为输入非线性晶体的泵浦光的幅度，$A_{\mathrm{p}}^{+}(L)$ 为经过 L 晶体输出端面上的前向泵浦光场幅度.

由式 (5.18) 可知，当 $\dfrac{\Delta kL}{2} + \varphi_{+} = \dfrac{\pi}{2}$ 时，泵浦光转换为信号光和闲频光的效率最大. 此时

$$A_{\mathrm{p}}^{+}(L) = A_{\mathrm{p}0} - B_{\mathrm{p}}A_{i0}A_{s0} \cdot L \cdot \sin\left(\frac{\Delta kL}{2}\right) \tag{5.19}$$

对式 (5.17b) 积分，并假定 $A_{\mathrm{p}}^{-}(L) = 0$ 可得

$$A_{\mathrm{p}}^{-}(0) = \mathrm{i}B_{\mathrm{p}}A_{i0}A_{s0} \cdot L \cdot \sin\left(\frac{\Delta kL}{2}\right) \cdot \exp\left[-\mathrm{i}\left(\frac{\Delta kL}{2} - \varphi_{-}\right)\right] \tag{5.20}$$

根据曼利-罗关系，在非线性光学晶体中的非线性相互作用过程中，产生的信号光光子数等于产生的闲频光光子数，考虑到稳态和忽略其他损耗条件，其信号光输出功率与闲频光输出功率之比 $\dfrac{\omega_{\mathrm{s}}}{\omega_{\mathrm{i}}}$ 为

$$\frac{\omega_{\mathrm{s}}}{\omega_{\mathrm{i}}} = \frac{n_{\mathrm{s}}}{n_{\mathrm{i}}}\frac{|S_{s0}|^2}{|S_{i0}|^2} \cdot \frac{1 - R_{\mathrm{s}}^2}{1 - R_{\mathrm{i}}^2} \tag{5.21}$$

再由三波间的能量守恒得到

$$n_{\mathrm{p}}\left(\left|A_{\mathrm{p}0}\right|^2 - \left|A_{\mathrm{p}}^{+}(L)\right|^2 - \left|A_{\mathrm{p}}^{-}(0)\right|^2\right) = (1 - R_{\mathrm{s}}^2)n_{\mathrm{s}}\left|A_{s0}\right|^2 + (1 - R_{\mathrm{i}}^2)n_{\mathrm{i}}\left|A_{i0}\right|^2 \tag{5.22}$$

并将 DRO 的阈值条件式 (5.15) 改写为

$$\left|A_{\mathrm{p}0}\right|_{\mathrm{th}}^2 = \frac{1}{B_{\mathrm{i}}B_{\mathrm{s}}L^2}\frac{(1 - R_{\mathrm{i}}^2)(1 - R_{\mathrm{s}}^2)}{(R_{\mathrm{i}} + R_{\mathrm{s}})^2}\left(\sin^2\frac{\Delta kL}{2}\right)^{-1} \tag{5.23}$$

由式(5.19)～式(5.23)可以求得 DRO 的量子效率 η 为

$$\eta = \left(\frac{I_s}{W_s}\right)\bigg/\left(\frac{I_{p0}}{W_p}\right) = -\frac{1}{\sqrt{N}}(R_i + R_s) - \frac{1}{2N}(R_i + R_s)^2 \tag{5.24}$$

式中，$I_s = \frac{1}{2}\varepsilon_0 n_s c(1-R_s^2)|A_{s0}|^2$ 为输出信号光的功率密度，N 为泵浦光超阈值倍数

$$N = \frac{|A_{p0}|^2}{|A_{p0}|^2_{\text{th}}} \tag{5.25}$$

当 R_i、R_s 接近于 1 时，式(5.24)可以近似为

$$\eta = \frac{2}{N}\left(\sqrt{N}-1\right) \tag{5.26}$$

式(5.24)中的转换效率可以写为

$$\eta = \frac{I_s + I_i}{I_{p0}} \tag{5.27}$$

式中，I_s 和 I_i 分别为信号光与闲频光的输出功率密度. 式(5.27)所定义的 η 与式(5.24)所定义的 η 是相等的.

由式(5.26)转换效率可得，当 $N = 4$ 时，转换效率获得最大值为 η_{max}. 我们选取非线性光学晶体 CLBO 为例，分析讨论 DRO 的转换效率. 根据 DRO 的振荡阈值式(5.23)，在 I 类和 II 类相位匹配和平面波近似条件下，结合有效非线性系数式(2.72)和式(2.73)，以及式(5.25)和式(5.26)进行数值模拟计算，得到 CLBO 晶体 DRO 的转换效率随泵浦强度、晶体长度、信号光波长的变化关系，分别如图 5-5、图 5-6 和图 5-7 所示.

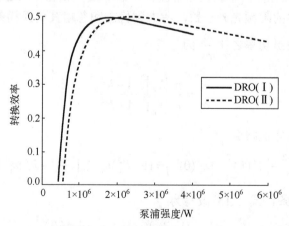

图 5-5　CLBO 晶体平面波双共振 I 类和 II 类相位匹配转换效率与泵浦强度的关系

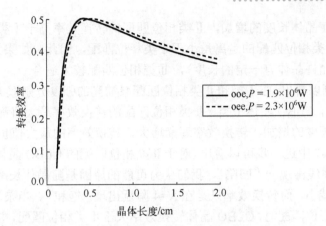

图 5-6　CLBO 晶体平面波双共振Ⅰ类和Ⅱ类相位匹配转换效率与晶体长度的关系

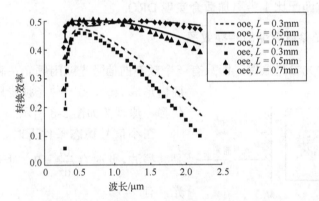

图 5-7　CLBO 晶体平面波双共振Ⅰ类和Ⅱ类相位匹配转换效率与信号光波长的关系

从图 5-5 可以看出，当达到一定的泵浦强度时，参量光开始获得输出，随着泵浦强度的增大，转换效率迅速增加，在泵浦光强度达到阈值的 4 倍时，转换效率达到 $\eta = 50\%$ 时开始"饱和"，此后随着泵浦光强度的进一步增加，转换效率开始下降. 当泵浦强度较小时，CLBO 晶体Ⅰ类相位匹配的转换效率大于Ⅱ类相位匹配的转换效率，首先达到"饱和". 此后，Ⅱ类相位匹配的转换效率开始增加，并超过Ⅰ类相位匹配. 在Ⅱ类相位匹配时，转换效率曲线中的平滑部分明显宽于Ⅰ类相位匹配时的转换效率. 因此我们认为，如果泵浦光的强度较大，Ⅱ类相位匹配较Ⅰ类相位匹配更加适合. 从图 5-6 可以看出，在Ⅰ类相位匹配时，泵浦光的强度取 $P=1.9\times10^{6}\mathrm{W}$；在Ⅱ类相位匹配时，取 $P=2.3\times10^{6}\mathrm{W}$，晶体长度较短时，随晶体长度的增加，转换效率开始增加，但很快达到"饱和"，因此，认为增加晶体长度来提高转换效率是不可取的，同时，由于非线性晶体中走离角和超短脉冲群速失配的影响，晶体长度也不可太长. 当晶体较短时，Ⅱ类相位匹配的转换效率和Ⅰ类相位匹配时相差不多，但随晶体长度的增加，Ⅱ类相位匹配的转换效率高于Ⅰ类相位匹配，并且 CLBO 的Ⅱ类相位匹配的走离角小于Ⅰ类相位匹配，因此，如果为长脉冲(即群速失配较小，允许晶体有一定的长度)，Ⅱ类相位匹配较为适合.

从图 5-7 可以看出，在Ⅰ类和Ⅱ类相位匹配泵浦光的强度分别取 $P=1.9\times10^6$W 和 $P=2.3\times10^6$W 时，CLBO 晶体Ⅰ类、Ⅱ类相位匹配的转换效率最大值都出现在简并点附近，随晶体长度的增加，转换效率逐渐增大，转换效率的最大值也逐渐出现于短波波段. 从图 5-7 中进一步可以看出，对于Ⅱ类相位匹配的 CLBO 晶体长度 $L=0.7$cm 时，转换效率曲线出现一 "凹陷"，我们认为可能的原因是随晶体长度的增加，阈值泵浦光的强度减小，而转换效率只是在 $N=4$ 附近出现 "饱和". 当泵浦强度较大时，我们发现Ⅱ类相位匹配时，CLBO 晶体转换效率大于Ⅰ类相位匹配，并且当 $L=0.5$cm 时，在简并点附近很宽的范围内，转换效率曲线较平滑. 因此，如果泵浦光的强度较大，Ⅱ类相位匹配比Ⅰ类更加适合实现 DRO.

5.3.2 单共振光参量振荡的转换效率

所谓单共振光参量振荡，即只有一个频率的信号光或闲频光在腔镜处被反射回腔内形成振荡，另一种光频波只在一个方向上传播，原理图如图 5-8 所示.

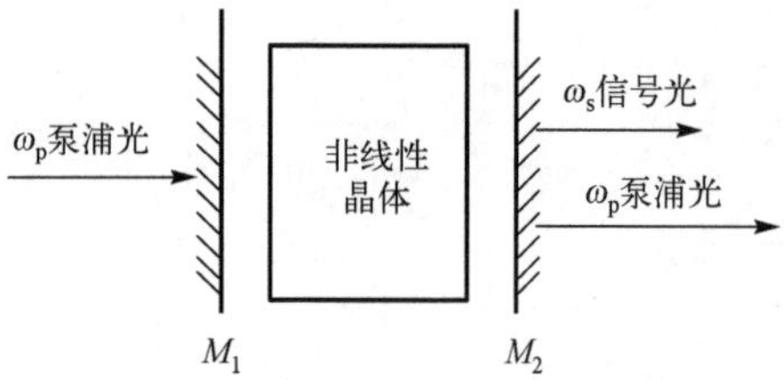

图 5-8 单共振光参量振荡原理图

在小信号稳态条件下时，假设信号波 ω_s 是共振波，此时有 $\dfrac{\mathrm{d}A_s}{\mathrm{d}z}=0$. 对于闲频光和泵浦光，有

$$\frac{\mathrm{d}A_i}{\mathrm{d}z}=\mathrm{i}B_iA_{s0}A_p\cdot\exp[-\mathrm{i}(\Delta kz+\varphi)] \tag{5.28a}$$

$$\frac{\mathrm{d}A_p}{\mathrm{d}z}=\mathrm{i}B_pA_{s0}A_i\cdot\exp[\mathrm{i}(\Delta kz+\varphi)] \tag{5.28b}$$

假设边界条件为 $A_i(0)=0,A_p(0)\doteq A_{p0}$，则式 (5.28a) 和式 (5.28b) 的解为

$$A_i(i)=\mathrm{i}A_{p0}\frac{B_iA_{s0}}{\varGamma'}\cdot\sin(\varGamma'z)\cdot\exp\left[-\mathrm{i}\left(\frac{\Delta kz}{2}\right)+\varphi\right] \tag{5.28c}$$

$$A_p(i)=A_{p0}\left[\cos(\varGamma'z)-\frac{\mathrm{i}\Delta k}{2\varGamma'}\cdot\sin(\varGamma'z)\right]\cdot\exp\left[\mathrm{i}\left(\frac{\Delta kz}{2}\right)\right] \tag{5.28d}$$

式中

$$\varGamma'^2=\varGamma_0'^2+\left(\frac{\Delta k}{2}\right)^2 \tag{5.29a}$$

$$\Gamma_0'^2 = B_i B_p \left| A_{s0} \right|^2 \tag{5.29b}$$

式 (5.28c) 和式 (5.28d) 可写为

$$\left| A_i(z) \right|^2 = \left| A_{p0} \right|^2 \cdot \left(\frac{\omega_i n_p}{\omega_p n_i} \right) \frac{\Gamma_0'^2}{\Gamma'^2} \cdot \sin^2 \left(\Gamma' z \right) \tag{5.30a}$$

$$\left| A_p(z) \right|^2 = \left| A_{p0} \right|^2 \left[\cos^2 \left(\Gamma' z \right) + \left(\frac{\Delta k}{2\Gamma'} \right)^2 \sin^2 \left(\Gamma' z \right) \right] \tag{5.30b}$$

由式 (5.30a) 可以得到转换效率 η 为

$$\eta = \left(\frac{I_i}{W_i} \right) \Bigg/ \left(\frac{I_{p0}}{W_p} \right) = \frac{n_i \omega_p}{n_p \omega_i} \cdot \frac{\left| A_i(L) \right|^2}{\left| A_{p0} \right|^2} = \left(\Gamma_0' L \right)^2 \cdot \mathrm{sinc}^2 \left(\Gamma' L \right) \tag{5.31}$$

由式 (5.31) 可知，$\Delta k = 0 (\Gamma' = \Gamma_0')$ 时，$\Gamma_0' L = \dfrac{\pi}{2}, \eta = 100\%$.

在非线性光学介质中，根据曼利–罗关系，信号光所增加的光子数与闲频光增加的光子数相等，由此得到

$$\frac{n_s}{\omega_s} (1 - R_s^2) \left| A_s(L) \right|^2 = \frac{n_i}{\omega_i} \left| A_i(L) \right|^2 \tag{5.32}$$

由式 (5.30)，并考虑到 $\left| A_s(L) \right|^2 R^2 = \left| A_{s0} \right|^2$，可以得到

$$B_i B_s \left| A_{p0} \right|^2 L^2 \cdot \sin \left(\Gamma_0' L \right) = \frac{1 - R_s^2}{R_s^2} \tag{5.33}$$

当 $\Delta k = 0$ 时，SRO 的阈值式 (5.13a) 改写为

$$\left. \left| A_{p0} \right|^2 \right|_{\mathrm{th}} = \frac{1}{B_i B_s L^2} \frac{1 - R_s^2}{R_s^2} \tag{5.34}$$

由式 (5.33) 和式 (5.34) 可以得到泵浦光超阈值倍数

$$N = \frac{\left| A_{p0} \right|^2}{\left| A_{p0} \right|^2_{\mathrm{th}}} = \left[\sinh \left(\Gamma_0' L \right) \right]^{-1} \tag{5.35}$$

故 SRO 转换效率为最大值时，满足 $\Gamma_0' L = \dfrac{\pi}{2}$，所要求的泵浦光功率应为

$$I_{\text{pom}} = \left(\frac{\pi}{2}\right)^2 \cdot I_{\text{poth}} \tag{5.36}$$

以上的讨论都是假定平面波的情况，而在实际应用中的泵浦光、信号光和闲频光的空间分布为高斯光束型，所以往往实验结果与平面波条件下推导的理论结果不能很好地吻合. 如果将平面波的结果推广到高斯型分布的光束，当非线性晶体的长度 $L \ll b$（高斯光束的共焦参量）时，高斯型泵浦光束的光强分布为

$$I_{\text{p}}(r) = I_{\text{p0}} \exp\left(-\frac{2r^2}{W_0^2}\right) \tag{5.37}$$

把整个光强分布分成不同的等光强部分，每一部分便可以看成一个独立的均匀平面波.

而对于 DRO，利用式 (5.26)，我们可以求得双共振光参量振荡的转换效率为

$$\eta = \frac{\displaystyle\int_0^{r_c} \frac{2}{N(r)}\left(\sqrt{N(r)}-1\right)I_{\text{p0}}\exp\left(-\frac{2r^2}{W_0^2}\right)\cdot 2\pi r\,\mathrm{d}r}{\displaystyle\int_0^{\infty} I_{\text{p0}}\exp\left(-\frac{2r^2}{W_0^2}\right)\cdot 2\pi r\,\mathrm{d}r} \tag{5.38}$$

式中，$N(r)$ 表示 r 处的超阈值倍数

$$N(r) = \frac{I_{\text{p0}}\exp\left(-\dfrac{2r^2}{W_0^2}\right)}{I_{\text{p0th}}} = N_0 \exp\left(-\frac{2r^2}{W_0^2}\right) \tag{5.39}$$

其中，N_0 为光束中心处的超阈值倍数. 式 (5.38) 中的 r_c 是光束横截面中超过阈值的圆半径，可以求得

$$r_c^2 = \frac{1}{2}W_0^2 \ln N_0 \tag{5.40}$$

将式 (5.39) 和式 (5.40) 代入式 (5.38) 中可得

$$\eta = 4\left(\frac{1}{\sqrt{N_0}} - \frac{1}{N_0} - \frac{\ln\sqrt{N_0}}{N_0}\right) \tag{5.41}$$

如果不考虑平面波和高斯光束泵浦阈值强度的差别，我们以非线性光学晶体 CLBO 为例，联立式 (5.23)、式 (2.72)、式 (2.73) 和式 (5.41)，并进行数值模拟计算，可以分别得到高斯光束在 I 类、II 类相位匹配条件下，转换效率随泵浦强度、晶体长度、信号光波长的变化规律，如图 5-9、图 5-10 和图 5-11 所示.

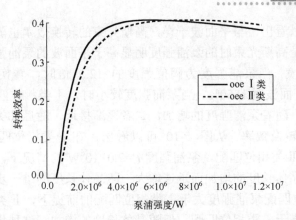

图 5-9　CLBO 晶体单共振高斯光束在 I 类和 II 类相位匹配条件下转换效率与泵浦强度的关系

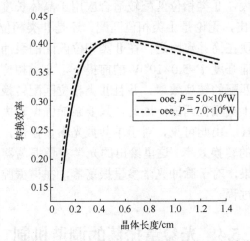

图 5-10　CLBO 晶体单共振高斯光束在 I 类和 II 类相位匹配条件下转换效率与晶体长度的关系

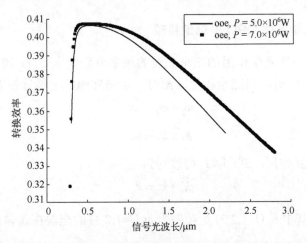

图 5-11　CLBO 晶体单共振高斯光束在 I 类和 II 类相位匹配条件下转换效率与信号光波长的关系

从图 5-9 可以看出，与平面波一样，高斯光束的转换效率也随泵浦强度的增加而迅速增大，只是高斯光束时的泵浦强度明显高于平面波的泵浦强度，且在高斯光束时平滑部分更宽. 当泵浦强度为阈值强度的 12.5 倍时，转换效率达到最大值 $\eta = 41\%$，小于平面波时的50%. 当泵浦强度较小时，Ⅰ类相位匹配的转换效率大于Ⅱ类相位匹配，随着泵浦强度的增加，二者逐渐接近，随后Ⅱ类相位匹配超过Ⅰ类相位匹配时的转换效率. 从图 5-10 可以看出，在Ⅰ类相位匹配，泵浦强度为 $P=5.0\times10^6$W，在Ⅱ类相位匹配，泵浦强度 $P=7.0\times10^6$W 的情况下，在晶体长度较短时，转换效率随晶体长度的增加而迅速增大，随晶体长度的进一步增加而趋于"饱和". 在Ⅱ类相位匹配泵浦强度大于Ⅰ类相位匹配的前提下，Ⅱ类相位匹配的转换效率在短波波段高于Ⅰ类相位匹配，但随晶体长度的增加，这种优势逐渐失去，因此，如果泵浦强度较大，Ⅱ类相位匹配较适合应用于晶体长度较短的超短脉冲.

从图 5-11 可以看出，无论是Ⅰ类相位匹配，还是Ⅱ类相位匹配，CLBO 晶体的转换效率最大值都出现在简并点附近，在Ⅱ类相位匹配的泵浦强度 $P=7.0\times10^6$W 大于Ⅰ类相位匹配的泵浦强度 $P=5.0\times10^6$W 的前提下，Ⅱ类相位匹配的转换效率高于同波长下的Ⅰ类相位匹配的转换效率，并且Ⅱ类相位匹配转换效率曲线中取较大值的平滑部分明显宽于Ⅰ类相位匹配，因此，只要泵浦强度较大，Ⅱ类相位匹配较Ⅰ类相位匹配更适合 SRO. 由此可见，对于单共振光参量振荡，可以采用类似的方法求解高斯光束情况下的转换效率. 这里给出的光学参量振荡器的转换效率都是在小信号稳态条件下的结果，对于脉冲光学参量振荡器，在谐振腔内的共振信号光或闲频光都会有一个建立过程.

5.4 光参量振荡的调谐机制

5.4.1 非线性光学晶体 OPO 的调谐机理

假设参与非线性光学作用的三个光波的频率分别为 ω_1、ω_2 和 ω_3，其相应的波矢分别为 $\boldsymbol{k}_1$、$\boldsymbol{k}_2$ 和 $\boldsymbol{k}_3$，当完全相位匹配时，动量守恒和能量守恒有

$$\omega_1 + \omega_2 = \omega_3 \tag{5.42}$$

$$\boldsymbol{k}_1 + \boldsymbol{k}_2 = \boldsymbol{k}_3 \tag{5.43}$$

对于三波共线相互作用，式(5.43)可改写为

$$k_1 + k_2 = k_3 \tag{5.44}$$

由于 $k_i = \dfrac{\omega_i}{c} n_i$，其中 n_i $(i=1,2,3)$ 是频率为 ω_i $(i=1,2,3)$ 的光波在晶体内的折射率.

将式(5.44)代入式(5.43)中，并和式(5.42)联立可得

$$\omega_1 n_1 + \omega_2 n_2 = \omega_3 n_3 \tag{5.45}$$

式(5.45)即为三波在共线条件下相互作用的相位匹配条件. 一般来说,非线性光学晶体的折射率 n_i 与晶体的非寻常光取向、温度、电场以及压力等因素有关. 我们在研究非线性光学负单轴晶体 CLBO 时,采用角度调谐的方法,并假定 ω_3 为非寻常光 (e 光),在 I 类相位匹配条件下, ω_1、ω_2 均为寻常光 (o 光). 在 II 类相位匹配条件下, ω_1、ω_2 中的一个为寻常光. 当入射泵浦光与非线性晶体光轴间的角度改变时,n_3 发生改变,为满足相位匹配条件式(5.45),ω_1 和 ω_2 必须稍有改变,这就进一步导致 n_1 和 n_2 的改变,这就是角度调谐相位匹配的物理机制. 由于

$$\omega = \frac{2\pi c}{\lambda} \tag{5.46}$$

将式(5.46)代入式(5.45)中,并忽略 n_1、n_2 和 n_3 的差别时,有

$$\frac{1}{\lambda_1} + \frac{1}{\lambda_2} = \frac{1}{\lambda_3} \tag{5.47}$$

通常情况下,当 o 光通过晶体时,其折射率与波长有关,而与角度无关;而 e 光通过晶体时,其折射率与波长和角度都有关. 对于 I 类相位匹配条件,式(5.45)可以表示为

$$\omega_1 n_1(\omega_1) + \omega_2 n_2(\omega_2) = \omega_3 n_3(\omega_3, \theta) \tag{5.48}$$

其中

$$n_1(\omega_1) = n_o(\omega_1) \tag{5.49}$$

$$n_2(\omega_2) = n_o(\omega_2) \tag{5.50}$$

$$n_3(\omega_3, \theta) = n_e(\omega_3, \theta) = \{(n_o^2(\omega_3) n_e^2(\omega_3) / [n_o^2(\omega_3)\sin^2\theta + n_e^2(\omega_3)\cos^2\theta]\}^{1/2} \tag{5.51}$$

当温度为 20℃时,CLBO 晶体的色散方程为

$$n_o^2(\lambda) = 2.2145 + \frac{0.00890}{\lambda^2 - 0.02051} - 0.01413\lambda^2 \tag{5.52}$$

$$n_e^2(\lambda) = 2.0588 + \frac{0.00866}{\lambda^2 - 0.01202} - 0.00607\lambda^2 \tag{5.53}$$

5.4.2　CLBO 晶体 I 类相位匹配的角度调谐

通过联立式(5.47)~式(5.53),并进行数值模拟计算,我们可以得到当泵浦光波长分别为 213nm、266nm、355nm 和 532nm 时,CLBO 晶体 I 类相位匹配的角度调谐曲线,分别如图 5-12 和图 5-13 所示. 从图 5-12 可以看出,当泵浦光波长为 213nm 时,角度调谐范围为 46.68°~87.64° 及 41.14°~88.85°,相应的信号光的波长调谐范围为 237~289nm,闲频光的波长调谐范围为 808~2774nm. 但是 I 类相位匹配

时，角度调谐曲线不存在简并点(即不可连续调谐)，当泵浦波长为266nm时，角度调谐范围为 35.69°～61.85°，波长调谐范围为 300.5～2775nm，简并点在524nm. 当泵浦光波长为355nm时，角度调谐范围为 30.84°～40.35°，波长调谐范围为409～2789nm，简并点在699nm. 从图 5-13 可以看出，当泵浦光波长为532nm 时，角度调谐范围为 28.31°～28.93°，波长调谐范围为658～2798nm，但存在多个简并点. 因此，在实验时可以只取其中的一部分，如角度范围为 28.31°～28.73°，波长范围为738～1888nm，此时的简并点在1078nm. 结合图 5-12 和图 5-13，我们可以看出，在 I 类相位匹配时，泵浦光为紫外波长213nm 时，无法实现连续调谐. 泵浦光为532nm 时，由于存在多个简并点，实验时也应取波长中的一部分，而泵浦光为 266nm 和355nm 时，其波长调谐性能好.

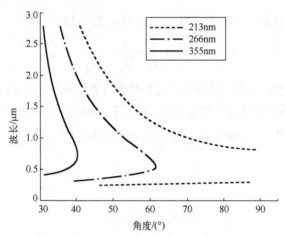

图 5-12　CLBO 晶体 I 类相位匹配角度调谐曲线(213nm、266nm、355nm)

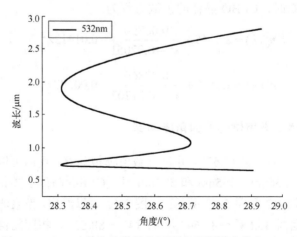

图 5-13　CLBO 晶体 I 类相位匹配角度调谐曲线(532nm)

5.4.3 CLBO 晶体Ⅱ类相位匹配的角度调谐

假设参与三波相互作用的信号光 ω_1 为 o 光，闲频光 ω_2 和泵浦光 ω_3 为 e 光，此时 $n_1(\omega_1)$ 和 $n_3(\omega_3,\theta)$ 分别如式(5.49)和式(5.51)，而式(5.50)变为

$$n_2(\omega_2,\theta)=n_e(\omega_2,\theta)=\{n_o^2(\omega_2)n_e^2(\omega_2)/[n_o^2(\omega_2)\sin^2\theta n_e^2(\omega_2)\cos^2\theta]\}^{1/2} \tag{5.54}$$

这里联立式(5.47)、式(5.48)、式(5.49)、式(5.51)、式(5.52)、式(5.53)和式(5.54)，进行数值模拟计算，可以得出，当泵浦光波长分别为 213nm、266nm、355nm 和 532nm 时，CLBO 晶体Ⅱ类相位匹配的角度调谐曲线分别如图 5-14 和图 5-15 所示. 从图 5-14

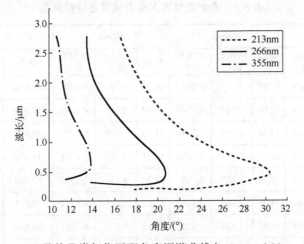

图 5-14 CLBO 晶体Ⅱ类相位匹配角度调谐曲线(213nm、266nm、355nm)

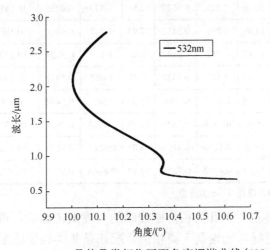

图 5-15 CLBO 晶体Ⅱ类相位匹配角度调谐曲线(532nm)

可以看出，当泵浦光波长为 213nm 时，角度调谐范围为 16.32°～30.26°，波长调谐范围为 404～2800nm，简并点在 394nm. 当泵浦光波长为 266nm 时，角度调谐范围为 12.86°～20.59°，波长调谐范围为 401～2800nm，简并点在 494nm. 当泵浦光波长为 355nm 时，角度调谐范围为 10.85°～14.23°，波长调谐范围为 410～2792nm，简并点在 673nm. 当泵浦光波长为 532nm 时，角度调谐范围为 10.00°～10.66°，波长调谐范围为 657～2800nm，同样存在多个简并点，因此实验时应取调谐波长中的一部分，如角度范围取 10.00°～10.34°，波长范围取 1023～2798nm，此范围内简并点在 2073nm. 相应的数据如表 5-1 所示.

表 5-1 Ⅱ类相位匹配角度调谐曲线数据表

213nm			266nm			355nm			532nm		
角度	闲频光波长	信号光波长	角度	闲频光波长	信号光波长	角度	闲频光波长	信号光波长	角度	闲频光波长	信号光波长
16.44	2.750	0.2309	12.90	2.767	0.2943	10.88	2.746	0.4077	10.011	2.017	0.7226
16.58	2.690	0.2313	12.96	2.727	0.2948	10.92	2.686	0.4091	10.014	2.257	0.6961
16.72	2.630	0.2318	13.46	2.407	0.2990	11.37	2.146	0.4253	10.020	2.337	0.6888
16.87	2.570	0.2322	13.93	2.167	0.3032	11.51	2.026	0.4304	10.035	2.417	0.6822
17.02	2.510	0.2328	14.10	2.087	0.3049	11.75	1.846	0.4395	10.050	2.497	0.6760
17.27	2.420	0.2336	14.29	2.007	0.3066	12.04	1.666	0.4511	10.055	1.697	0.7749
17.71	2.270	0.2351	15.67	1.527	0.3221	12.15	1.606	0.4557	10.080	1.617	0.7929
18.09	2.150	0.2364	16.29	1.367	0.3303	12.39	1.487	0.4664	10.110	1.537	0.8136
18.73	1.970	0.2389	16.46	1.327	0.3327	12.51	1.427	0.4726	10.145	1.457	0.8380
19.33	1.820	0.2412	16.99	1.207	0.3412	12.93	1.247	0.4964	10.180	1.377	0.8670
20.45	1.580	0.2462	17.17	1.167	0.3445	13.24	1.127	0.5184	10.220	1.297	0.9020
20.76	1.520	0.2477	17.37	1.127	0.3482	13.40	1.067	0.5321	10.260	1.217	0.9452
22.82	1.190	0.2594	18.68	0.8870	0.3800	13.57	1.007	0.5484	10.300	1.137	0.9999
24.51	0.9799	0.2722	18.92	0.8470	0.3878	13.89	0.8865	0.5921	10.335	1.057	1.071
28.32	0.6200	0.3245	19.65	0.7270	0.4195	14.03	0.8265	0.6223	10.355	0.9769	1.168
30.19	0.3800	0.4847	19.92	0.4070	0.7678	14.22	0.6465	0.7873	10.370	0.7369	1.913

注：角度以(°)为单位，波长以 μm 为单位.

比较 CLBO 晶体在Ⅰ、Ⅱ类相位匹配时的角度调谐曲线，可以看出，在紫外波段以Ⅱ类相位匹配更好，无论是Ⅰ类相位匹配还是Ⅱ类相位匹配，如果泵浦光条件允许，应避免采用 532nm 做泵浦光.

思考题与习题

(1)阐述光学参量过程及产生参量光的方法.

(2)描述光参量激光器中的 OPG、OPA 和 OPO 的基本原理，以及 SRO 和 DRO 的原理.

(3)在Ⅰ类、Ⅱ类条件下，推导非线性光学晶体 OPO 的可调谐波长与调谐角的关系.

第6章　光学非参量过程

在光学参量过程讨论中,我们研究了非线性光学介质中三波耦合的相互作用过程. 在光波与介质的相互作用过程中,只讨论光波之间能量和动量的转换,以及相互作用引起的非线性光学效应和现象,并给出了当介质为无中心对称时发生的二次及以上非线性光学效应和现象,如自相位调制、交叉相位调制、四波混频(four-wave mixing, FWM)光学参量相互作用,以及双光子吸收效应、受激拉曼效应等的光学非参量相互作用过程.

6.1　简　介

一束激光在非线性光学介质中传播时,介质的折射率会产生非线性光学效应,其进一步引起激光束在空间分布、脉冲形状和频谱,以及偏振态上发生变化,即激光束产生了自聚焦、自散焦和自调制等,亦称为激光束的自作用. 例如,一束强度分布为高斯型的高功率激光束入射到非线性光学晶体,由于激光束具有高阶横模,所以在激光束的横截面上的光强分布不是均匀的,导致折射率有一个径向变化,从而造成激光束的聚焦或散焦. 由于激光引起的折射率变化 $\Delta n \approx |E|^2$,这导致折射率中间大,两边逐渐变小. 也就是说,这种现象相当于激光束在非线性介质中传播时自身形成了一个会聚透镜,使得光束聚焦,如图 6-1 所示. 在非线性介质中能否形成

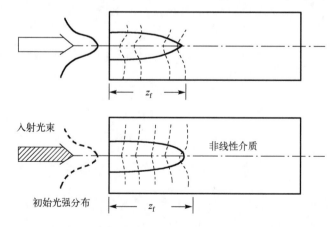

图 6-1　光束自聚焦过程中光线路径的示意图(虚线为波面,实线为光线)

焦点,这要取决于自聚焦作用是否比光束本身的衍射作用大. 如果 Δn 为负值,激光束与非线性介质作用的结果会发生光束的自散焦现象.

自聚焦现象的研究始于 1964 年,主要有以下两个因素促使对这种现象的研究:①高功率密度激光在透明介质中传播时会发生所谓的丝状破坏. ②在研究受激拉曼散射(stimulated Raman scattering,SRS)过程中观察到一些反常现象,如在许多固体和液体中,受激拉曼散射有一个非常尖锐的阈值,有异常高的增益,前后向增益不对称;有反常的反斯托克斯环等.

引起光束自聚焦的原因是光致折射率的变化,而光致折射率变化的物理机制是多种多样的,归纳起来主要有:①激光使组成介质的分子或原子中的电子分布发生变化,这导致介质宏观电极化的变化,从而使折射率发生变化. ②对含有各向异性分子的液体(如 CS_2、苯及其衍生物)来说,由于各向异性分子在不同方向上有不同的分子极化率,这时与分子取向有关的高频克尔电光效应是引起折射率变化的主要原因. ③在激光作用下的电致伸缩效应使介质密度发生变化,从而引起折射率发生相应的变化. ④各种介质对入射光束均存在着不同程度的吸收,导致介质温度升高,从而引起介质折射率变化的光折变效应.

当输入到非线性介质中的激光是脉冲光时,由于激光强度是时间的函数,Δn 必然是时间的函数,故光的相速(相位)受到时间的调制,从而导致光谱的加宽,此现象称为自相位调制.

当高斯型光脉冲在非线性介质中传播一定距离后,光脉冲峰值处折射率大,光速慢,而后沿光强下降,光速逐渐变大,以致光的后沿赶上前沿部分的光,造成光脉冲后沿变陡. 此现象称为光脉冲的自变陡现象,如图 6-2 所示. 光致折射率变化造成光的群速变化.

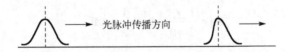

图 6-2　在非线性介质中的自变陡过程中光脉冲的变化

光致折射率变化的物理机制是多种多样的. 例如,原子或分子中电子云的畸变与极性分子取向有关的光学克尔效应、双光子吸收、受激拉曼散射、电致伸缩效应、热效应等非线性光学现象. 不同的非线性光学介质,以及不同输入的激光脉冲宽度,起到的主要作用机制也不相同.

6.2　折射率与光强的关系

物质的折射率与入射光强的关系是通过二次及以上非线性极化率张量联系起来的. 假定输入激光为准单色光,并沿 z 方向传播,则光频场 $E(r,t)$ 可以表示为

$$E(r,t) = \frac{1}{2} A(r,t) \cdot \exp(-\mathrm{i}\omega_0 t + \mathrm{i}k_0 z) + \text{c.c.} \tag{6.1}$$

其中，c.c. 表示复共轭. 极化强度可以表示为

$$P(r,t) = \frac{1}{2} P_\mathrm{m}(r,t) \cdot \exp(-\mathrm{i}\omega_0 t + \mathrm{i}k_0 z) + \text{c.c.} \tag{6.2}$$

式中，$P_\mathrm{m} = P_\mathrm{m}^{(1)} + P_\mathrm{m}^{(2)}$，$P_\mathrm{m}^{(1)}$、$P_\mathrm{m}^{(2)}$ 分别代表线性和非线性极化强度.

6.2.1 各向同性介质

在各向同性介质中，极化强度与光频场的关系为

$$P_\mathrm{m}^{(1)} = \varepsilon_0 \chi^{(1)} A \tag{6.3}$$

$$P_\mathrm{m}^{(2)} = \varepsilon_0 \chi_\mathrm{s}^{(2)} |A|^2 A \tag{6.4}$$

式中

$$\chi_\mathrm{s}^{(2)} = \frac{3}{4} \chi^{(2)}(-\omega; \omega, -\omega, \omega) \tag{6.5}$$

$$\varepsilon = \varepsilon_0 \left(1 + \chi^{(1)} + \chi_\mathrm{s}^{(2)} |A|^2\right) \tag{6.6}$$

$$n = \left(\frac{\varepsilon}{\varepsilon_0}\right)^{\frac{1}{2}} = \left(1 + \chi^{(1)} + \chi_\mathrm{s}^{(2)} |A|^2\right)^{\frac{1}{2}} = n_0 + \Delta n \tag{6.7}$$

其中，$n_0 = (1 + \chi^{(1)})^{\frac{1}{2}}$ 为线性折射率. 当 $n_0 \gg \Delta n$ 时，由式(6.7)得到

$$\Delta n = \frac{1}{2} \frac{\chi_\mathrm{s}^{(2)}}{n_0} |A|^2 = \frac{1}{2} n_2 |A|^2 \tag{6.8}$$

式中，n_2 称为非线性折射率系数. 式(6.8)可以写为

$$\Delta n = n_2 I \tag{6.9}$$

式中，I 为光强，n_2 为

$$n_2 = \frac{\chi_\mathrm{s}^{(2)}}{n_0^2 \varepsilon_0 c} \tag{6.10}$$

6.2.2 激光束的稳态自聚焦方程

只讨论局域的非线性效应，假设介质中某点处的非线性极化只与该点的场强有关，而与周围的光频场的强度无关. 当介质内无线性损耗时，非线性光学波动方程为

$$\nabla \times \nabla \times \boldsymbol{E} + \mu_0 \frac{\partial^2 (\varepsilon_0 \boldsymbol{E})}{\partial t^2} = -\mu_0 \frac{\partial^2 \boldsymbol{P}_{\mathrm{NL}}}{\partial t^2} \tag{6.11}$$

假设介质为各向同性，则介电系数 ε 为标量，利用 $\nabla \times \nabla \times \boldsymbol{E} = \nabla(\nabla \cdot \boldsymbol{E}) - \nabla^2 \boldsymbol{E}$，并有 $\nabla(\nabla \cdot \boldsymbol{E}) = 0$，则式 (6.11) 左边第一项为

$$\nabla \times \nabla \times \boldsymbol{E} = -\nabla^2 \boldsymbol{E} = -\left(\nabla_\perp^2 \boldsymbol{E} + \frac{\partial^2 \boldsymbol{E}}{\partial z^2} \right) \tag{6.12}$$

式中，$\nabla_\perp^2$ 为横向拉普拉斯算子. 假定 $\boldsymbol{E}$ 为线性偏振，则式 (6.11) 的标量方程为

$$P_{\mathrm{m}}^{\mathrm{NL}} = \varepsilon_0 \chi_{\mathrm{s}}^{(2)} |A|^2 A = 2\varepsilon_0 n_0 (\Delta n) A \tag{6.13}$$

式中，A 为光束的光频场的幅度，且不随时间变化，故 $P_{\mathrm{m}}^{\mathrm{NL}}$ 及 A 都与 t 无关.

假设 A 为缓慢变化函数，有 $\left| \frac{\partial^2 A}{\partial z^2} \right| \ll k_0 \left| \frac{\partial A}{\partial z} \right|$，故在方程中略去 $\left| \frac{\partial^2 A}{\partial z^2} \right|$，联立式 (6.1)、式 (6.2)、式 (6.13) 和式 (6.12) 得到稳态自聚焦波动方程为

$$\nabla_\perp^2 A + 2\mathrm{i}k_0 \frac{\partial A}{\partial z} = -2k_0^2 \frac{\Delta n}{n_0} A \tag{6.14}$$

复幅度 A 表示为以下的形式：

$$A(r,z) = A_0(r,z) \cdot \exp[\mathrm{i}k_0 S(r,z)] \tag{6.15}$$

假定激光束是轴对称的，故采用圆柱坐标. 式 (6.15) 中 r 是径向坐标，A_0、S 都是实数，A_0 代表幅度，S 代表相位的变化.

将式 (6.15) 代入式 (6.14) 中，由实部和虚部得到

$$\frac{\partial^2 A_0}{\partial z^2} + \nabla_\perp (A_0^2 \nabla_\perp S) = 0 \tag{6.16}$$

$$\frac{\partial S}{\partial z} + \frac{1}{2}(\nabla_\perp S)^2 = \frac{\nabla_\perp^2 A_0}{2k_0^2 A_0} + \frac{\Delta n}{n_0} \tag{6.17}$$

式 (6.17) 右边第一项代表普通的衍射作用，第二项为非线性项. 式 (6.16) 则表示能量守恒.

在无像差时，我们只分析傍轴光线，输入为高斯光束的情况下，联立式 (6.16) 和式 (6.17)，得到近似解为

$$A_0 = A_{0\mathrm{m}} \frac{a_0}{a(z)} \cdot \exp\left[-\frac{r^2}{2a^2(z)} \right] \tag{6.18}$$

在相位匹配条件下

$$S = \frac{r^2}{2R(z)} + \psi(z) \tag{6.19}$$

式中，$R(z)$ 为等相位面的曲率半径，$a(z)$ 为在 z 处的光束半径，A_0 为 $z = 0$ 处的光束半径或腰斑半径，$\psi(z)$ 为初相位.

在柱坐标下，对于轴对称的光束，选择

$$\nabla_\perp = \frac{\partial}{\partial r}, \quad \nabla_\perp^2 = \left(\frac{\partial^2}{\partial r^2} + \frac{1}{r} \frac{\partial}{\partial r} \right)$$

将式 (6.18) 和式 (6.19) 代入式 (6.16) 中，并化简得到

$$\frac{\partial}{\partial z} \left\{ A_{0\mathrm{m}} \frac{a_0}{a(z)} \cdot \exp\left[-\frac{r^2}{2a^2(z)} \right] \right\}^2 + \frac{\partial}{\partial r} \left(\left\{ A_{0\mathrm{m}} \frac{a_0}{a(z)} \cdot \exp\left[-\frac{r^2}{2a^2(z)} \right] \right\}^2 \frac{\partial}{\partial r} S \right) = 0$$

再次化简整理

$$\frac{\mathrm{d}a}{\mathrm{d}z} = \frac{a}{R} \tag{6.20}$$

由于只讨论傍轴光，则有 $r^2 \ll a^2(z)$，在式 (6.17) 中的 $\frac{\Delta n}{n_0}$ 的推导过程如下.

利用 $\Delta n = n_2 I = n_2 \cdot \frac{1}{2} |A|^2$，得到 $\frac{\Delta n}{n_0} = \frac{n_2 |A|^2}{2n_0}$，并将式 (6.18) 代入后再级数展开为

$$\frac{\Delta n}{n_0} = \frac{n_2}{2n_0} A_{0\mathrm{m}}^2 \frac{a_0^2}{a^2(z)} \cdot \exp\left(-\frac{r^2}{a^2} \right) = \frac{n_2 A_{0\mathrm{m}}^2}{2n_0} \cdot \frac{a_0^2}{a^2} \left(1 - \frac{r^2}{a^2} \right) \tag{6.21}$$

将式 (6.18)、式 (6.19) 和式 (6.21) 代入式 (6.17) 中，得到

$$\frac{\mathrm{d}\psi}{\mathrm{d}z} = -\frac{1}{k_0^2 a^2} + \frac{B}{k_0^2 a^2} \tag{6.22}$$

$$1 - \frac{\mathrm{d}R}{\mathrm{d}z} = R^2 (1 - 2B) \cdot \frac{1}{k_0^2 a^4} \tag{6.23}$$

式中，$B = \frac{k_0^2 \cdot n_2 \cdot P}{\pi n_0^2 c \varepsilon_0}$，$P$ 为通过整个横截面的功率，并且有

$$P = \frac{1}{2} \varepsilon_0 n_0 c A_{0\mathrm{m}}^2 \cdot \pi a_0^2$$

式 (6.20) 两端对 z 微分得到

$$\frac{\mathrm{d}^2 a}{\mathrm{d}z^2} = \left(1 - \frac{\mathrm{d}R}{\mathrm{d}z} \right) \cdot \frac{a}{R^2} \tag{6.24}$$

由式 (6.23) 和式 (6.24) 比较得到

$$\frac{\mathrm{d}^2 a}{\mathrm{d}z^2} = (1 - 2B) \cdot \frac{1}{k_0^2 a^3} \tag{6.25}$$

对式 (6.25) 两边乘以 $2\cdot\dfrac{\mathrm{d}a}{\mathrm{d}z}$，并积分得到

$$\left(\frac{\mathrm{d}a}{\mathrm{d}z}\right)^2 = (2B-1)\cdot\frac{1}{k_0^2 a^2} + C_1 \qquad (6.26)$$

式中，由初始条件 $R(z)\big|_{z=0} = R_0$，$a(z)\big|_{z=0} = a_0$，$\psi(z)\big|_{z=0} = 0$，则有

$$C_1 = \left(\frac{a_0}{R_0}\right)^2 + (1-2B)\cdot\frac{1}{k_0^2 a_0^2} \qquad (6.27)$$

对式 (6.26) 进一步求解得到

$$\frac{a^2}{a_0^2} = (1-2B)\cdot\frac{z^2}{k_0^2 a_0^4} + \left(1-\frac{z}{R_0}\right)^2 \qquad (6.28)$$

式 (6.28) 即为各向同性非线性介质中，无像差近似解的光束半径变化.

我们进一步分析讨论得到：

(1) 当 $R_0 \to \infty$ 时，式 (6.28) 可以简化为

$$\frac{a^2}{a_0^2} = (1-2B)\cdot\frac{z^2}{k_0^2 a_0^4} + 1 \qquad (6.29)$$

由式 (6.29) 可知，当 $B < \dfrac{1}{2}, a(z) > a_0$ 时为光束的发散光波；当 $B > \dfrac{1}{2}, a(z) < a_0$ 时，光束为自聚焦光波，光束成为会聚光波并在某个 $z = z_\mathrm{f}$ 处形成焦点，即 $a(z_\mathrm{f}) = 0$；当 $B = \dfrac{1}{2}, a(z) = a_0$ 时是临界状态，此时 $a(z) = a_0$，临界输入功率为

$$P_{\mathrm{c1}} = \frac{\lambda_0^2 c \cdot \varepsilon_0}{8\pi n_2} \qquad (6.30)$$

当 $P > P_{\mathrm{c1}}$ 时，自聚焦焦距 z_f 为

$$z_\mathrm{f} = \frac{k_0 a_0^2}{\left(\dfrac{P}{P_{\mathrm{c1}}} - 1\right)^{\frac{1}{2}}} \qquad (6.31)$$

(2) 当 $R \neq \infty$ 时，式 (6.28) 变为

$$\frac{1}{z_{R_\mathrm{f}}} = \frac{1}{z_\mathrm{f}} - \frac{1}{R_0} \qquad (6.32)$$

式中，z_{R_f} 为功率 P 和 $R_0 \neq \infty$ 时自聚焦焦点距输入端的距离，z_f 为功率 P 和 $R_0 = \infty$ 时的自聚焦焦距.

当激光在非线性介质中传播时，自聚焦的会聚与发散趋向平衡，光束的光场强度幅度与相位在传播中始终保持不变，即称为光束的自陷现象.

假设，当入射功率等于临界功率，即 $P_{in} = P_{c1}$ 时，傍轴光线既不发散也不会聚，而是处于临界状态. 在轴对称光束下，光束的自陷条件可以由式 (6.16) 和式 (6.17) 改写为

$$\frac{\partial A_0}{\partial z} + \left(\frac{\partial S}{\partial r}\right)\left(\frac{\partial A_0}{\partial r}\right) + \frac{A_0}{2}\left(\frac{\partial^2 S}{\partial r^2} + \frac{1}{r}\frac{\partial S}{\partial r}\right) = 0 \tag{6.33}$$

$$2\left(\frac{\partial S}{\partial z}\right) + \left(\frac{\partial S}{\partial r}\right)^2 = 2 \cdot \frac{\Delta n}{n_0} + \frac{1}{k_0^2 A_0}\left(\frac{\partial^2 A_0}{\partial r^2} + \frac{1}{r}\frac{\partial A_0}{\partial r}\right) = 0 \tag{6.34}$$

光束自陷的条件要求

$$\frac{\partial A_0}{\partial z} = 0, \quad \frac{\partial S}{\partial z} = 0 \tag{6.35}$$

则式 (6.33) 和式 (6.34) 为

$$2 \cdot \frac{\Delta n}{n_0} + \frac{1}{k_0^2 A_0}\left(\frac{\partial^2 A_0}{\partial r^2} + \frac{1}{r}\frac{\partial A_0}{\partial r}\right) = 0 \tag{6.36}$$

$$\frac{\partial S}{\partial r} = 0 \tag{6.37}$$

由此可以看出，当 $A_0(r)$ 是一个解时，则 $A_0'(r') = cA_0(cr)$ 同样是方程的解，其中 c 为任意常数. 激光束在非线性介质中发生自陷现象的过程，如图 6-3 所示.

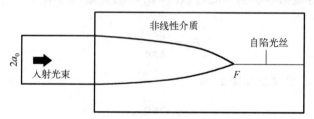

图 6-3　激光束在非线性介质中发生自陷现象过程的示意图

6.3　光束自相位调制

本节我们讨论无自聚焦和有自聚焦情况下的自相位调制.

6.3.1　无自聚焦情况下的自相位调制

假设输入光束为均匀平面波，则式 (6.14) 可以写为

$$2ik_0 \frac{\partial A'}{\partial z'} = -k_0^2 \frac{n_2}{n_0} |A'|^2 A' \tag{6.38}$$

式(6.38)的解为

$$A'(z',t') = A_0(t') \exp \left\{ i \left[\frac{\frac{1}{2} n_2 |A_0'(t)|^2 \omega_0 z'}{c} \right] \right\} \tag{6.39}$$

当光脉冲传输过程中包络形状不变，则有

$$A(z,t) = A'(z',t') = A_0 \left(t - \frac{z}{u} \right) \cdot \exp \left\{ i \left[\frac{\frac{1}{2} n_2 \left| A_0 \left(t - \frac{z}{u} \right) \right|^2 \omega_0 z}{c} \right] \right\} \tag{6.40}$$

式中，$A_0(t)$ 为输入光场幅度.

将式(6.39)和式(6.40)比较，可以得到非线性折射率所造成的附加相位移为

$$\Delta \varphi(z,t) = \frac{\frac{1}{2} n_2 \left| A_0 \left(t - \frac{z}{u} \right) \right|^2 \omega_0 z}{c} \tag{6.41}$$

其瞬时频率为

$$\omega(t) = \omega_0 - \frac{\partial \Delta \varphi}{\partial t} = \omega_0 - \frac{1}{2c} n_2 \omega_0 z \cdot \frac{\partial \left| A_0 \left(t - \frac{z}{c} \right) \right|^2}{\partial t} \tag{6.42}$$

当在脉冲前沿部分时，$\dfrac{\partial |A_0|^2}{\partial t} > 0$，故 $\omega(t) < \omega_0$；当在脉冲后沿部分时，$\dfrac{\partial |A_0|^2}{\partial t} < 0$，故 $\omega(t) > \omega_0$；当在脉冲峰值处时，$\dfrac{\partial |A_0|^2}{\partial t} = 0$，故 $\omega(t_p) = \omega_0$. 最大频移发生在功率曲线的拐点处，即 $\dfrac{\partial |A_0|^2}{\partial t} = 0$ 的时刻. 稳态情况下附加相移及瞬时频率随时间演变的关系，如图 6-4 所示.

对于式(6.40)表示的 $A(z,t)$ 进行傅里叶变换，就可以得到其对应的频谱. 如果输入的光脉冲是对称的，则 $A(z,t)$ 的频谱也是对称的. 自相位调制引起的频谱加宽

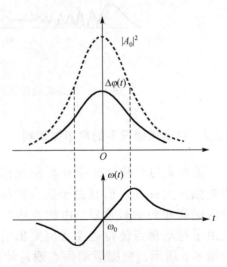

图 6-4　稳态情况下附加相移及瞬时频率随时间演变的关系

一般具有准周期结构.

　　上面的讨论是对输入光脉冲宽度比介质非线性响应时间大很多的情况. 但是随着超短脉冲激光器的输出脉冲宽度与非线性光学介质响应时间接近同一数量级时, 则 $\Delta\varphi(t)$ 的值不能瞬间与光强的变化匹配, 而有一段时间的延迟, 此时的结果表现为光谱结构出现了不对称性, 如图 6-5 所示. 由图 6-5 可以看出, 大部分的能量集中在斯托克斯分量一边, 反斯托克斯分量的能量降低.

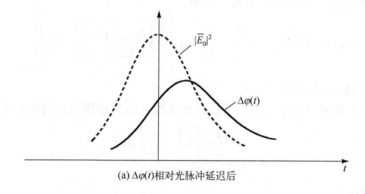

(a) $\Delta\varphi(t)$相对光脉冲延迟后

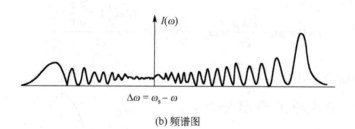

(b) 频谱图

图 6-5　考虑响应时间后自相位调制的 $\Delta\varphi(t)$ 和频谱图

6.3.2　自聚焦情况下的自相位调制

　　激光束与非线性光学介质相互作用中引起的自聚焦现象, 不仅使得聚焦区的光强大大提高, 而且由于焦点的移动, 焦区的光脉冲宽度具有与非线性介质响应时间相同的数量级. 由此说明, 自聚焦不仅使得谱线的宽度大大增加, 而且由于运动焦点使得迟豫效应更加明显, 导致谱线的增宽集中在斯托克斯一边. 如图 6-6 所示, 根据运动焦点理论计算, 将 CS_2 液体放置在槽长为 22.5cm 的容器中, 采用宽度为 2ns 的脉冲输入到 CS_2 液体中, 得到的谱线增宽波数为几百 cm^{-1} 以上.

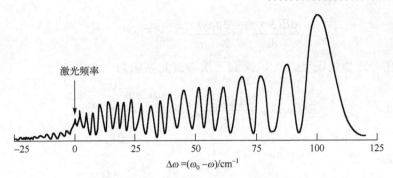

激光频率

$$\Delta\omega=(\omega_0-\omega)/\text{cm}^{-1}$$

图 6-6　输入脉冲在 CS_2 液体中的谱线加宽

6.4　三次谐波产生

在激光与非线性光学材料相互作用的过程中，通过激光频率上转换获得短波长激光和深紫外激光，三次谐波产生已经成为获得短波长激光的技术手段.

6.4.1　平面波的三次谐波产生

设设一束频率为 ω 的线偏振光作用于非线性光学介质，光频场为

$$E(z,t)=E(\omega)\mathrm{e}^{\mathrm{i}\omega t}+\text{c.c.} \tag{6.43}$$

式 (6.43) 中的复振幅 $E(\omega)$ 为

$$E(\omega)=E_0\boldsymbol{a}(\omega)\mathrm{e}^{\mathrm{i}\frac{\omega n_1}{c}} \tag{6.44}$$

式中，E_0、$\boldsymbol{a}(\omega)$ 和 n_1 分别代表入射基波的振幅、振动方向的单位矢量和折射率. 由于非线性效应产生的三次谐波极化强度的复振幅为

$$P^{(3)}=\varepsilon_0\chi^{(3)}(\omega,\omega,\omega)\vdots E(\omega)E(\omega)E(\omega) \tag{6.45}$$

由三波的耦合波方程式 (3.81)、式 (3.82) 和式 (3.83)，得到三次谐波光频场满足的耦合波方程为

$$\frac{\mathrm{d}E(3\omega,z)}{\mathrm{d}z}=\frac{\mathrm{i}(3\omega)^2\mu_0}{2k_3}\boldsymbol{a}(3\omega)\cdot P^{(3)}(3\omega,z)\mathrm{e}^{-\mathrm{i}k_3 z} \tag{6.46}$$

式中，$k_3=3\omega n_3/c$. 结合式 (6.44)～式 (6.46)，并令

$$\chi^{(3)}_{\text{eff}}=\boldsymbol{a}(3\omega)\cdot\chi^{(3)}(\omega,\omega,\omega)\vdots\boldsymbol{a}(\omega)\boldsymbol{a}(\omega)\boldsymbol{a}(\omega) \tag{6.47}$$

$$\Delta k=\frac{3\omega}{c}(n_1-n_3) \tag{6.48}$$

可以得到

$$\frac{\mathrm{d}E(3\omega,z)}{\mathrm{d}z} = \frac{3}{2}\frac{\mathrm{i}\omega\mu_0\varepsilon_0 c}{n_3}\chi_{\mathrm{eff}}^{(3)}E_0^3\mathrm{e}^{\mathrm{i}\Delta kz} \tag{6.49}$$

在小信号近似情况下，可以得到三次谐波光频场为

$$E(3\omega,z) = \frac{3}{2}\frac{\mathrm{i}\omega\mu_0\varepsilon_0 c}{n_3}\chi_{\mathrm{eff}}^{(3)}E_0^3\mathrm{e}^{\mathrm{i}\frac{\Delta kz}{2}}\frac{\sin\frac{\Delta kz}{2}}{\frac{\Delta kl}{2}} \tag{6.50}$$

光强分布为

$$I_3(l) = \frac{(3\omega)^2}{16\varepsilon_0^2 c^4 n_1^3 n_3}\left|\chi_{\mathrm{eff}}^{(3)}\right|^2 I_1^3(0)l^2\frac{\sin^2\frac{\Delta kl}{2}}{\left(\frac{\Delta kl}{2}\right)^2} \tag{6.51}$$

6.4.2　高斯光束的三次谐波产生

根据式(4.146)的基模高斯光束，低阶横模为 TEM_{01} 的光频场

$$E_{01}(x,y,z) = \frac{E_{10}}{1+\mathrm{i}\xi_1}\mathrm{e}^{\mathrm{i}k_1} = \mathrm{e}^{-\frac{k_1 r^2}{b_1(1+\mathrm{i}\xi_1)}} \tag{6.52}$$

为了求出这种情况下的三次谐波强度，采用如下一般的处理方法.

根据非磁性介电晶体中的麦克斯韦方程，可以给出每个平面波分量的非线性极化强度及其产生的强迫光波场之间所满足的波动方程为

$$\nabla\times\nabla\times\boldsymbol{E} - \frac{\omega^2}{c^2}\varepsilon_{\mathrm{r}}\cdot\boldsymbol{E} = \frac{\omega^2}{c^2\varepsilon_0}\boldsymbol{P}(\boldsymbol{k})\mathrm{e}^{\mathrm{i}\boldsymbol{k}\cdot\boldsymbol{r}} \tag{6.53}$$

式中，ε_{r} 是与频率 ω 相应的相对介电常量张量；$\boldsymbol{k}$ 是极化强度的"波矢"，$\boldsymbol{P}(\boldsymbol{k})$ 是"波矢"为 $\boldsymbol{k}$ 的非线性平面"极化波". 在这里，将"波矢"和"极化波"加了引号是因为从物理上来讲，极化强度并不是一个波动. 与式(6.44)~式(6.53)对应比较，下面方程的解为自由波：

$$\nabla\times\nabla\times\boldsymbol{E} - \frac{\omega^2}{c^2}\varepsilon_{\mathrm{r}}\cdot\boldsymbol{E} = 0 \tag{6.54}$$

式(6.54)是离开"极化波源"在晶体中自由传播的光频场.

6.5　四波混频

6.5.1　四波混频概述

在非线性光学介质中，四波混频是四个光波相互作用所引起的非线性光学现象，它起因于介质的三次非线性极化. 四波混频相互作用的方式一般可分为三类：①三

个泵浦光场作用的情况下，作用的光波频率分别为 ω_1、ω_2 和 ω_3，得到的信号光波频率为 ω_s，这是最一般的三次非线性光学效应. ②输出光与一个输入光具有相同模式的情况时，假如输入信号光为 $E_{s0} = E_{30}$，$\omega_s = \omega_3$，则由于三次非线性相互作用的结果，E_3 将获得增益或衰减. ③后向参量放大和振荡时，这是四波混频中的一种特殊情况，其中两个强光波作为泵浦光，而两个反向传播的弱光波得到放大. 这三类的原理图分别如图 6-7(a) ~ (c)所示.

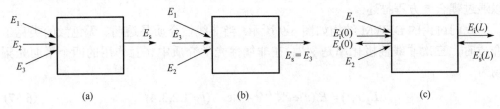

图 6-7　四波混频中的三种作用方式

6.5.2　简并四波混频理论

1. 简并四波混频作用

简并四波混频(degenerate four-wave mixing，DFWM)是指参与相互作用的四个光波的频率相等. 这时支配这个过程的三次非线性极化强度一般有三个波矢不同的分量

$$\boldsymbol{P}_s^{(3)}(\omega) = \boldsymbol{P}_s^{(3)}(k_1 + k_1' - k_i, \omega) + \boldsymbol{P}_s^{(3)}(k_1 - k' + k_i, \omega) + \boldsymbol{P}_s^{(3)}(-k_1 + k' + k_i, \omega) \tag{6.55}$$

式 (6.55) 中的电极化强度与光频场的关系为

$$\begin{cases} \boldsymbol{P}_s^{(3)} = (k_1 + k_1' - k_i, \omega) = \varepsilon_0 \boldsymbol{\chi}^{(3)}(\omega) \vdots E_1(k_1) E_1'(k_1) E_i^*(k_i) \\ \boldsymbol{P}_s^{(3)} = (k_1 - k_1' + k_i, \omega) = \varepsilon_0 \boldsymbol{\chi}^{(3)}(\omega) \vdots E_1(k_1) E_1'^*(k_1) E_i(k_i) \\ \boldsymbol{P}_s^{(3)} = (-k_1 + k_1' + k_i, \omega) = \varepsilon_0 \boldsymbol{\chi}^{(3)}(\omega) \vdots E_1^*(k_1) E_1'(k_1) E_i(k_i) \end{cases} \tag{6.56}$$

与简并四波混频过程三类形式相应的光栅图如图 6-8 所示.

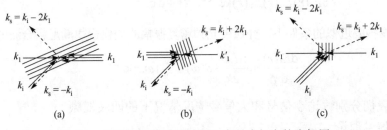

图 6-8　与简并四波混频过程三类形式相应的光栅图

2. 非共振型简并四波混频过程

在非共振型简并四波混频过程中，光频场将引起非线性光学介质折射率的变化. 通常所采用的介质大致分为两类：一类对本地场响应，如光场克尔效应；另一类对非本地场响应，如热响应、光折变效应、电致伸缩效应等. 前者可以利用非线性极化率表征，后者不能直接利用非线性极化率表征. 这些介质中的四波混频过程都可以通过耦合波方程描述.

我们讨论的 DFWM 结构如图 6-9 所示. 当非线性介质是透明、无色散的类克尔介质时，三次非线性极化率是 $\chi^{(3)}$. 在非线性光学介质中相互作用的四个平面光频场为

$$E_l(r,t) = E_l(r)\mathrm{e}^{-(\omega t - kl \cdot r)} + \text{c.c.} \quad (l=1,2,3,4) \tag{6.57}$$

其中，E_1、E_2 是彼此反向传播的泵浦光，E_3、E_4 是彼此反向传播的信号光和散射光. 一般情况下，信号光和泵浦光的传播方向有一个夹角，它们的波矢满足

$$\boldsymbol{k}_1 + \boldsymbol{k}_2 = \boldsymbol{k}_3 + \boldsymbol{k}_4 = 0 \tag{6.58}$$

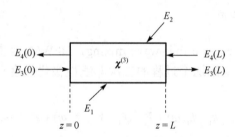

图 6-9　简并四波混频结构示意图

如果这四个光波为同向线偏振光，则可以根据非线性极化强度的一般关系，得到相应于某一分量的感应非线性极化强度，例如

$$
\begin{aligned}
P_4(r,t) = \varepsilon_0 \chi^{(3)} &\left\{ 3\left[2|E_1(r)|^2 + 2|E_2(r)|^2 + 2|E_3(r)|^2 + |E_4(r)|^2 \right] E_4(r) \right. \\
&\left. + 6E_1(r)E_2(r)E_3^*(r) \right\} \mathrm{e}^{-\mathrm{i}(\omega t - k_4 \cdot r)} + \text{c.c.}
\end{aligned} \tag{6.59}
$$

在慢变振幅近似的条件下，介质中光频场复振幅的变化规律满足耦合波方程，即

$$\frac{\mathrm{d}E_l(r)}{\mathrm{d}r_l} = \frac{\mathrm{i}\mu_0 \omega^2}{2k_i} a(\omega) \cdot P'_{\mathrm{NL}}(\omega, r) \mathrm{e}^{\mathrm{i}k_i \cdot r} \tag{6.60}$$

这里我们分别讨论小信号和大信号情况情况下的四波混频.

1）小信号理论

如果介质中的四个光频场满足 $|E_1(r)|^2$、$|E_2(r)|^2$ 远大于 $|E_3(r)|^2$、$|E_4(r)|^2$，就可以

忽略泵浦抽空效应. 在这种情况下，只需考虑 $E_3(r)$ 和 $E_4(r)$ 所满足的方程即可. 假设 $E_3(r)$ 和 $E_4(r)$ 沿着 z 轴彼此相反方向传播，相应的耦合波方程为

$$\begin{cases} \dfrac{\mathrm{d}E_3(z)}{\mathrm{d}z} = \dfrac{\mathrm{i}\mu_0\omega^2}{2k_3}\varepsilon_0\chi^{(3)}[6(|E_1|^2+|E_2|^2)E_3(z)+6E_1E_2E_4^*(z)] \\[3mm] \dfrac{\mathrm{d}E_4(z)}{\mathrm{d}z} = \dfrac{\mathrm{i}\mu_0\omega^2}{2k_4}\varepsilon_0\chi^{(3)}[6(|E_1|^2+|E_2|^2)E_4(z)+6E_1E_2E_3^*(z)] \end{cases} \quad (6.61)$$

根据三次极化率是实数，所以右边第一项仅影响光频场的相位因子，对能量的变化没有贡献，故定义

$$\begin{cases} E_3(z) = E_3'(z)\mathrm{e}^{\frac{\mathrm{i}3\mu_0\varepsilon_0\omega^2}{k_3}\chi^{(3)}\left(|E_1|^2+|E_2|^2\right)z} \\[4mm] E_4(z) = E_4'(z)\mathrm{e}^{\frac{\mathrm{i}3\mu_0\varepsilon_0\omega^2}{k_3}\chi^{(3)}\left(|E_1|^2+|E_2|^2\right)z} \end{cases} \quad (6.62)$$

并可以得到 $E_3'(z)$ 和 $E_4'(z)$ 满足的方程. 为了方便起见，在下面求解 $E_3'(z)$ 和 $E_4'(z)$ 的过程中，我们略去右上角的撇号，将 $E_3'(z)$ 和 $E_4'(z)$ 满足的方程改写为

$$\begin{cases} \dfrac{\mathrm{d}E_3^*}{\mathrm{d}z} = \mathrm{i}gE_4(z) \\[3mm] \dfrac{\mathrm{d}E_3}{\mathrm{d}z} = \mathrm{i}gE_4^*(z) \end{cases} \quad (6.63)$$

式中

$$g = -\frac{1}{k}3\mu_0\varepsilon_0\omega^2\chi^{(3)}E_1E_2 \quad (6.64)$$

在这里已经考虑到 $k_3 = k_4 = k$. 假设边界条件为

$$\begin{cases} E_3(z=0) = E_{30} \\ E_4(z=L) = 0 \end{cases} \quad (6.65)$$

可以求解得到

$$\begin{cases} E_3(z) = \dfrac{\cos[|g|(z-L)]}{\cos(|g|L)}E_{30} \\[4mm] E_4(z) = \mathrm{i}\dfrac{g^*}{|g|}\dfrac{\sin[|g|(z-L)]}{\cos(|g|L)}E_{30}^* \end{cases} \quad (6.66)$$

在两个端面上的输出光频场为

$$\begin{cases} E_3(L) = \dfrac{1}{\cos(|g|L)}E_{30} \\[4mm] E_4(L) = -\mathrm{i}\dfrac{g^*}{|g|}\tan(|g|L)E_{30}^* \end{cases} \quad (6.67)$$

由此我们可以得到如下结论：

(1)在输入面$(z=0)$上，通过非线性作用产生的反射光场$E_4(0)$正比于入射光场E_{30}^*. 因此，反射光场$E_4(z<0)$是入射光场$E_3(z<0)$的背向相位共轭光.

(2)若定义相位共轭(功率)反射率为

$$R = \frac{\left| E_4(z=0) \right|^2}{\left| E_3(z=0) \right|^2} \tag{6.68}$$

则由式(6.67)得到

$$R = \tan^2(|g|L) \tag{6.69}$$

由式(6.69)可见，当$|g|L \approx \pi/2$时，$R \to \infty$，相应于振荡的情况. 在这种情况下，E_3和E_4在介质中的功率分布如图6-10所示. 当$(3\pi/4) > |g|L > (\pi/4)$时，$R > 1$，此时可以产生放大的反射光，在介质中$E_3$和$E_4$的功率分布如图6-11所示.

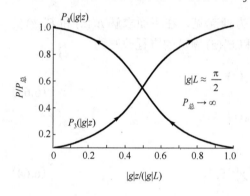

图6-10　振荡时E_3和E_4在介质中的功率分布

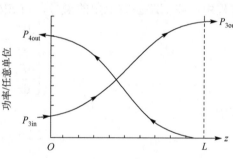

图6-11　DFWM的放大特性

2)大信号理论

在DFWM过程中，如果必须考虑泵浦抽空效应，就应当同时求方程(6.61)的解，这就是大信号理论. 讨论非共线的DFWM作用结构，如图6-12所示. E_1、E_2是彼此反向传播的泵浦光，E_3、E_4是彼此反向传播的信号光和相位共轭光，光频电场仍采用式(6.57)的形式.

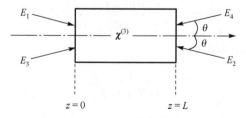

图6-12　非共线DFWM作用结构示意图

为了分析简单起见，我们假设四个光频场同向线偏振，并且忽略光场克尔效应引起的非线性折射率变化项. 在这种情况下，方程 (6.61) 变为

$$
\begin{cases}
\dfrac{\mathrm{d}E_1(r)}{\mathrm{d}r_1} = \dfrac{\mathrm{i}}{k_1} 3\mu_0\varepsilon_0\omega^2\chi^{(3)} E_2^*(r)E_3(r)E_4(r) \\[2ex]
\dfrac{\mathrm{d}E_2(r)}{\mathrm{d}r_2} = \dfrac{\mathrm{i}}{k_2} 3\mu_0\varepsilon_0\omega^2\chi^{(3)} E_1^*(r)E_3(r)E_4(r) \\[2ex]
\dfrac{\mathrm{d}E_3(r)}{\mathrm{d}r_3} = \dfrac{\mathrm{i}}{k_3} 3\mu_0\varepsilon_0\omega^2\chi^{(3)} E_1^*(r)E_2(r)E_4(r) \\[2ex]
\dfrac{\mathrm{d}E_4(r)}{\mathrm{d}r_4} = \dfrac{\mathrm{i}}{k_4} 3\mu_0\varepsilon_0\omega^2\chi^{(3)} E_1^*(r)E_2(r)E_3(r)
\end{cases}
\tag{6.70}
$$

在求解这些方程时，为了克服有多个坐标量的困难，我们引入共同坐标 z. 对于平面波而言，有

$$
\frac{\mathrm{d}}{\mathrm{d}r_l} = \frac{1}{\cos\theta_3}\frac{\mathrm{d}}{\mathrm{d}z}
\tag{6.71}
$$

而由图 6-12 可知，又有 $\cos\theta_1 = \cos\theta_3 = \cos\theta$ 和 $\cos\theta_2 = \cos\theta_4 = \cos\theta$ 的关系，于是，式 (6.70) 可以改写为

$$
\begin{cases}
\dfrac{\mathrm{d}E_1(z)}{\mathrm{d}z} = \mathrm{i}CE_2^*(z)E_3(z)E_4(z) \\[2ex]
\dfrac{\mathrm{d}E_2(z)}{\mathrm{d}z} = -\mathrm{i}CE_1^*(z)E_3(z)E_4(z) \\[2ex]
\dfrac{\mathrm{d}E_3(z)}{\mathrm{d}z} = \mathrm{i}CE_1^*(z)E_2(z)E_4(z) \\[2ex]
\dfrac{\mathrm{d}E_4(z)}{\mathrm{d}z} = -\mathrm{i}CE_1^*(z)E_2(z)E_3(z)
\end{cases}
\tag{6.72}
$$

在一般情况下，DFWM 相位共轭特性可以通过对式 (6.72) 进行数值计算给出. 图 6-13～图 6-16 分别为对称激励情况下计算得到的特性曲线，由这些曲线可以得到 DFWM 的如下特性.

(1) 饱和特性.

由图 6-13 可知，在 I_s 固定的情况下，随着 I_p 的增大，相位共轭反射率 R 也增大，当 I_p 增大到一定程度时，出现饱和现象. 这种饱和现象是非线性耦合效应和泵浦抽空效应共同作用的结果，即随着 I_p 的增大，非线性耦合加强，同时，泵浦抽空效应也越来越显著，导致共轭反射率的饱和.

(2) 自振荡特性.

在 $I_s = 0$ 的情况下，I_p 增大到某一数值时，产生自振荡输出 $(R \to \infty)$. 如图 6-14

所示，在 $D=0$ 时，振荡阈值泵浦激励强度 $(I_p)_{th}=\pi$. 随着 D 的增大，即相应产生的振荡信号输出增大，$(I_p)_{th}$ 也增大，振荡阈值可由式(6.72)求出.

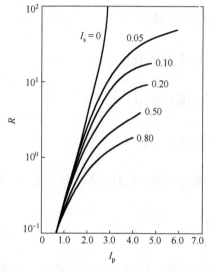

图 6-13 I_s 为参量时，R 与 I_p 的关系曲线

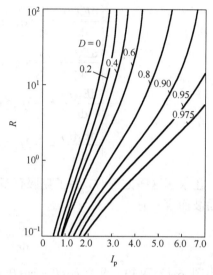

图 6-14 D 为参量时，R 与 I_p 的关系曲线

(3)泵浦抽空特性.

如图 6-15 所示，当 R 固定时，随着 I_p 的增大，泵浦抽空效应愈加显著. 这是因为，在 R 固定时，I_p 增大，I_s 必定增大，从而泵浦抽空严重，如图 6-16 所示. 图 6-15 中的 $D \to 1$ 表示泵浦能量趋于完全转化为信号光能量.

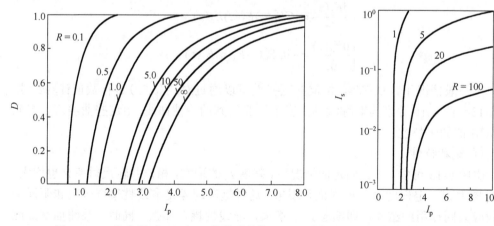

图 6-15 R 为参量时，D 与 I_p 的关系曲线   图 6-16 R 为参量时，I_s 与 I_p 的关系曲线

(4)相位共轭反射率特性.

如图 6-17 所示给出了在 DFWM 结构外加一个普通反射镜，就构成了相位共轭

谐振腔(phase conjugated resonator, PCR).

假定反射镜的反射系数为 r, 在不考虑损耗的情况下, PCR 的振荡, 即 DFWM 自振荡阈值条件为

$$r^2 R = 1 \qquad (6.73)$$

相应于这种情况, DFWM 自振荡时的相位共轭反射率为

$$R_{\text{th}} = \frac{1}{r^2} \qquad (6.74)$$

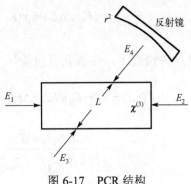

图 6-17 PCR 结构

3. 共振型简并四波混频过程

从上面的讨论可以看出, 为了提高四波混频的效率, 希望增大 $\chi^{(3)}$. 但实际上, 对于非共振型非线性介质来说, $\chi^{(3)}$ 不可能很大. 如果采用共振型非线性介质, 则由于非线性极化率的共振增强, 四波混频效率会大大提高, 有可能在较低的泵浦强度下获得较强的相位共轭波, 甚至可以连续工作.

如图 6-18 所示, 假设在四波混频结构中, E_1、E_2 是沿着任意方向彼此反向传播的强泵浦光, E_3、E_4 是沿着 z 轴彼此反向传播的弱信号光和相位共轭光, 它们的波矢满足 $k_1 + k_2 = k_3 + k_4 = 0$, 并且波数相等, 令其为 k. 为了讨论方便起见, 认为这四个光波同偏振, 且不计泵浦抽空效应. 在稳态情况下, 二能级原子系统的极化率为

$$\chi(E) = \frac{2\alpha_0}{k} \frac{\mathrm{i} + \delta}{1 + \delta^2 + |E/E_{s0}|^2} \qquad (6.75)$$

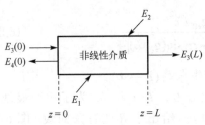

图 6-18 共振型 DFWM 结构示意图

式中, $\delta = (\omega_0, \omega) T_2$ 为偏离谱线中心的归一化失谐频率, $|E_{s0}|^2 = 2/(T_1 T_2 p^2)$ 为谱线中心饱和参量, $\alpha_0 = p^2 \Delta n_0 T_2 k/(2\varepsilon_0)$ 为谱线中心的小信号吸收系数, T_1、T_2 分别是纵向弛豫时间和横向弛豫时间, Δn_0 是无场时二能级的粒子数差, p 是原子偶极矩, k 为波数.

由前面的假设, 可以将介质中光频场表示为

$$E = E_0 + \Delta E \qquad (6.76)$$

其中, $E_0 = E_1 + E_2$ 是强泵浦光频场, $\Delta E = E_3 + E_4$ 是弱信号光频场. 因为 $E_0 \gg \Delta E$, 所以可将 $\chi(E) = \chi(E_0 + \Delta E)$ 在 E_0 处进行泰勒级数展开, 并取一次项, 得到

$$\chi(E_0 + \Delta E) = \chi(E_0) - \frac{\chi(E_0)}{1 + \delta^2 + |E_0/E_{s0}|^2} \frac{E_0^* \Delta E + E_0 \Delta E^*}{|E_{s0}|^2} \tag{6.77}$$

在这种情况下，电极化强度为

$$
\begin{aligned}
P(r,t) &= \varepsilon_0 \chi(E_0)(E_0 + \Delta E) - \varepsilon_0 \chi(E_0) \frac{E_0^* \Delta E + E_0 \Delta E^*}{|E_{s0}|^2 \left(1 + \delta^2 + |E_0/E_{s0}|^2\right)} E_0 \\
&= \frac{2\varepsilon_0 \alpha_0 (i+\delta)}{k\left(1 + \delta^2 + |E_0/E_{s0}|^2\right)} [2E_1 \cos(k \cdot r) + E_3(z)e^{ikz} + E_4(z)e^{-ikz}]e^{-i\omega t} \\
&\quad - \frac{2\varepsilon_0 \alpha_0 (i+\delta)}{k|E_{s0}|^2 \left(1 + \delta^2 + |E_0/E_{s0}|^2\right)^2} \Big\{ 4|E_1|^2 \cos^2(k \cdot r) \\
&\quad \times [E_3(z)e^{ikz} + E_3^*(z)e^{-ikz} + E_4(z)e^{-ikz} + E_4^*(z)e^{ikz}] \Big\} e^{-i\omega t}
\end{aligned}
\tag{6.78}
$$

从以上分析中可以知道，共振型 DFWM 过程具有如下特性：

(1)当信号光 $E_3(z<0)$ 入射到共振介质上时，由于非线性作用，将产生其背向相位共轭光 $E_4(z<0)$. 如果光波频率远离共振区，介质吸收可以忽略不计，其结果与非共振型 DFWM 相位共轭一致.

(2)共振型 DFWM 过程中，入射光的透射率为

$$T = \frac{|E_3(L)|^2}{|E_3(0)|^2} = \frac{|g_{\text{eff}}|^2}{|g_{\text{eff}} \cos(g_{\text{eff}}L) + \alpha_r \sin(g_{\text{eff}}L)|^2} \tag{6.79}$$

这里背向相位共轭功率的反射率为

$$R = \frac{|E_4(0)|^2}{|E_3(0)|^2} = \frac{|g \sin(g_{\text{eff}}L)|^2}{|g_{\text{eff}} \cos(g_{\text{eff}}L) + \alpha_r \sin(g_{\text{eff}}L)|^2} \tag{6.80}$$

由式(6.79)可见，共振型 DFWM 过程也可能产生振荡 $(R \to \infty)$.

(3)影响相位共轭反射率 R 的主要参量是 $\alpha_0 L$、I/I_s 和 δ. 为了更明显地看出 R 的变化规律，我们对 R 关系式进行数值计算，给出了 R 的有关曲线. 图 6-19 给出了在谱线中心 $(\delta=0)$ 工作时，对于各种小信号吸收值 $(\alpha_0 L)$ 的 R 与 I/I_s 的关系曲线.

在 βL 固定，以失谐 δ 为参量时，考虑在小信号吸收的情况下，R 与 I/I_{s0} 的关系曲线如图 6-20 所示. 失谐时的小信号吸收为

$$\beta L = \frac{\alpha_0 L}{1 + \delta^2} \tag{6.81}$$

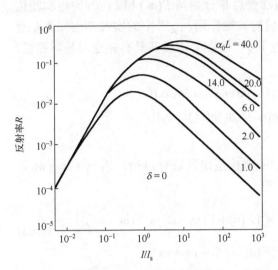 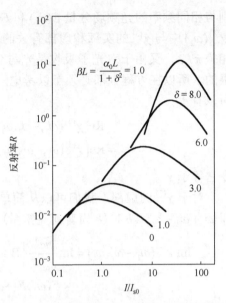

图 6-19　在谱线中心（$\delta = 0$）工作时，以 $\alpha_0 L$ 为 　图 6-20　R 与对线中心饱和强度归一化的泵浦
参量，R 与 I/I_s 的关系曲线 　　　　　强度 I/I_{s0} 的关系曲线

6.6　双光子吸收

当采用红宝石激光照射掺铕氟化钙（CaF:Eu）晶体时，可以探测到相应于两倍红宝石激光频率跃迁的荧光. 因为该晶体不存在与单个红宝石激光光子相对应的任何激发态，所以不能用连续吸收两个红宝石激光光子来解释这种现象，故用双光子吸收现象来描述. 我们下面讨论分析双光子吸收的耦合波方程，以及双光子吸收过程特征长度和能量守恒规律.

当只有两个频率分量 ω_1 和 ω_2 时，在介质中不发生二次非线性效应，或者不满足产生倍频、和频和差频的相位匹配条件，或者不满足产生三次谐波的相位匹配条件的情况下，只需考虑频率为 ω_1 和 ω_2 的这两个光频场之间的耦合即可，讨论 $\omega_1 + \omega_2$ 接近介质的某个跃迁频率 ω_0. 假定非线性光学介质中频率为 ω_1 和 ω_2 的光频场表示式为

$$W(\omega_1) = W(\omega_1, z)a(\omega_1)e^{ik_1 z} \quad W(\omega_2) = W(\omega_2, z)a(\omega_2)e^{ik_2 z} \tag{6.82}$$

相应的三次非线性极化强度的复振幅为

$$\boldsymbol{P}^{(3)}(\omega_1) = 6\varepsilon_0 \boldsymbol{\chi}^{(3)}(\omega_2, -\omega_2, \omega_1) \vdots a(\omega_2)a(\omega_2)a(\omega_1)\left|E(\omega_2, z)\right|e^{ik_1 z} \tag{6.83}$$

$$\boldsymbol{P}^{(3)}(\omega_2) = 6\varepsilon_0 \boldsymbol{\chi}^{(3)}(\omega_1, -\omega_1, \omega_2) \vdots a(\omega_1)a(\omega_1)a(\omega_2)\left|E(\omega_1, z)\right|e^{ik_2 z} \tag{6.84}$$

在双光子吸收特性分析中，由式（6.83）和式（6.84）可见，$\boldsymbol{P}^{(3)}(\omega_1)$ 和 $\boldsymbol{P}^{(3)}(\omega_2)$ 分

别与相同频率的光频场分量 $E(\omega_1)$ 和 $E(\omega_2)$ 对 kz 有相同的指数关系. 因而 $\boldsymbol{P}^{(3)}(\omega_1)$ 和 $\boldsymbol{P}^{(3)}(\omega_2)$ 中与 $\chi^{(3)}$ 的实部和虚部有关的两部分总是分别与 $E(\omega_1)$ 和 $E(\omega_2)$ 同相和相位相差 $\pi/2$，又由于双光子吸收是光与介质的共振作用，$\chi^{(3)}$ 中的实部和虚部都是有限的，所以在方程中都必须予以考虑. 对于 $\chi^{(3)}$ 的实部，因其具有完全对易对称性，所以有

$$
\begin{aligned}
&\mathrm{Re}[\boldsymbol{\chi}^{(3)}(\omega_2,-\omega_2,\omega_1)\,\vdots\,a(\omega_1)a(\omega_2)a(\omega_2)a(\omega_1)] \\
&= \mathrm{Re}[\boldsymbol{\chi}^{(3)}(\omega_1,-\omega_1,\omega_2)\,\vdots\,a(\omega_2)a(\omega_1)a(\omega_1)a(\omega_2)]
\end{aligned}
\tag{6.85}
$$

令它等于 χ.

对于 $\chi^{(3)}$ 的虚部，我们可以从简单的经典模型出发进行讨论，当 $\omega_1+\omega_2 \sim \omega_0$，即 $|\omega_1+\omega_2-\omega_0| \leqslant h$ 时(h 为普朗克常量)，有

$$
\begin{aligned}
\mathrm{Im}\,\boldsymbol{\chi}^{(3)}(\omega_2,-\omega_2,\omega_1) = \mathrm{Im}\,\frac{ne^4}{\varepsilon_0 m^3}\Bigg\{&B+\frac{2}{3}A^2[F(0)+F(\omega_1-\omega_2)+F(\omega_1+\omega_2)]\Bigg\} \\
&\times F(\omega_2)F(-\omega_2)F(\omega_1)F(\omega_2-\omega_2+\omega_1)
\end{aligned}
\tag{6.86}
$$

因为按 $F(\omega)$ 的定义式，有 $F(\omega)=1/(\omega_0^2-\omega^2-2ih\omega)$，所以 $F(0)$ 是实数；又因为 $(\omega_1+\omega_2)$ 接近共振频率 ω_0，所以 ω_1、ω_2 和 $\omega_1-\omega_2$ 都远离共振频率 ω_0，这样，$F(\omega_1)$、$F(\omega_2)$ 和 $F(\omega_1-\omega_2)$ 等都是实数. 式(6.86)变为

$$
\mathrm{Im}\,\boldsymbol{\chi}^{(3)}(\omega_2,-\omega_2,\omega_1) = \frac{2ne^4A^2}{3\varepsilon_0 m^3}F^2(\omega_1)F^2(\omega_2)\mathrm{Im}\,F(\omega_2+\omega_1) = \mathrm{Im}\,\boldsymbol{\chi}^{(3)}(\omega_1,-\omega_1,\omega_2)
\tag{6.87}
$$

由此可见，$\chi^{(3)}(\omega_2,-\omega_2,\omega_1)$ 和 $\chi^{(3)}(\omega_1,-\omega_1,\omega_2)$ 的虚部相等，并且因为 $F(\omega_1)$、$F(\omega_2)$ 都是实数，$\mathrm{Im}\,F(\omega_2+\omega_1)>0$，所以 $\mathrm{Im}\,\chi^{(3)}$ 与二能级间的粒子数密度差 n 有相同的符号. 在热平衡条件下 n 是正的，而在粒子数反转的条件下，n 为负值. 于是，我们可以引入符号 χ_{TA}，并且有

$$
\begin{aligned}
\chi_{\mathrm{TA}} &= \mathrm{Im}[\boldsymbol{\chi}^{(3)}(\omega_2,-\omega_2,\omega_1)\,\vdots\,a(\omega_1)a(\omega_2)a(\omega_2)a(\omega_1)] \\
&= \mathrm{Im}[\boldsymbol{\chi}^{(3)}(\omega_1,-\omega_1,\omega_2)\,\vdots\,a(\omega_2)a(\omega_1)a(\omega_1)a(\omega_2)]
\end{aligned}
\tag{6.88}
$$

实际上，我们也可以利用量子力学方法导出的双光子吸收 $\chi_{\mu\alpha\beta\gamma}^{(3)}$ 的表示式来分析其实部和虚部，得到完全相同的结论. 这样有

$$
\frac{\mathrm{d}E(\omega_1,z)}{\mathrm{d}z} = \frac{3\omega_1^2}{k_1 c^2}(\mathrm{i}\chi-\chi_{\mathrm{TA}})|E(\omega_2,z)|^2 E(\omega_1,z)
\tag{6.89a}
$$

$$
\frac{\mathrm{d}E(\omega_2,z)}{\mathrm{d}z} = \frac{3\omega_2^2}{k_2 c^2}(\mathrm{i}\chi-\chi_{\mathrm{TA}})|E(\omega_1,z)|^2 E(\omega_2,z)
\tag{6.89b}
$$

由方程(6.89)可以导出

$$\frac{k_1}{\omega_1^2} E^*(\omega_1, z) \frac{\mathrm{d}E(\omega_1, z)}{\mathrm{d}z} - \frac{k_2}{\omega_2^2} E^*(\omega_2, z) \frac{\mathrm{d}E(\omega_2, z)}{\mathrm{d}z} = 0 \tag{6.90}$$

取式 (6.90) 的复数共轭并与它本身相加，再进行积分后得到

$$\frac{k_1}{\omega_1^2} \left| E(\omega_1, z) \right|^2 - \frac{k_2}{\omega_2^2} \left| E(\omega_2, z) \right|^2 = 常数 \tag{6.91}$$

如果用光子通量表示，根据 $N(\omega) = \dfrac{2k}{\mu_0 \hbar \omega^2} \left| E(\omega) \right|^2$ 的关系，上式可以表示为

$$N(\omega_1, z) - N(\omega_2, z) = N(\omega_1, 0) - N(\omega_2, 0) = 常数 \tag{6.92}$$

式 (6.92) 是曼利-罗关系式，它表明频率为 ω_1 和 ω_2 的光频场必须同时被放大或衰减，这正是双光子吸收规律性的反映.

关于式 (6.89) 的一般解，可以采用光子通量来表示.

用 $E^*(\omega_1, z)$ 乘以式 (6.89a)，并与其复共轭相加，可以得到

$$\frac{\mathrm{d}\left| E(\omega_1, z) \right|^2}{\mathrm{d}z} = -\frac{6\omega_1^2}{k_1 c^2} \chi_{\mathrm{TA}} \left| E(\omega_1, z) \right|^2 \left| E(\omega_2, z) \right|^2 \tag{6.93}$$

或

$$\frac{\mathrm{d}N(\omega_1, z)}{\mathrm{d}z} = -\frac{3\omega_1^2 \omega_2^2}{k_1 k_2 c^2} \mu_0 \hbar \chi_{\mathrm{TA}} N(\omega_1, z) N(\omega_2, z) \tag{6.94}$$

由此我们得到光子通量 $N(\omega_1, z)$ 和 $N(\omega_2, z)$ 满足的方程为

$$\frac{\mathrm{d}N(\omega_1, z)}{\mathrm{d}z} = \frac{\mathrm{d}N(\omega_2, z)}{\mathrm{d}z} = -\alpha_{\mathrm{TA}} N(\omega_1, z) N(\omega_2, z) \tag{6.95}$$

式中

$$\alpha_{\mathrm{TA}} = \frac{3\omega_1^2 \omega_2^2}{k_1 k_2 c^2} \mu_0 \hbar \chi_{\mathrm{TA}} \tag{6.96}$$

将式 (6.92) 代入式 (6.95) 中，有

$$\frac{\mathrm{d}N(\omega_1, z)}{\mathrm{d}z} = -\alpha_{\mathrm{TA}} N^2(\omega_1, z) + \alpha_{\mathrm{TA}} N(\omega_1, z) \left[N(\omega_1, 0) - N(\omega_2, 0) \right] \tag{6.97}$$

对式 (6.97) 积分，并利用积分公式

$$\int \frac{\mathrm{d}x}{a + bx + cx^2} = \frac{1}{\sqrt{-q}} \ln \frac{2cx + b - \sqrt{-q}}{2cx + b + \sqrt{-q}} \tag{6.98}$$

式中，$q = 4ac - b^2$. 再经过简单的运算，可得光子通量 $N(\omega_1, z)$ 的表示式为

$$N(\omega_1, z) = N(\omega_1, 0) \frac{N(\omega_1, 0) - N(\omega_2, 0)}{N(\omega_1, 0) - N(\omega_2, 0) \mathrm{e}^{-z/l_{\mathrm{TA}}}} \tag{6.99}$$

式中

$$l_{\text{TA}} = \frac{1}{\alpha_{\text{TA}}\left[N(\omega_1,0) - N(\omega_2,0)\right]} \tag{6.100}$$

式 (6.100) 表示双光子吸收过程的一个特征长度.

再由式 (6.92) 和式 (6.99) 可得到

$$N(\omega_2,z) = N(\omega_2,0)\frac{N(\omega_1,0) - N(\omega_2,0)}{N(\omega_1,0) - N(\omega_2,0)\mathrm{e}^{-z/l_{\text{TA}}}}\mathrm{e}^{\frac{z}{l_{\text{TA}}}} \tag{6.101}$$

如果我们按照习惯把两束光中较弱的一束的频率规定为 ω_2，则由式 (6.100) 可见，l_{TA} 是正值. 所以，对于大的 z 值，$N(\omega_1,z)$ 趋于 $\left[N(\omega_1,0) - N(\omega_2,0)\right]$，$N(\omega_2,z)$ 趋于零. 由式 (6.99) 和式 (6.101) 给出的 $N(\omega_1,z)$ 和 $N(\omega_2,z)$ 随 z 变化的曲线如图 6-21 所示.

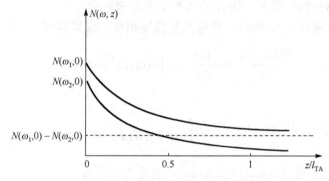

图 6-21　双光子吸收的衰减关系曲线

利用双光子共振吸收可以产生差频 ω_3 和 ω_4，如图 6-22 所示. 简并的情况是 $\omega_1 = \omega_4$，$\omega_2 = \omega_3$. 利用双光子共振吸收产生的差频 ω_4 的三阶非线性极化率为 $\chi^{(3)}(-\omega_4,\omega_3,\omega_2,\omega_1)$.

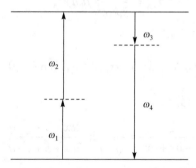

图 6-22　双光子共振吸收产生差频（ω_3 或 ω_4）

同时，双光子吸收过程可以消除多普勒增宽的影响，因而可以提高光谱分析的分辨率. 同时, 在一定条件下, 在双光子吸收的过程中, 其中一束光的偏振将会改变.

6.7　光学参量过程和非参量过程

光学参量过程是指在非线性光学过程结束后, 其非线性介质的原子或分子始终保持在它的原始状态, 例如, 非线性光学现象中的混频过程、三次谐波产生过程、光参量激光器输出的参量光产生过程等. 此类过程只有满足三波之间的相位匹配条件才能有效地产生. 光学非参量过程是指在非线性光学过程结束后, 介质中原子或分子的末态与其始态不同而发生了改变, 如双光子吸收等. 此类过程中不要求相位匹配. 如果只采用相位匹配的要求区分光学参量过程与非参量过程是不严谨的, 因为某些过程是不能按照如此要求分类的.

简单地说明光学参量过程和非参量过程的特点.

(1) 在光学参量过程中, 介质只起到媒介作用, 而在光学非参量过程中, 介质参与到非线性光学过程中, 状态发生了变化. 在此, 以三次谐波产生的过程予以说明. 由于不存在任何共振效应, 所以电极化率可以取实数. 这里给出极化所消耗的功率关系式

$$W = -\left\langle E \cdot \frac{\partial P}{\partial t} \right\rangle = 2\omega \operatorname{Im}(E \cdot P^*) \tag{6.102}$$

由基频光波场和三次谐波光频场入射到介质产生的不可逆的能量流为

$$
\begin{aligned}
W &= -2\operatorname{Im}\left[\omega E(\omega) \cdot P^*(\omega) + 3\omega E(3\omega) \cdot P^*(3\omega) \right] \\
&= -2\operatorname{Im}\{ \omega E(\omega) \cdot [3\varepsilon_0 \chi^{(3)}(-\omega, 3\omega, -\omega, -\omega) \vdots E(3\omega)E^*(\omega)E^*(\omega)]^* \\
&\quad + 3\omega E(3\omega) \cdot [\varepsilon_0 \chi^{(3)}(-3\omega, \omega, \omega, \omega) \vdots E(\omega)E(\omega)E(\omega)]^* \}
\end{aligned} \tag{6.103}
$$

利用极化率张量的真实性条件、时间反演对称性和完全对易对称性, 有

$$
\begin{aligned}
\left[\chi^{(3)}(-\omega, 3\omega, -\omega, -\omega)\right]^* &= \chi^{(3)}(\omega, -3\omega, \omega, \omega) \\
&= \chi^{(3)}(-\omega, 3\omega, -\omega, -\omega) \\
&= \chi^{(3)}(-\omega, 3\omega, \omega, \omega)
\end{aligned} \tag{6.104}
$$

将式 (6.103) 代入式 (6.104) 中, 得到

$$
\begin{aligned}
W = -2\operatorname{Im}\{3\varepsilon_0\omega[E(\omega) \cdot \chi^{(3)}(-3\omega, \omega, \omega) \vdots E^*(3\omega)E(\omega)E(\omega) \\
+ E(3\omega) \cdot \chi^{(3)}(-3\omega, \omega, \omega, \omega) \vdots E(\omega)E^*(\omega)E^*(\omega)]\} = 0
\end{aligned} \tag{6.105}
$$

(2) 在光学参量过程中, 由式 (6.51) 可以看出, 所产生的三次谐波场的强度与 $\left|\chi^{(3)}(3\omega, \omega, \omega, \omega)\right|^2 = (\chi')^2 + (\chi'')^2$ 有关, 其极化率张量实部 (χ') 和虚部 (χ'') 的贡献方式相同.

(3)在光学参量过程中,通过非线性作用产生的光频场与激励光场处于不同的辐射模(即不是受激发射过程),而光学非参量过程则可能是受激发射过程.

6.8　受激拉曼散射

6.8.1　普通拉曼散射与受激拉曼散射

当一束频率为 ω_p 的光波入射液态、气态或固态介质时,其散射光谱中存在着相对入射光有一定频移的成分 ω_s ,频移量 $\omega_p - \omega_s = \omega_v$ 相当于介质内部某些确定的能级跃迁的频率,例如晶体中光学声子的频率,这种散射称为普通的自发拉曼散射. 自发拉曼散射的效率很低,相对每个入射光子的散射光子为 $10^{-6} \sim 10^{-7}$ 量级. 当 $\omega_p > \omega_s$ 时,这种散射称为斯托克斯散射;当 $\omega_p < \omega_s$ 时,这种散射称为反斯托克斯散射,其强度比斯托克斯散射小几个数量级. 这两种散射的能级图如图 6-23 所示. 图 6-23(a)代表分子原来处在基态 $\nu=0$ 上,一个频率为 ω_p 的入射光子被分子吸收,同时发射一个频率为 $\omega_s = \omega_p - \omega_v$ 的斯托克斯光子,而分子被激发到 $\nu=1$ 的振动能级上. 图 6-23(b)表示分子原来处在 $\nu=1$ 的激发态上,散射的反斯托克斯光的频率为 $\omega_{as} = \omega_p + \omega_v$.

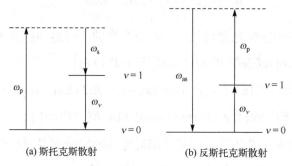

(a) 斯托克斯散射　　　　　　　(b) 反斯托克斯散射

图 6-23　两种散射能级图

从经典物理学观点看,拉曼散射起因于分子振动引起的线性极化率的周期性变化. 例如,假设 q 为分子振动的简正坐标, ω_v 是分子的振动频率,则线性极化率 χ 为

$$\chi = \chi_0 + \frac{\partial \chi}{\partial q} q_0 \sin \omega_v t \tag{6.106}$$

因而分子系统在受到外加光频场 $E_0 \sin \omega t$ 作用后,产生的极化强度为

$$P = \varepsilon_0 \chi E = \varepsilon_0 E_0 \left(\chi_0 + \frac{\partial \chi}{\partial q} q_0 \sin \omega_v t \right) \sin \omega t \tag{6.107}$$

与普通拉曼散射相比较，受激拉曼散射（SRS）具有如下一些特点：①明显的阈值性；②明显的定向性；③光谱具有高单色性；④散射光具有高强度；⑤散射光随时间的变化特性与入射激光类似.

6.8.2　受激拉曼散射过程的电磁场

根据电磁场理论分析受激拉曼散射效应时，其方法与讨论双光子吸收时的方法相同，只是对于该过程，光频场的两个频率分量的差接近于介质分子的一个跃迁频率. 假设激励光频率为 ω_p，散射光频率为 $\omega_s(\omega_p > \omega_s)$，其两个频率光电场满足的耦合波方程为

$$\frac{dE(\omega_s,z)}{dz} = \frac{3i\omega_s^2}{k_s c^2}\chi^{(3)}(\omega_p,-\omega_p,\omega_s):a(\omega_s)a(\omega_p)a(\omega_s)\times\left|E(\omega_p,z)\right|^2 E(\omega_s,z) \quad (6.108)$$

$$\frac{dE(\omega_p,z)}{dz} = \frac{3i\omega_p^2}{k_p c^2}\chi^{(3)}(\omega_s,-\omega_s,\omega_p)\vdots a(\omega_p)a(\omega_s)a(\omega_p)\times\left|E(\omega_s,z)\right|^2 E(\omega_p,z) \quad (6.109)$$

与双光子吸收过程的情况相同，在这里没有相位匹配条件的限制. 对式(6.108)和式(6.109)进行数值计算，获得的 SRS 效应中激励光子与散射光子的转换过程，如图 6-24 所示.

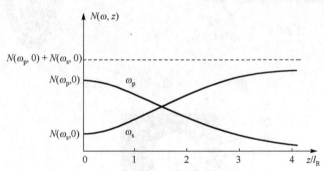

图 6-24　SRS 效应中 ω_s 和 ω_p 两束光的放大和衰减曲线

6.8.3　受激拉曼散射的多重谱线特性

在受激拉曼散射的光谱实验中，人们发现除存在与普通拉曼散射光谱线相对应的谱线外，有时还有一些新的等频率间隔的谱线，如图 6-25 所示. 这就是受激拉曼散射的多重谱线特性.

利用红宝石激光束在苯中产生 SRS 的实验装置如图 6-26 所示，所产生的环状图案，即 SRS 光频率与方向的关系如图 6-27 所示.

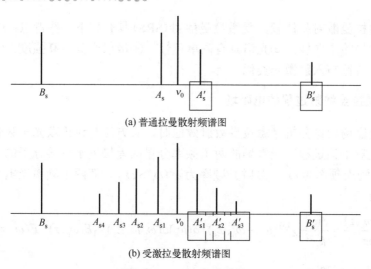

(a) 普通拉曼散射频谱图

(b) 受激拉曼散射频谱图

图 6-25　SRS 多重谱线

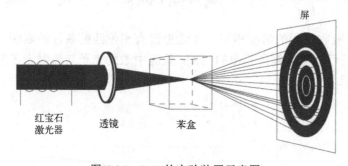

图 6-26　SRS 的实验装置示意图

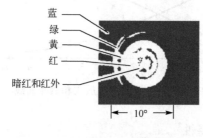

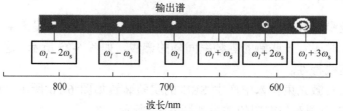

图 6-27　实验中产生的 SRS 光频率和方向分布

例如，根据光波与介质的非线性相互作用理论，一级反斯托克斯散射光可以认为是由一级斯托克斯散射光和入射激光通过三次非线性极化产生的

$$
\begin{aligned}
\boldsymbol{P}^{(3)}(\omega_s',r) = {} & 3\varepsilon_0 \boldsymbol{\chi}^{(3)}(\omega_p,\omega_p,-\omega_s) \vdots a(\omega_p)a(\omega_p)a(\omega_s) \\
& \times E(\omega_p,r)E(\omega_p,r)E^*(\omega_s,r)\mathrm{e}^{\mathrm{i}[(2k_p-k_s)\cdot r]}
\end{aligned}
\tag{6.110}
$$

由上式可见，一级反斯托克斯散射光只有满足相位匹配条件

$$
\Delta k = 2k_p - k_{s1} - k_{s1}' = 0 \tag{6.111}
$$

才能产生一级反斯克托斯散射光的相位匹配矢量图，如图 6-28 所示.

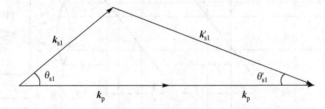

图 6-28　一级反斯克托斯散射光的相位匹配矢量图

我们以上讨论的受激拉曼散射都是由分子的振动和转动引起的，这种受激拉曼散射的频移量一般在 $10^2 \sim 10^3\,\mathrm{cm}^{-1}$ 量级，产生这种效应的物质主要是以硝基苯、苯、甲苯、CS_2 为代表的几十种有机液体，它们有较大的散射截面. 固体介质是以金刚石、方解石为代表的晶体，以及光学玻璃和纤维波导等. 气体介质主要是气压为几十到几百标准大气压的 H_2、N_2、O_2 和 CH_4 等. 表 6-1 给出了若干介质的受激拉曼频移量.

表 6-1　若干介质的受激拉曼频移量

物质	频移/cm^{-1}	物质	频移/cm^{-1}
苯	3064±2	环己烷	2852±1
	990±2	金刚石	1325
	1980±4		2661
硝基(代)苯	1344±2	方解石	1075
	2×(1346±2)		2171
	3×(1340±5)	SiO_2	467
甲苯	1004±4	CS_2	655.6
1-溴(代)苯	1368	$Ba_2NaNb_5O_{15}$	650 (655)
吡啶	992±2	液氮	2326.5
C_5H_5N	2×(992±5)	H_2	4155
液氧	1552		

6.9　受激布里渊散射

第一个用来探测受激布里渊散射(stimulated Brillouin scattering, SBS)的实验原理图，如图 6-29 所示. 因为受激布里渊散射光相对入射光的频移很小，一般小于 1cm^{-1}，所以对散射光谱进行分析时，必须采用高分辨率的光谱分析仪器.

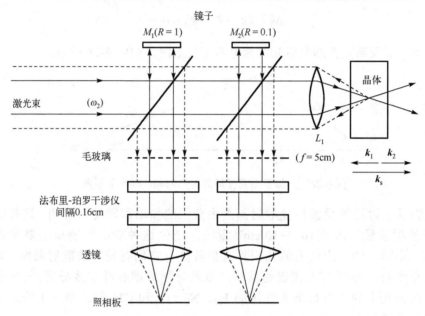

图 6-29　受激布里渊散射实验原理图

6.9.1　受激布里渊散射的基本耦合方程

1. 声波的运动方程

假设 $u(x,t)$ 是介质内 x 处的质点偏离平衡位置的位移，介质密度为 ρ_m，弹性系数为 α，则当只有弹性力存在的情况下，沿 x 方向传播的声波波动方程为

$$\frac{\partial^2 u}{\partial t^2} = \frac{1}{\alpha \rho_\text{m}} \frac{\partial^2 u}{\partial x^2} \tag{6.112}$$

外界电场作用引起介质的应变会导致其介电常量改变，从而使静电储能密度发生相应的改变，即

$$\delta \omega = \delta\left[\frac{1}{2}(\boldsymbol{E} \cdot \boldsymbol{D})\right] \tag{6.113}$$

则介质总的电能改变为

$$\delta W = \delta \int \frac{1}{2} \boldsymbol{E} \cdot \boldsymbol{D} \mathrm{d}V = \delta \int \frac{1}{2\varepsilon} \boldsymbol{D}^2 \mathrm{d}V = -\frac{1}{2} \int \boldsymbol{E}^2 \delta\varepsilon \mathrm{d}V + \int \boldsymbol{E} \cdot \delta\boldsymbol{D} \mathrm{d}V \tag{6.114}$$

所以有

$$\frac{\partial W}{\partial t} = -\frac{1}{2} \int \boldsymbol{E}^2 \frac{\partial \varepsilon}{\partial t} \mathrm{d}V - \int \nabla\varphi \cdot \frac{\partial \boldsymbol{D}}{\partial t} \mathrm{d}V \tag{6.115}$$

式中，$\boldsymbol{E} = -\nabla\varphi$. 因为

$$\int \nabla \cdot (\varphi\delta\boldsymbol{D}) \mathrm{d}V = \int (\nabla\varphi) \cdot \delta\boldsymbol{D} \mathrm{d}V + \int \varphi \nabla \cdot \delta\boldsymbol{D} \mathrm{d}V = \oint_S \varphi\delta\boldsymbol{D} \cdot n \mathrm{d}S \tag{6.116}$$

并且，若取上述面积分的积分限远离介质，即当 $r \to \infty$ 时，由于 $\varphi\delta\boldsymbol{D}$ 随 r^{-3} 变化，所以面积分为零. 又根据麦克斯韦方程 $\nabla \cdot \boldsymbol{D} = \rho$，有

$$\delta(\nabla \cdot \boldsymbol{D}) = \nabla \cdot \delta\boldsymbol{D} = \delta\rho \tag{6.117}$$

将式 (6.117) 代入式 (6.115) 中得到

$$\frac{\partial W}{\partial t} = -\frac{1}{2} \int \boldsymbol{E}^2 \frac{\partial \varepsilon}{\partial t} \mathrm{d}V + \int \varphi \frac{\partial \rho}{\partial t} \mathrm{d}V \tag{6.118}$$

根据功能原理，上述静电储能的改变意味着存在一个作用力 $\boldsymbol{F}$，该作用力所做功率的负值等于静电储能的变化率，即有

$$\frac{\partial W}{\partial t} = -\int \boldsymbol{F} \cdot \boldsymbol{v} \mathrm{d}V \tag{6.119}$$

式中，$\boldsymbol{v}$ 是介质中质点的速度.

假设介质的温度是恒定不变的，介质的质量密度 $\rho_\mathrm{m}(x,y,z,t)$ 和介电常量 $\varepsilon(x,y,z,t)$ 的时间变化率分别为

$$\frac{\mathrm{d}\varepsilon}{\mathrm{d}t} = \frac{\partial \varepsilon}{\partial x}\frac{\mathrm{d}x}{\mathrm{d}t} + \frac{\partial \varepsilon}{\partial y}\frac{\mathrm{d}y}{\mathrm{d}t} + \frac{\partial \varepsilon}{\partial z}\frac{\mathrm{d}z}{\mathrm{d}t} + \frac{\partial \varepsilon}{\partial t} = (\nabla\varepsilon) \cdot \boldsymbol{v} + \frac{\partial \varepsilon}{\partial t} \tag{6.120}$$

$$\frac{\mathrm{d}\rho_\mathrm{m}}{\mathrm{d}t} = (\nabla\rho_\mathrm{m}) \cdot \boldsymbol{v} + \frac{\partial \rho_\mathrm{m}}{\partial t} \tag{6.121}$$

当介质内部有振动时，质量密度 ρ_m 和电荷密度 ρ 均满足连续性方程，即有

$$\frac{\mathrm{d}\rho_\mathrm{m}}{\mathrm{d}t} + \nabla \cdot (\rho_\mathrm{m}\boldsymbol{v}) = 0 \tag{6.122}$$

和

$$\frac{\mathrm{d}\rho}{\mathrm{d}t} + \nabla \cdot (\rho\boldsymbol{v}) = 0 \tag{6.123}$$

由于

$$\frac{\mathrm{d}\varepsilon}{\mathrm{d}t} = \frac{\mathrm{d}\varepsilon}{\mathrm{d}\rho_{\mathrm{m}}}\frac{\mathrm{d}\rho_{\mathrm{m}}}{\mathrm{d}t} = \frac{\mathrm{d}\varepsilon}{\mathrm{d}\rho_{\mathrm{m}}}\left[(\nabla\rho_{\mathrm{m}})\cdot\boldsymbol{v} + \frac{\partial\rho_{\mathrm{m}}}{\partial t}\right]$$

$$= \frac{\mathrm{d}\varepsilon}{\mathrm{d}\rho_{\mathrm{m}}}\left[(\nabla\rho_{\mathrm{m}})\cdot\boldsymbol{v} - \nabla\cdot(\rho_{\mathrm{m}}\boldsymbol{v})\right] \qquad (6.124)$$

$$= -\left(\frac{\mathrm{d}\varepsilon}{\mathrm{d}\rho_{\mathrm{m}}}\right)\rho_{\mathrm{m}}\nabla\cdot\boldsymbol{v}$$

因而，将式(6.124)代入式(6.120)中有

$$\frac{\partial\varepsilon}{\partial t} = \frac{\mathrm{d}\varepsilon}{\mathrm{d}t} - \nabla\varepsilon\cdot\boldsymbol{v} = -\left(\frac{\mathrm{d}\varepsilon}{\mathrm{d}\rho_{\mathrm{m}}}\right)\rho_{\mathrm{m}}\nabla\cdot\boldsymbol{v} - \nabla\varepsilon\cdot\boldsymbol{v} \qquad (6.125)$$

这将式(6.123)和式(6.125)代入式(6.118)中可以得到

$$\frac{\partial W}{\partial t} = \int\left[-\varphi\nabla\cdot(\rho\boldsymbol{v}) + \left(\frac{\mathrm{d}\varepsilon}{\mathrm{d}\rho_{\mathrm{m}}}\right)\rho_{\mathrm{m}}(\nabla\cdot\boldsymbol{v})\frac{1}{2}E^2 + \frac{1}{2}E^2(\nabla\varepsilon)\cdot\boldsymbol{v}\right]\mathrm{d}V \qquad (6.126)$$

利用关系

$$\nabla\cdot(\varphi\rho\boldsymbol{v}) = \varphi\nabla\cdot(\rho\boldsymbol{v}) + (\nabla\varphi)\cdot\rho\boldsymbol{v} = \varphi\nabla\cdot(\rho\boldsymbol{v}) - \rho\boldsymbol{E}\cdot\boldsymbol{v} \qquad (6.127)$$

则有

$$\int\nabla\cdot(\varphi\rho\boldsymbol{v})\mathrm{d}V = \oint_m\varphi\rho\boldsymbol{v}\cdot\boldsymbol{n}\mathrm{d}S = \int\varphi\nabla\cdot(\rho\boldsymbol{v})\mathrm{d}V - \int\rho\boldsymbol{E}\cdot\boldsymbol{v}\mathrm{d}V = 0 \qquad (6.128)$$

上式中，因为面积分的积分限域可以取在介质以外，所以积分面上的电荷密度 ρ 为零，故面积分为零. 同理有

$$\int\nabla\cdot\left(\frac{\boldsymbol{E}^2}{2}\frac{\mathrm{d}\varepsilon}{\mathrm{d}\rho_{\mathrm{m}}}\rho_{\mathrm{m}}\boldsymbol{v}\right)\mathrm{d}V = \oint_s\frac{\boldsymbol{E}^2}{2}\frac{\mathrm{d}\varepsilon}{\mathrm{d}\rho_{\mathrm{m}}}\rho_{\mathrm{m}}\boldsymbol{v}\cdot\boldsymbol{n}\mathrm{d}S$$

$$= \int\nabla\left(\frac{\boldsymbol{E}^2}{2}\frac{\mathrm{d}\varepsilon}{\mathrm{d}\rho_{\mathrm{m}}}\rho_{\mathrm{m}}\right)\cdot\boldsymbol{v}\mathrm{d}V + \int\frac{1}{2}\boldsymbol{E}^2\frac{\mathrm{d}\varepsilon}{\mathrm{d}\rho_{\mathrm{m}}}\rho_{\mathrm{m}}(\nabla\cdot\boldsymbol{v})\mathrm{d}V \qquad (6.129)$$

$$= 0$$

将式(6.128)和式(6.129)代入式(6.127)中，并利用式(6.119)，我们可以得到

$$\frac{\partial W}{\partial t} = -\int\rho\boldsymbol{E}\cdot\boldsymbol{v}\mathrm{d}V - \int\nabla\left(\frac{\boldsymbol{E}^2}{2}\frac{\mathrm{d}\varepsilon}{\mathrm{d}\rho_{\mathrm{m}}}\rho_{\mathrm{m}}\right)\cdot\boldsymbol{v}\mathrm{d}V + \int\frac{1}{2}\boldsymbol{E}^2(\nabla\varepsilon)\cdot\boldsymbol{v}\mathrm{d}V \qquad (6.130)$$

$$= -\int\boldsymbol{F}\cdot\boldsymbol{v}\mathrm{d}V$$

所以有

$$\boldsymbol{F} = \rho\boldsymbol{E} - \frac{\boldsymbol{E}^2}{2}\nabla\varepsilon + \nabla\left(\frac{\boldsymbol{E}^2}{2}\frac{\mathrm{d}\varepsilon}{\mathrm{d}\rho_{\mathrm{m}}}\rho_{\mathrm{m}}\right) \qquad (6.131)$$

式中，第一项是静电力，第二项是由于介质不均匀产生的力，第三项是由于光频场不均匀产生的力，即光致伸缩力. 对于均匀介质，介电常量 ε 只是 ρ_m 和温度的函数，故可展开为

$$\nabla \varepsilon = \left(\frac{\partial \varepsilon}{\partial T}\right)_{\rho_m} \nabla T + \left(\frac{\partial \varepsilon}{\partial \rho_m}\right)_T \nabla \rho_m \tag{6.132}$$

将式 (6.132) 代入式 (6.131) 中，并考虑温度不变的条件，给出

$$\boldsymbol{F} = \rho \boldsymbol{E} + \frac{1}{2}\left(\frac{\mathrm{d}\varepsilon}{\mathrm{d}\rho_m}\right)_T \rho_m \nabla E^2 \tag{6.133}$$

令式中

$$\frac{1}{2}\left(\frac{\mathrm{d}\varepsilon}{\mathrm{d}\rho_m}\right)_T \rho_m \nabla E^2 = \frac{1}{2}\gamma \nabla E^2 \tag{6.134}$$

其中，γ 称为介质的光致伸缩系数或弹性光学系数，而且

$$\gamma = \left(\frac{\mathrm{d}\varepsilon}{\mathrm{d}\rho_m}\right)_T \rho_m \tag{6.135}$$

它是唯象引入的一个常数，用来描述由应变所引起的光介电常量的改变. 如果考虑一维的情况，则式 (6.134) 右边可表示为 $\dfrac{\gamma}{2}\dfrac{\partial E^2}{\partial x}$.

于是，包括弹性力、阻尼力和光致伸缩力在内，介质中所产生的一维声波波动方程为

$$\frac{1}{\alpha}\frac{\partial^2 u}{\partial x^2} - \eta\frac{\partial u}{\partial t} + \frac{\gamma}{2}\frac{\partial E^2}{\partial x} = \rho_m\frac{\partial^2 u}{\partial t^2} \tag{6.136}$$

式中，η 是对声波唯象引入的耗散常数. 由此可见，在介质中，光频场和弹性波通过光致伸缩力产生了耦合.

现在假设式 (6.136) 中的光频场 $\boldsymbol{E}$ 是由两束平面光波组成的，它们相对声速的运动方向是任意的. 假设光波和声波表示为

$$E_1(r,t) = E_1(r_1)\mathrm{e}^{-\mathrm{i}(\omega_1 t - k_1 \cdot r)} + \text{c.c.}$$

$$E_2(r,t) = E_2(r_2)\mathrm{e}^{-\mathrm{i}(\omega_2 t - k_2 \cdot r)} + \text{c.c.} \tag{6.137}$$

$$u(r,t) = u_s(r_s)\mathrm{e}^{-\mathrm{i}(\omega_s t - k_s \cdot r)} + \text{c.c.}$$

式中，r_1、r_2 和 r_s 分别是三个光波沿着各自的传播方向 k_1、k_2 和 k_s 所测量的距离，即 $r_i = \dfrac{\boldsymbol{k}_i \cdot \boldsymbol{r}}{k_i}$. 由此当式 (6.136) 中的 x 采用 r 代替后，第一项变为

$$\frac{\partial^2 u}{\partial r_s^2} = \left(k_s^2 u_s - 2ik_s \frac{du_s}{dr} \right) e^{-i(\omega_s t - k_s \cdot r)} + \text{c.c.} \tag{6.138}$$

式中应用了慢变振幅近似

$$k_s^2 u_s \gg \frac{d^2 u_s}{dr_s^2}$$

$$k_s \frac{du_s}{dr_s} \gg \frac{d^2 u_s}{dr_s^2}$$

并略去了 $\dfrac{d^2 u_s}{dr_s^2}$ 项. 再利用

$$\frac{\partial u}{\partial t} = -u_s(r_s)i\omega_s e^{-i(\omega_s t - k_s \cdot r)} + \text{c.c.} = -i\omega_s u \tag{6.139}$$

$$\frac{\partial^2 u}{\partial t^2} = -\omega_s^2 u \tag{6.140}$$

$$\frac{\gamma}{2}\frac{\partial E^2}{\partial r_s} = \frac{\gamma}{2}\frac{\partial}{\partial r_s}\{[E_1(r,t)+E_2(r,t)][E_1(r,t)+E_2(r,t)]\}$$

$$= \frac{\gamma}{2}\frac{\partial}{\partial r_s}\{[E_1(r_1)e^{-i(\omega_1 t - k_1 \cdot r)} + \text{c.c.} + E_2(r_2,t) + E_2(r_2,t)]$$

$$\times [E_1(r_1)e^{-i(\omega_1 t - k_1 \cdot r)} + \text{c.c.} + E_2(r_2)e^{-i(\omega_2 t - k_2 \cdot r)} + \text{c.c.}]\}$$

$$\tag{6.141}$$

当满足

$$\omega_2 - \omega_1 = \omega_s \tag{6.142}$$

以及相位匹配条件

$$k_s = k_2 - k_1 \tag{6.143}$$

时，式 (6.141) 便被简化为

$$\frac{\gamma}{2}\frac{\partial E^2}{\partial r_s} = \frac{\gamma}{2}\frac{\partial}{\partial r_s}[E_2(r_2)E_1^*(r_1)e^{-i(\omega_s t - k_s \cdot r)} + \text{c.c.}] \tag{6.144}$$

将式 (6.138) ～ 式 (6.140) 和式 (6.144) 代入式 (6.136) 中，并结合 $\left| \dfrac{\partial}{\partial r_s}[E_2(r_2)E_1^*(r_1)] \right| \ll \left| k_s E_2(r_2)E_1^*(r_1) \right|$，引入关系式 $v_s^2 = \dfrac{1}{\alpha \rho_m}$，这里的 v_s 代表声波在介质中的自由传播速度，则式 (6.136) 变为

$$-2ik_s v_s^2 \frac{du_s}{dr_s} + \left(k_s^2 v_s^2 - \omega_s^2 - \frac{i\eta\omega_s}{\rho_m} \right) u_s(r_s) = \frac{i\gamma k_s}{2\rho_m} E_2(r_2)E_1^*(r_1) \tag{6.145}$$

式 (6.145) 是我们推导的介质中声波的运动方程.

2. 电磁波方程

如前所述，光频场对介质作用，激励产生声波，而由声波所产生的介电常量的改变 $\mathrm{d}\varepsilon$ 引起的附加非线性极化项为

$$P_{\mathrm{NL}} = (\mathrm{d}\varepsilon)E \tag{6.146}$$

$$\mathrm{d}\varepsilon = \gamma \frac{\mathrm{d}\rho_{\mathrm{m}}}{\rho_{\mathrm{m}}} \to -\gamma \frac{\mathrm{d}V}{V} \tag{6.147}$$

当只考虑一维运动的情况时，应变 $-\dfrac{\mathrm{d}V}{V}$ 就是 $-\dfrac{\partial u}{\partial r_{\mathrm{s}}}$，所以有

$$\mathrm{d}\varepsilon = -\gamma \frac{\partial u}{\partial r_{\mathrm{s}}} \tag{6.148}$$

因此，由声波产生的附加非线性项式 (6.146) 变为

$$P_{\mathrm{NL}} = -\gamma E(r,t) \frac{\partial u(r,t)}{\partial r_{\mathrm{s}}} \tag{6.149}$$

根据光频场理论，光频场 $E_l(r,t)$ 所满足的波动方程为

$$\nabla^2 E_l(r,t) = \mu_0 \varepsilon \frac{\partial^2 E_l(r,t)}{\partial t^2} + \mu_0 \frac{\partial^2 (P_{\mathrm{NL}})_l}{\partial t^2} \tag{6.150}$$

其中

$$\nabla^2 E_l(r,t) = -[k_l^2 E_l(r_l) - 2\mathrm{i}\boldsymbol{k}_l \cdot \nabla E_l(r_l) - \nabla^2 E_l(r_l)]\mathrm{e}^{-\mathrm{i}(\omega_l t - k_l \cdot r)} + \text{c.c.} \tag{6.151}$$

若令式中 $l=1$，再略去 $\nabla^2 E_1(r_1)$ 项，又考虑到

$$\boldsymbol{k}_1 \cdot \nabla E_1(r_1) = k_1 \frac{\mathrm{d}E_1}{\mathrm{d}r_1} \tag{6.152}$$

则波动方程 (6.150) 改写为

$$2\left(k_1 \frac{\mathrm{d}E_1(r_1)}{\mathrm{d}r_1} \right)\mathrm{e}^{-\mathrm{i}(\omega_1 t - k_1 \cdot r)} + \text{c.c.} = -\mathrm{i}\mu_0 \frac{\partial^2 (P_{\mathrm{NL}})_1}{\partial t^2} \tag{6.153}$$

利用式 (6.149)，上式右边项可表示为

$$-\mathrm{i}\mu_0 \frac{\partial^2 (P_{\mathrm{NL}})_1}{\partial t^2} = -\mathrm{i}\mu_0 \frac{\partial^2}{\partial t^2}\left[-\gamma E_2(\boldsymbol{r},t) \frac{\partial u^*(r_{\mathrm{s}})\mathrm{e}^{\mathrm{i}(\omega_s t - k_s \cdot r)}}{\partial r_{\mathrm{s}}} + \text{c.c.} \right] \tag{6.154}$$

将式 (6.154) 代入式 (6.153) 中，进一步给出含有指数因子 $\mathrm{e}^{-\mathrm{i}(\omega_1 t - k_1 \cdot r)}$ 的方程

$$2k_1 \frac{\mathrm{d}E_1(r_1)}{\mathrm{d}r_1} = \mathrm{i}\omega_1^2 \gamma \mu_0 E_2\left(\mathrm{i}k_s u_{\mathrm{s}}^* - \frac{\mathrm{d}u_{\mathrm{s}}^*}{\mathrm{d}r_{\mathrm{s}}} \right) \tag{6.155}$$

如果 $\dfrac{\mathrm{d}u_s}{\mathrm{d}r_s} \ll k_s u_s$，则式(6.155)变为

$$\frac{\mathrm{d}E_1}{\mathrm{d}r_1} = -\frac{\omega_1^2 \gamma \mu_0 k_s}{2k_1} E_2 u_s^*   \qquad (6.156)$$

如果考虑介质的损耗，则在式(6.156)中必须附加一耗散项 $(-\beta E_1/2)$，其中 β 是唯象引入的光波耗散系数. 这样就有

$$\frac{\mathrm{d}E_1}{\mathrm{d}r_1} = -\frac{\omega_1^2 \gamma \mu_0 k_s}{2k_1} E_2 u_s^* - \frac{\beta E_1}{2}   \qquad (6.157)$$

类似可得到

$$\frac{\mathrm{d}E_2}{\mathrm{d}r_2} = -\frac{\omega_2^2 \gamma \mu_0 k_s}{2k_2} E_1 u_s^* - \frac{\beta E_2}{2}   \qquad (6.158)$$

式(6.157)、式(6.149)和式(6.145)就是我们要求的包括声波变量 $u_s(r_s)$、光频场振幅 $E_1(r_1)$、$E_2(r_2)$ 的一组耦合波方程.

6.9.2 受激布里渊散射的波矢关系

上述分析表明，一束频率为 ω_2 的强激光束作用于介质时，会产生频率为 ω_1 的散射光和频率为 $\omega_s = \omega_1 + \omega_2$ 的声波. 假定频率为 ω_2 的泵浦光比频率为 ω_1 的散射光和频率为 ω_s 的声波强得多，则可认为 $E_2(r_2)$ 近似不变. 这样，我们只要求解式(6.145)和式(6.157)即可.

在式(6.145)中取 $\omega_s = k_s v_s$，可得

$$\frac{\mathrm{d}u_s}{\mathrm{d}r_s} = -\frac{\eta}{2\rho_m v_s} u_s - \frac{\gamma}{4\rho_m v_s^2} E_2 E_1^*   \qquad (6.159)$$

频率为 ω_1 的散射光方程(6.157)可以改写为

$$\frac{\mathrm{d}E_1^*}{\mathrm{d}r_1} = -\frac{\beta E_1^*}{2} - \frac{\gamma k_1 k_2}{4\varepsilon_1} E_2^* u_s   \qquad (6.160)$$

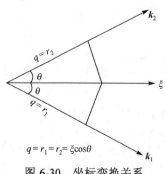

$q = r_1 = r_2 = \xi\cos\theta$

图 6-30　坐标变换关系

在上述耦合波方程中有两个变量 r_1 和 r_2. 如果将坐标变换到沿着 r_1 和 r_2 交角平分线的坐标 ξ 上，如图 6-30 所示. 根据图 6-30，耦合波方程中出现的两个坐标分量的困难就可以消除.

在各向同性介质中，当 SBS 的矢量关系为 $k_2 - k_1 = k_s$ 时，任意角和背向散射时的动量关系如图 6-31 所示.

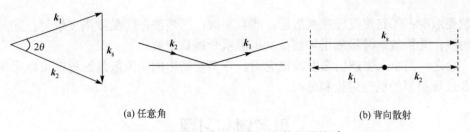

(a) 任意角　　　　　　　　　　　　　　　　(b) 背向散射

图 6-31　在各向同性介质中 $(k_1 \approx k_2)$ SBS 的矢量关系：$k_2 - k_1 = k_s$

6.10　受激光散射现象的一般考虑

前面我们在用耦合波理论讨论受激布里渊散射现象时,是频率为 ω_1 和 ω_2 的光波与频率为 ω_s 的声波之间的耦合. 但是在讨论受激拉曼散射现象时,只讨论分析了泵浦光和斯托克斯光的变化规律,并没有引入与物质激发相对应的振动波的耦合. 如果我们认为激光入射到介质上时,在介质中激发起频率为 ω_v 的振动波 Q,则也可以把受激拉曼散射看作是波之间的耦合问题,而且也可以用这种观点解释高阶 SRS 效应. 例如,斯托克斯线是由泵浦光 ω_p 和振动波 $Q(\omega_v)$ 耦合产生的,如图 6-32(a)所示. 反斯托克斯线产生的过程如图 6-32(b)所示,由此图可知,当 ω_p 和 ω_s 相互作用时,差频耦合产生振动波 ω_v,然后振动波与 ω_p 作用,耦合产生频率为 $\omega_{as} = \omega_p + \omega_v$ 的光场. 对于高阶 SRS 效应产生的场,只不过是 ω_s、ω_v 和 ω_p 相互多次耦合的结果,如图 6-32(c)所示.

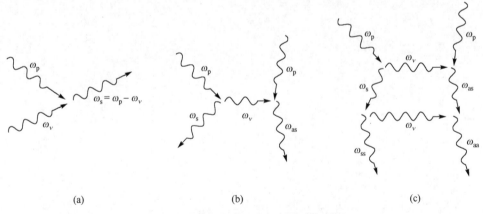

(a)　　　　　　　　　　　　(b)　　　　　　　　　　　　(c)

图 6-32　SRS 过程中波之间耦合示意图

如果我们把上面引入的 Q 不仅限于对应分子拉曼散射效应的振动波,而是推广到任意物质的激发波,则可用类似受激拉曼散射的机理解释一般的受激光散射现象. 例如:①分子振动加转动波;②声子,即受激布里渊散射;③电子激发,如受激电子拉曼散射；④自旋反转拉曼散射；⑤自旋波；⑥熵波；⑦受激浓度散射；⑧分子定向波；⑨声波；⑩等离子体波；⑪电磁耦合场量子波.

总之，当引入物质的激发波概念后，许多物质中的受激散射过程都可以采用与 SRS 过程类似的机理讨论和分析.

思考题与习题

(1)阐述什么是光学非参量过程. 在光学非参量过程中，解释激光与介质之间的能量是如何交换的.

(2)阐述四波混频的概念并描绘其三种作用方式的示意图.

(3)描述在受激拉曼散射中，斯托克斯和反斯托克斯效应中的光谱变化.

(4)以三次谐波产生和受激拉曼散射为例，解释光学参量和光学非参量相互作用的区别.

(5)推导高斯光束从入射面到自聚焦点的距离.

第 7 章　光纤中的非线性光学

7.1　简　介

光纤通信系统由数据源、发送端、光纤信道和接收端组成. 其中数据源包括所有的信号源, 它们是话音、图像、数据等业务经过信源编码所得到的信号, 光发送机和调制器将信号转变成适合在光纤上传输的光信号, 一般常用的光波窗口有 0.85μm、1.31μm 和 1.55μm. 光纤信道包括最基本的光纤, 还有中继放大器, 如掺铒光纤放大器(erbium-doped fiber amplifier, EDFA)等; 而光学接收机则接收光信号, 从中提取信息, 然后转变成电信号, 最后得到对应的话音、图像、数据等信息. 光通信系统的基本结构如图 7-1 所示.

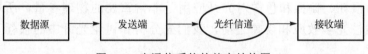

图 7-1　光通信系统的基本结构图

1966 年, 华裔学者高锟提出利用光纤进行信息传输的可能性和技术途径. 光纤通信的发展分为三个阶段: 1970～1979 年, 实用的光纤和半导体激光器研制成功, 并于 1977 年组成光纤通信系统; 1979～1989 年, 光纤损耗降到 0.5dB/km 以下, 由多模光纤转到单模光纤, 传输速率不断提高, 光纤连接技术及器件寿命得到解决; 1989 年至今, 异步数字体系向同步数字体系过渡, 由于掺铒光纤放大器问世, 传输速率进一步提高, 波分复用(wavelength division multiplexing, WDM)技术得到广泛应用. 由于互联网、电子商务、多媒体以及数据传递的发展, 人们对信息量的需求量呈指数式增长. 为了适应这种需要, 科学技术工作者不断地在研究新的技术和方法. 使用激光作为载波, 其与原先的电波相比可以使信息容量增加几个数量级, 但是随着信息技术的发展, 单个信道几十 Gbit/s 的信息量已经不能满足通信的需要. 人们对信息量的需求量大约每四年增加一个数量级. 信息时代的到来对光纤通信系统的容量和速度提出了更高的要求, 各种扩容技术的发展成为研究的热点. 为了充分利用光纤的传输带宽, 人们将光波频带分成很多个信道, 每个信号由不同的波长作为载波携带, 为避免串扰, 载波之间的频率间隔应大于信号的带宽, 这就是 WDM 技术. WDM 技术是目前研究最多、发展最快、应用最为广泛的光复用技术.

在单信道的光纤通信系统中，对于光纤特性主要考虑的是衰减和色散，其限制着传输距离和传输容量. 在 WDM 系统中，注入光纤的光功率较大，约为 14～17dBm，而高的光功率会引起光纤的非线性效应，主要包括受激拉曼散射、受激布里渊散射、自相位调制、交叉相位调制和四波混频等，这些非线性效应的存在对于传输信号会引起附加损耗、信道间串扰、信号频率移动等不良影响. 其中四波混频、交叉相位调制对系统影响严重. 非线性效应一般在光纤通信中的 WDM 系统上反映较多，因为在 WDM 设备系统中，合波器、分波器的插入损耗较大，也使光纤中的非线性效应大大增加，成为影响光纤通信系统性能、限制中继距离的主要因素之一，也增加了放大自发发射(amplified spontaneous emission，ASE)等噪声.

另外，利用光波混频效应可制作光通信网络节点中的波长转换器件，可获得新频率的激光光源，还可用来研制相位共轭器件对光纤传输系统进行色散补偿等. 随着现代激光技术的发展和优质光放大器在功率上不断取得突破，光波混频效应越来越容易发生，在光电领域中的应用广泛.

7.2　光纤的线性特性

光纤的损耗、偏振和色散对光纤应用是非常重要的物理参量，所以在研究光纤中的非线性光学效应和现象之前，我们先分析和讨论光纤中的损耗、偏振和色散特性.

7.2.1　光纤损耗的物理机制

光纤中的损耗可以分为内部损耗和外部损耗. 内部损耗是与光纤材料相关的损耗，不能通过改善制造和生产方法来减小. 外部损耗是与制备光纤、制造光缆和安装方法相关的损耗，从理论上讲，在理想条件下外部损耗可以完全忽略.

产生内部损耗的两个关键因素是在紫外和红外区域内的材料吸收和瑞利散射. 对于频率为 ν 的光子，如果其具有的能量 $E = h\nu$ 等于材料的能级间距 ΔE，则这个光子会被材料吸收，ΔE 是两个能级之间的能量差. 当光束在光纤中传播时，如果光纤材料的能级距离与光子的能量相等，则会出现光的吸收现象，从而导致光功率的损耗.

光纤的散射损耗是由瑞利散射引起的. 对于常见的硅光纤，二氧化硅的分子彼此相邻，存在一定的空隙，在制造过程的最后阶段，当玻璃被快速冷却时，二氧化硅分子的间距和位置产生不规则性，即光纤纤芯存在缺陷. 而光束在传播过程中遇到纤芯材料的这些缺陷就会改变其方向，即发生瑞利散射现象. 瑞利散射效应破坏了在纤芯与包层的边界保持全内反射的条件，导致部分光穿出纤芯，也就导致了光功率的损耗. 光纤的外部损耗包括氢氧根群的吸收和弯曲损耗.

在光纤制造过程中，氢氧根群 OH^- 以水蒸气的形式进入硅，从而导致光纤在945nm、1240nm 和 1380nm 的波长处产生吸收峰. 弯曲损耗包括宏弯损耗和微弯损耗. 与多模光纤相比，单模光纤对于弯曲更加敏感. 宏弯损耗是由光纤的弯曲产生的. 目前光纤最重要的优点之一就是易弯曲性，这给光纤的铺设和使用带来了很大便利，但是也给光传输带来较大损耗. 若光束在光纤的平直部分与光纤的轴线成临界角传播，当遇到光纤弯曲时，光束在边界处所成的传播角大于临界值，不能满足全内反射条件，导致光束的一部分会从光纤的纤芯中逃离出去，所以到达目的地的光功率比进入光纤时的光功率小.

微弯损耗是由光纤轴线微小的畸变造成的. 在光纤制造过程中施加在光纤上的压力和热应力会使光纤轴线产生微小的变化. 纤芯和包层的接口在几何上的不完善可能会造成在相应区域上微观的凸起或凹陷，当光束在传输过程中遇到这些畸变点时光束的传播方向会改变. 光束最初以临界角传输，经过这些畸变点反射后，传播角改变，不再满足全内反射条件，部分光束会泄漏出纤芯，导致光功率减小.

光纤中的各种损耗随波长变化关系如图 7-2 所示. 对光纤损耗影响最大的因素是氢氧根吸收和瑞利散射，从图 7-2 中可以看出，当波长超过 1600nm 时红外吸收增长迅速. 红外吸收和紫外吸收造成的损耗，把光纤的工作波长限制在 800～1700nm. 通过图 7-2 中的 OH^- 吸收曲线，可以看到三个明显的吸收峰，它们分别位于 945nm、1240nm 和 1380nm 波长处. 光纤的各种损耗影响综合起来，决定了光通信常用的三个传输窗口为 850nm、1310nm 和 1550nm.

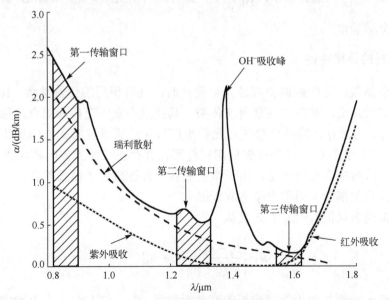

图 7-2　光纤中的各种损耗随波长变化关系

光纤损耗主要有吸收损耗和散射损耗.

吸收损耗在工程上是指每公里功率损耗值分贝数,采用 α 表示,单位为 dB/km,它与本征损耗值 γ 的关系为

$$\alpha = 8 \cdot 69\gamma \ (\text{dB}/\text{km}) \tag{7.1}$$

式(7.1)中 γ 由光纤材料的线性折射率 $n_0(\omega)$ 决定,即有

$$\gamma = \frac{\omega_0}{c} \text{Im}[n_0(\omega)] \ (\text{dB}/\text{km}) \tag{7.2}$$

将式(7.2)代入式(7.1)中得到

$$\alpha = 8 \cdot 69 \frac{\omega_0}{c} \text{Im}[n_0(\omega)] \ (\text{dB}/\text{km}) \tag{7.3}$$

由式(7.3)可知,由于光纤材料的线性折射率 $n_0(\omega)$ 是频率的函数,因而光纤的吸收损耗随波长变化. 对于散射损耗,瑞利散射损耗产生的随机涨落,导致了折射率的变化,从而导致光向各个方向散射引起的损耗,其随 λ^{-4} 变化,在短波长处较高,其损耗值估算为

$$\alpha_R = \frac{c}{\lambda^4} \ (\text{dB}/\text{km}) \tag{7.4}$$

由于 $\alpha_R \propto \frac{1}{\lambda^4}$,故 λ 越小,α_R 越大. 式(7.4)中常数 $c = 0.5 \sim 0.4 (\text{dB}/\text{km}) \cdot \mu\text{m}^4$,由纤芯成分而确定.

7.2.2 光纤的偏振特性

当两个偏振正交的线偏振模是完全简并时,具有相同的传输常数. 其偏振光 e 光和 o 光二者正交,并各自独立向前传播,其能量不发生交换和耦合,称为理想的圆对称波导. 同时存在的两个模式对光纤单模传输性质以及模式的偏振状态没有影响. 但是,实际光纤的形状均略偏理想圆柱形,并存在微弱的各向异性特性.

对于微偏圆柱形光纤来说,由于微弱的各向异性破坏了模式简并,正交的两个偏振光模间发生耦合,即称为模态双折射.

这里将模态双折射程度 B 定义为

$$B = \left| \frac{\beta_e - \beta_o}{\beta_o} \right| = |n_e - n_o| \tag{7.5}$$

式中,n_e 和 n_o 分别为两正交偏振模的有效折射率. 由式(7.5)知,当 B 给定时,两正交模在光纤中传输时其合成模偏振态呈周期性变换,变换周期为

$$L_B = \frac{2\pi}{|\beta_e - \beta_o|} = \frac{\lambda}{B} = \frac{2\pi}{\beta_o |n_e - n_o|} \tag{7.6}$$

式中，β_o 为波矢；L_B 为拍长，即交换周期. 折射率小的轴偏振光的传输群速度快，称为快轴. 折射率大的轴偏振光的传输群速度慢，称为慢轴. 通过适当的设计，光纤中只允许单一的偏振模传输，这种光纤称为偏振保持光纤或保偏光纤.

7.3 光纤色散

色散现象产生的根本原因是折射率与波长有关. 又由于光折射原理 $n_1 \sin\theta_1 = n_2 \sin\theta_2$，不同颜色的光折射率不同，则其折射角也不同，这就导致了色散现象的产生. 从本质上说，色散描述的是介质的折射率 n 随着传输光波长 λ 的不同而改变的现象，即 $n = n(\lambda)$.

根据折射率的定义 $n = v/c$，色散也就意味着介质中光速度依赖所传输光的波长. 在传播过程中，光纤中所传输信号的不同频率成分或信号能量的各种模式成分因群速度不同而互相散开，引起传输信号波形失真.

由于在光纤中不同光波长的传输速率不同，不同光波长的信号传过同样的距离所需的时间不同，这样就导致光信号在传输过程中产生了时延差. 时延差越大，色散就越严重，因此时延差表示了色散的严重程度.

若光信号载频为 f_0，则脉冲在光纤中传输单位长度所需的时间称为每单位长度的群时延，用 τ 表示，则有

$$\tau = \frac{1}{f_g} = \left.\frac{d\beta}{d\omega}\right|_{f=f_0} = \left.\frac{1}{c}\frac{d\beta}{dk_0}\right|_{f=f_0} = -\frac{\lambda^2}{2\pi c}\frac{d\beta}{d\lambda} \tag{7.7}$$

式中，f_g 为群速度，即在光纤中传输的能量速度；β 为信号的相位常数；ω 为角频率；$k_0 = \frac{2\pi}{\lambda} = \frac{\omega}{c}$. 根据色散理论，由于光源发出的激光并不是绝对的单色光，会有一定的带宽 Δf，则各波长的传输速度不同，导致群时延不同，这样就会产生时延差，用 $\Delta\tau$ 表示，则

$$\Delta\tau = \left.\frac{d\tau}{d\omega}\right|_{f_0}\Delta\omega = 2\pi\Delta f \left.\frac{d\tau}{d\omega}\right|_{f_0} \tag{7.8}$$

将式 (7.7) 中 τ 的表达式代入式 (7.8) 中，则时延差为

$$\Delta\tau = \left.\Delta\omega\frac{d^2\beta}{d\omega^2}\right|_{f=f_0} = \left.\frac{1}{c}\frac{\Delta f}{f_0}\frac{d^2\beta}{dk_0^2}\right|_{f=f_0} = -\frac{\Delta\lambda}{2\pi c}\left(2\lambda\frac{d\beta}{d\lambda} + \lambda^2\frac{d^2\beta}{d\lambda^2}\right) \tag{7.9}$$

定义

$$D = \frac{\mathrm{d}\tau}{\mathrm{d}\lambda} \qquad (7.10)$$

式中，D 为色散系数. 在光源谱宽内，D 一般为常数，其单位为 ps/(nm·km).

光纤的色散通常分为模间色散和模内色散. 模间色散是由于光纤中存在多个模式引起的；模内色散则是由单个模式中的成分的行为所发生的效果引起的. 模内色散又分为材料色散和波导色散.

在光纤通信技术中，脉冲峰值功率最大值处的半峰全宽(full width at half maximum，FWHM)定义为脉冲宽度. 在光纤传输过程中，由于传输模式的不同以及光源本身的带宽，光脉冲在传输时会产生各自不同的群时延，这就导致了时延差的产生，从而在传输一段距离后，不同成分会因为不能同时到达终点而导致光脉冲产生展宽的现象. 由于脉冲展宽限制了光纤通信的带宽和传输距离，所以尽可能减小脉冲展宽是非常重要的，这就要求尽量降低光纤的色散.

7.3.1 单模光纤的色散特性

1. 材料色散

群速度色散(group velocity dispersion，GVD)是指光脉冲在光纤中以群速度传播，群速度随着频率而发生改变，所以光脉冲中不同频率的分量以不同速度传播，导致脉冲展宽. 群速度色散主要起源于光纤材料的本征特性和光纤波导的结构特性.

在介质折射率对光波频率或波长的函数关系中，可以通过介质中电子运动的谐振子模型讨论，当电子远离谐振频率时，介质的折射率与频率的关系由塞尔梅耶方程表示

$$n^2(\omega) = 1 + \sum_{j=1}^{m} \frac{B_j \omega_j^2}{\omega_j^2 - \omega^2} \qquad (7.11)$$

由式(7.11)，并根据 $\lambda_j = 2\pi c / \omega_j$，得到介质折射率与传输光的波长之间的关系，即塞尔梅耶方程为

$$n^2(\omega) = 1 + \sum_{j=1}^{m} \frac{B_j \lambda^2}{\lambda^2 - \lambda_j^2} \qquad (7.12)$$

在近似条件下，对于普通石英光纤，常温下取 $m = 3$，熔融石英的塞尔梅耶系数和波长取为

$$B_1 = 0.6961663 , \quad B_2 = 0.4079426 , \quad B_3 = 0.8974794$$
$$\lambda_1 = 0.0684043\mu m , \quad \lambda_2 = 0.1162414\mu m , \quad \lambda_3 = 9.896161\mu m$$

材料色散是指不同频率的光波在介质中具有不同的群速度或群时延的材料属性. 以群时延随频率的变换率为光纤的材料色散效应, 由参量 β_1、β_2 表示. 由光波的传输常数

$$\beta = \frac{2\pi n}{\lambda} = \frac{\omega n}{c} \tag{7.13}$$

得到光波在介质中传播的群时延为

$$\tau = \frac{\mathrm{d}\beta}{\mathrm{d}\omega} = \frac{1}{c}\left(n + \omega\frac{\mathrm{d}n}{\mathrm{d}\omega}\right) = \frac{n_{\mathrm{g}}}{c} = \frac{1}{v_{\mathrm{g}}} \tag{7.14}$$

式中, 群折射率为

$$n_{\mathrm{g}} = n + \omega\frac{\mathrm{d}n(\omega)}{\mathrm{d}\omega} \tag{7.15}$$

则群速度为

$$v_{\mathrm{g}} = \frac{c}{n_{\mathrm{g}}} = \frac{c}{n + \omega\dfrac{\mathrm{d}n}{\mathrm{d}\omega}} \tag{7.16}$$

在材料色散中, 群时延随频率的变化率为

$$\beta_2 = \frac{\mathrm{d}\tau}{\mathrm{d}\omega} = \frac{\mathrm{d}^2\beta}{\mathrm{d}\omega^2} = \frac{\mathrm{d}}{\mathrm{d}\omega}\left[\frac{1}{c}\left(n + \omega\frac{\mathrm{d}n}{\mathrm{d}\omega}\right)\right] = \frac{1}{c}\left(2\frac{\mathrm{d}n}{\mathrm{d}\omega} + \omega\frac{\mathrm{d}^2n}{\mathrm{d}\omega^2}\right) \approx 2\frac{1}{c}\frac{\mathrm{d}n}{\mathrm{d}\omega} + \frac{\omega}{c}\frac{\mathrm{d}^2n}{\mathrm{d}\omega^2}$$

$$\beta_2 = \frac{\omega}{c}\frac{\mathrm{d}^2n}{\mathrm{d}\omega^2} \ (\mathrm{ps}^2/\mathrm{km}) \quad \left(\frac{\mathrm{d}n}{\mathrm{d}\omega} = 0\right) \tag{7.17}$$

在材料色散中, 群时延随波长的变化率为

$$D = \frac{\mathrm{d}\tau}{\mathrm{d}\lambda} = \frac{\mathrm{d}}{\mathrm{d}\lambda}\left(\frac{\mathrm{d}\beta}{\mathrm{d}\omega}\right) = \frac{\mathrm{d}}{\mathrm{d}\lambda}\left[\frac{1}{c}\left(n + \omega\frac{\mathrm{d}n}{\mathrm{d}\omega}\right)\right] = -\frac{2\pi c}{\lambda^2}\beta_2 \approx -\frac{\lambda}{c}\frac{\mathrm{d}^2n}{\mathrm{d}\lambda^2} \ (\mathrm{ps}/(\mathrm{km}\cdot\mathrm{nm})) \tag{7.18}$$

式 (7.18) 利用了 $\omega = 2\pi c/\lambda$, 单位为 ps/(km·nm). 在实际工程应用中, 更常用的色散表述是群时延随波长的变化率. 由式 (7.18) 可以看出, 由于材料色散取决于材料参数 $\dfrac{\mathrm{d}^2n}{\mathrm{d}\lambda^2}$, 其值在某一特定波长位置上又可能为零, 这一波长称为材料的零色散波长. 如石英光纤材料的零色散位于 $1.3\mu\mathrm{m}$ 附近的低损耗窗口内.

由此得到传输常数为

$$\beta_1 = \frac{n_{\mathrm{g}}}{c} = \frac{1}{v_{\mathrm{g}}} = \frac{1}{c}\left(n + \omega\frac{\mathrm{d}n}{\mathrm{d}\omega}\right) \tag{7.19}$$

$$\beta_2 = \frac{1}{c}\left(2\frac{\mathrm{d}n}{\mathrm{d}\omega} + \omega\frac{\mathrm{d}^2 n}{\mathrm{d}\omega^2}\right) \tag{7.20}$$

式中，n_g 是群折射率；v_g 是群速度；β_2 表示群速度色散，单位为 $\mathrm{ps}^2/\mathrm{km}$. 因为 β_1 和 β_2 均为折射率的函数，我们采用熔融石英参数对 β_1 和 β_2 进行数值模拟，分别得到它们与光纤传输波长的关系曲线，如图 7-3 所示.

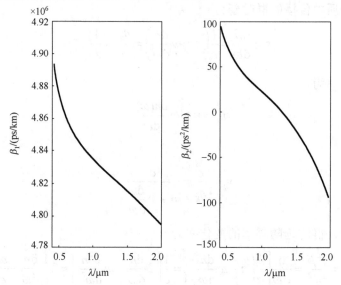

图 7-3　β_1、β_2 与光纤传输波长的关系曲线

由图 7-3 可知，对于纯石英光纤，在系统传输波长约为 $1.27\mu m$ 处 β_2 为零，即 GVD 为零；在系统工作波长小于 $1.27\mu m$ 的范围内，GVD 为正色散；在系统工作波长大于 $1.27\mu m$ 的范围内，GVD 为负色散. 与光纤折射率随传输波长的变化比较得到，GVD 为零时熔融石英的折射率约为 1.448，且光纤通信系统所采用的传输波长越长，介质的折射率越小，以 1550nm 为通信窗口传输时折射率约为 1.443.

2. 色度色散

由于色度与颜色有关，它体现的是传输光的波长特性，所以色度色散是指由于传输光的波长特性造成的色散.

由色度色散造成的脉冲展宽可以表示为

$$\Delta t_{\mathrm{chrom}} = D(\lambda)L\Delta\lambda \tag{7.21}$$

式中，$D(\lambda)$ 是色度色散参数，其单位为 $\mathrm{ps}/(\mathrm{nm}\cdot\mathrm{km})$；$L$ 是传输光纤的长度，以 km 为单位；$\Delta\lambda$ 是光源光谱宽度，其单位为 nm. 材料色散和波导色散在色度色散中起了很重要的作用.

一般常用光纤由熔硅材料制成,其材料色散引起的脉冲展宽可以表示为

$$\Delta t_{\mathrm{mat}} = D_{\mathrm{mat}}(\lambda)L\Delta\lambda \tag{7.22}$$

式中, $D_{\mathrm{mat}}(\lambda)$ 表示材料色散特性,称为材料色散参数,表示光源光谱宽度每纳米和光纤长度每千米下的脉冲展宽; L 是传输光纤的长度; $\Delta\lambda$ 是光源光谱宽度.

作为一种波导,光纤具有导向作用,而波导色散正是由于光纤结构而产生的. 在开路介质中,这种色散是不存在的. 由于光纤的结构是在纤芯外面有一层包层,当信号光进入光纤后,携带信息的光脉冲在纤芯和包层中间分布,其主要部分在纤芯中传播,但也有小部分是在包层中传播. 因为纤芯和包层的材料介质不同,所以折射率不同,这就导致在这两部分中传播的光脉冲以各自不同的速度传播,从而产生色散. 这种色散就称为波导色散,光纤产生色散的根本原因就是光纤的纤芯和包层的不同折射率组合. 所以,即使光纤的介质材料没有材料色散特性,光纤的波导色散也一定会发生,纯波导色散仅因为将光波限制在一个特定的结构中而产生.

波导色散依赖于纤芯和包层间的模场分布,而光纤的模场分布是与光波长相关的,因此波导色散也是与光波长相关的. 因为光纤包层的折射率 n_2 小于纤芯的折射率 n_1 ,所以在包层部分的光脉冲比在纤芯部分的光脉冲传播速度快. 波导色散在单模光纤中起主要作用. 波导色散参数为 $D_{\mathrm{wg}}(\lambda)$,其单位是 $\mathrm{ps}/(\mathrm{nm}\cdot\mathrm{km})$. 由此得出波导色散导致的脉冲展宽为

$$\Delta t_{\mathrm{wg}} = D_{\mathrm{wg}}(\lambda)L\Delta\lambda \tag{7.23}$$

式中, L 是传输光纤的长度,以 km 为单位; $\Delta\lambda$ 是光源光谱宽度,其单位为 nm .

光纤中色度色散是材料色散和波导色散的总和. 总色度色散参数为

$$D(\lambda) = D_{\mathrm{mat}}(\lambda) + D_{\mathrm{wg}}(\lambda) \tag{7.24}$$

色度色散的单位为 $\mathrm{ps}/(\mathrm{nm}\cdot\mathrm{km})$.

在讨论材料色散和波导色散时,是基于它们彼此相互独立这个假设. 在实际应用中,由于光纤中的材料色散和波导色散都依赖于纤芯和包层的模场分布,所以人们认为材料色散和波导色散具有了相互依赖性,其引起的色散又称为分布色散. 分布色散考虑了相对折射率对工作波长的倒数,以 $D_P(\lambda)$ 表示. 分布色散的绝对值一般不会超过 $2\,\mathrm{ps}/(\mathrm{nm}\cdot\mathrm{km})$,则单模光纤中总的色度色散参数为

$$D(\lambda) = D_{\mathrm{mat}}(\lambda) + D_{\mathrm{wg}}(\lambda) + D_P(\lambda) \tag{7.25}$$

由色度色散引起的脉冲展宽为

$$\Delta t_{\mathrm{chrom}} = D(\lambda)L\Delta\lambda \tag{7.26}$$

式中, L 是传输光纤的长度,以 km 为单位; $\Delta\lambda$ 是光源光谱宽度,其单位为 nm . 在实际应用中,色散系数为

$$D(\lambda) = \frac{S_0}{4}\left(\lambda - \frac{\lambda_0^4}{\lambda^3}\right)$$ (7.27)

在零色散波长 λ_0 附近的光纤色度色散参数又可以表示为

$$D(\lambda) = S_0(\lambda - \lambda_0)$$ (7.28)

式中, S_0 是光纤的零色散斜率, 其单位为 $\mathrm{ps}/(\mathrm{nm}^2 \cdot \mathrm{km})$. S_0 与纤芯材料、纤芯直径以及折射率分布有关.

在单模光纤色度色散参数与波长的关系曲线中, 可以看出传输光波长为 1300nm 处, 光纤的材料色散几乎为零; 当波长小于 1300nm 时, 色度色散参数值为负数, 即色度色散为负色散; 在波长比 1300nm 略大的地方, 材料色散为正色散, 而同时波导色散为负色散, 这样可以在大于 1300nm 的波长范围内找到一点, 使得材料色散与波导色散相互抵消, 从而使光纤总的色度色散为零. 由此可见, 在 1310nm 附近, $D(\lambda) = 0$, 所以标准单模光纤的常用工作波长就是 1310nm.

3. 偏振模色散

在常规单模光纤中, 实际上传输着两个相互正交的偏振模. 这两个模式为在一个光纤内的两个垂直平面内传播的线性偏振波, 即 X-偏振 $(E_y = 0)$ 和 Y-偏振 $(E_x = 0)$ 的 LP_{01} 基模. 这两个模式相互独立地在光纤中传输. 在理想情况下, 两个模式会以同样的速率传播并同时到达接收器端, 而实际上光纤材料有双折射, 两者将具有不同的传播速率, 从而导致模式之间的时延差, 即产生偏振模色散 (polarization modal dispersion, PMD). 对于距离较短或者比特率较低的传输系统来说, PMD 的影响远小于色度色散, 因此可以忽略. 但是, 近年来, 由于色散补偿技术的发展, 人们已经可以使色度色散不再对通信系统的性能产生限制, 而 PMD 的补偿却十分困难, 因为它的产生是一个随机的过程, 所以在采用光纤零色散波长或者色散补偿时, 单模光纤色度色散几乎为零, 偏振模色散成为单模光纤色散的重要成分.

但在实际的应用中, 如光纤的生产、成缆, 光缆铺设, 环境改变等, 都不可避免地使光纤呈现几何椭圆度弯曲或扭转、残存或承受应力等, 这些因素将造成光纤沿不同的方向有不同的有效折射率, 即导致光纤的双折射, 使得两个正交偏振模之间有轻微的传输群速度差, 从而形成偏振模色散.

偏振模色散导致的脉冲展宽为

$$\Delta t_{\mathrm{PMD}} = D_{\mathrm{PMD}}\sqrt{L}$$ (7.29)

式中 D_{PMD} 是偏振模色散系数, 其单位为 $\mathrm{ps}/\sqrt{\mathrm{km}}$, D_{PMD} 是与光波长无关的量, L 是传输光纤的长度, 以 km 为单位.

对于普通单模光纤, D_{PMD} 的典型值为 $0.5\mathrm{ps}/\sqrt{\mathrm{km}}$, 对于某些低 PMD 的光纤,

$D_{\mathrm{PMD}} \leqslant 0.2\mathrm{ps}/\sqrt{\mathrm{km}}$. 由式 (7.29) 可知，偏振模色散脉冲展宽与传输距离的平方根成正比.

4. 单模光纤总色散导致的脉冲展宽

在单模光纤中，材料色散、波导色散和偏振模色散同时存在，则单模光纤总色散导致的光脉冲展宽为

$$\Delta t_{\mathrm{total}} = \Delta t_{\mathrm{mat}} + \Delta t_{\mathrm{wg}} + \Delta t_{\mathrm{PMD}} = D_{\mathrm{mat}}(\lambda)L\Delta\lambda + D_{\mathrm{wg}}(\lambda)L\Delta\lambda + D_{\mathrm{PMD}}\sqrt{L}$$

$$= \frac{S_0}{4}\left(\lambda - \frac{\lambda_0^4}{\lambda^3}\right)L\Delta\lambda + D_{\mathrm{PMD}}\sqrt{L} \tag{7.30}$$

我们利用 MATLAB 软件，基于普通单模光纤，对光纤的色散理论进行数值模拟计算. 对于在单模光纤中偏振模色散导致的脉冲展宽，由式 (7.29) 可知，偏振模色散系数 D_{PMD} 的不同影响到脉冲展宽，以及脉冲展宽与光纤长度 L 的平方根成正比. 色散系数 D_{PMD} 取不同值时单模光纤中偏振模色散随光纤长度的变化曲线如图 7-4 所示.

在图 7-4 中分别给出了偏振模色散系数 $D_{\mathrm{PMD}} = 0.1$，$D_{\mathrm{PMD}} = 0.2$，$D_{\mathrm{PMD}} = 0.3$，$D_{\mathrm{PMD}} = 0.4$，$D_{\mathrm{PMD}} = 0.5$ 和 $D_{\mathrm{PMD}} = 0.6$ 时，偏振模色散导致的脉冲展宽随着光纤传输距离的变化关系. 在传输较短距离内，如图 7-4 中传输距离 $L < 1\mathrm{km}$ 的范围内，脉冲展宽几乎与传输距离呈线性关系，而当光纤传输了较长距离时，脉冲展宽与光纤长度的平方根相关，且脉冲展宽与色散系数 D_{PMD} 成正比，即色散系数越大，脉冲展宽越严重，且传播单位距离脉冲展宽增大的趋势也越明显.

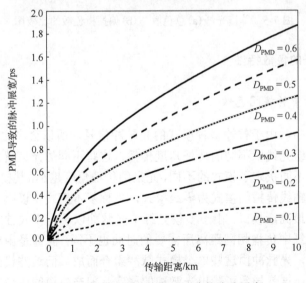

图 7-4　单模光纤中 PMD 导致的脉冲展宽

根据 267E 型单模光纤参数. 我们在数值分析中采用零色散系数 $S_0 = 0.093$，零色散波长 $\lambda_0 = 1300\text{nm}$，工作波长 $\lambda = 1310\text{nm}$，偏振模色散系数 $D_{PMD} = 0.2$，光源线宽 $\Delta\lambda = 1\text{nm}$ 的条件，由式(7.30)模拟单模光纤总色散随传输距离变化曲线，再由式(7.29)获得偏振模色散曲线，如图 7-5 所示. 对比图 7-5(a)和(b)曲线可以看出，偏振模色散只是单模光纤总色散中很小的一部分，并且随着传输距离的增加，偏振模色散在总色散中所占的比例越来越小. 由此可见，在单模光纤中色度色散占主要地位.

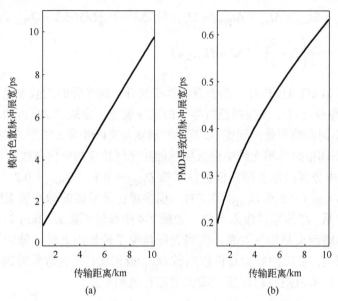

图 7-5　单模光纤(a)总色散与(b)偏振模色散的比较图

7.3.2　多模光纤的色散特性

1. 多模光纤中的模间色散

在多模光纤中，由于传输多种模式的光脉冲信号，所以会产生模间色散. 在多模光纤内部，一组光线以不同的传播角度传播，这些不同的光束就是不同的模式，光束入射角度的不同决定了模式的不同，光束的传播角度越小，其模式级别越低. 严格按照光纤中心轴线传播的模式为零级模式，也称基本模式，以临界角传播的模式就是这个光纤的最高级模式. 由于多模光纤中光脉冲以不同模式独立传播，其传播路径不同，在光纤中传播相同距离所需要的时间也不同. 能量是由单个模式分别传播的，在输出端，光脉冲由这些单个模式脉冲组合而成，而这些模式到达的时间不同，产生延迟差，这就导致了输出光脉冲的展宽，即产生模间色散.

对于阶跃型多模光纤，在光纤中零级模式沿光纤中心轴线传播，其传播路径最

短，所需时间最短. 假设零级模式传播长度为 L 时所需时间为

$$t_0 = \frac{L}{v} \tag{7.31}$$

其中，v 是光脉冲在光纤纤芯中的传播速度，可以表示为

$$v = \frac{c}{n_1} \tag{7.32}$$

式中，c 为真空中的光速.

我们讨论以临界模式传播的光脉冲，其传播长度 L 所需时间为

$$t_c = \frac{L}{v \cos \alpha_c} \tag{7.33}$$

式中

$$\alpha_c = \frac{n_2}{n_1} \tag{7.34}$$

由式 (7.31)～式 (7.34)，并应用近似 $n_2 \approx n = \dfrac{n_1 + n_2}{2}$，可以推导出模间色散导致的光脉冲展宽为

$$\Delta t_{SI} = t_c - t_0 = \frac{L n_1}{c}\left(\frac{n_1 - n_2}{n_2}\right) = \left(\frac{L n_1}{c}\right)\Delta = \frac{L}{2c n_2}(\mathrm{NA})^2 \tag{7.35}$$

式中，Δ 为相对折射率，其表达式为

$$\Delta = \frac{n_1 - n_2}{n} \tag{7.36}$$

对于渐变折射率 (graded index，GI) 多模光纤，其纤芯折射率是变化的，以光纤中传播的光来考察纤芯的这一光学特性，引入一个归纳值 N_1 来描述渐变折射率多模光纤中纤芯的折射率特性，其与渐变折射率多模光纤模间色散导致的脉冲展宽的关系为

$$\Delta t_{GI} = \frac{L N_1 \Delta^2}{8c} = \frac{L(\mathrm{NA})^4}{32c N_1^3} \tag{7.37}$$

式中，Δ 为相对折射率，N_1 为纤芯折射率，且应用近似 $n_1 \approx N_1$.

2. 多模光纤中的模内色散

模间色散是多模光纤所特有的，与单模光纤类似，多模光纤中也存在色度色散，并与脉冲传输模式无关，所以也称为多模光纤中的模内色散. 这里给出多模光纤色度色散导致的脉冲展宽

$$\Delta t_{\text{chrom}} = D(\lambda) L \Delta \lambda \qquad (7.38)$$

式中，$D(\lambda)$ 为色度色散参数，其单位为 $\text{ps}/(\text{nm} \cdot \text{km})$；$L$ 是传输光纤的长度，以 km 为单位；$\Delta \lambda$ 是光源光谱宽度，其单位为 nm.

多模光纤中的色度色散参数为

$$D(\lambda) = \frac{S_0}{4} \left(\lambda - \frac{\lambda_0^{\,4}}{\lambda^3} \right) \qquad (7.39)$$

式中，S_0 为零色散斜率，其单位为 $\text{ps}/(\text{nm}^2 \cdot \text{km})$，$\lambda_0$ 是零色散波长，λ 是工作波长. $S_0(\text{ps}/(\text{nm}^2 \cdot \text{km}))$ 和 $\lambda_0(\text{nm})$ 与纤芯材料、纤芯直径以及折射率分布有关.

多模光纤的模内色散即色度色散，与单模光纤色度色散的产生原因相同，多模光纤的色度色散也由材料色散和波导色散构成. 多模光纤中材料色散主要由两个原因产生：一是激光光源辐射的光信号包含多种波长，即光源具有一定的光谱宽度；二是光纤纤芯折射率与光波长相关 $n(\lambda)$，因此光脉冲传输速率也随着光波长的改变而改变 $v(\lambda)$. 基于以上两个原因，光源中由于不同波长成分光脉冲传输速率不同，在光纤中传输相同长度所需的时间不同，从而产生时延差，导致脉冲展宽.

与单模光纤类似，在多模光纤中仍然存在着波导色散，它是由于光纤的纤芯与包层结构所产生的. 在多模光纤中，波导色散是光纤总色散中非常小的一部分，所以可以忽略.

3. 多模光纤总色散导致的脉冲展宽

在多模光纤中，引起脉冲展宽的主要色散是模间色散和材料色散，而波导色散的影响几乎可以忽略，所以多模光纤的总色散导致的脉冲展宽 Δt_{total} 表示为

$$\Delta t_{\text{total}} = \sqrt{\Delta t_{\text{modal}}^2 + \Delta t_{\text{chrom}}^2} \qquad (7.40)$$

将式 (7.35)、式 (7.38) 和式 (7.39) 代入式 (7.40) 中，可以得到多模光纤总色散的表达式为

$$\Delta t_{\text{total}} = \frac{L}{2} \sqrt{\frac{(\text{NA})^4}{c^2 n_2^2} + \frac{S_0^2}{4} \left(\lambda - \frac{\lambda_0^4}{\lambda^3} \right)^2 \Delta \lambda^2} \qquad (7.41)$$

由式 (7.35)、式 (7.38)、式 (7.39) 和式 (7.41)，我们根据 457E 型渐变多模光纤参数，在数值模拟中采用零色散斜率 $S_0 = 0.096\text{ps}/(\text{nm} \cdot \text{km})$，零色散波长 $\lambda_0 = 1300\text{nm}$，数值孔径 $\text{NA} = 0.2$，纤芯群折射率 $N_1 = 1.48$，850nm 和 1310nm 作为光通信工作波长，得到多模光纤色散随传输距离的关系曲线，如图 7-6 所示.

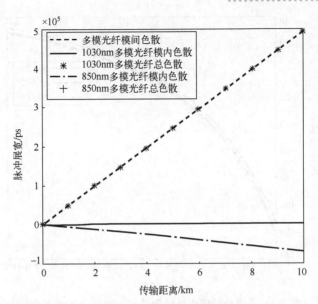

图 7-6　多模光纤色散随传输距离的关系曲线

从图 7-6 可以看出，多模光纤总色散与模间色散曲线几乎重合，进一步说明模间色散的值远远大于模内色散，在多模光纤的色散效应中，模间色散起了非常重要的作用. 因为模间色散与工作光波长无关，以 850nm 和 1310nm 传输时模间色散相同. 工作波长 1310nm 因为非常接近光纤零色散波长 $\lambda_0 = 1300\text{nm}$，在传输 10km 范围内，其模内色散几乎一直保持为零；以 850nm 为工作光波长，其模内色散为负色散，且随着传输距离的增长，色散导致的脉冲展宽也增大.

由式 (7.38) 和式 (7.39)，我们选取光纤类型 50/125、62.5/125 和 100/140，通过数值模拟计算，得到常见多模光纤模内色散随传输波长变化的关系曲线，如图 7-7 所示. 从图 7-7 中可以得知，对于常见的折射率渐变多模光纤，当其工作波长小于 1310nm 时，其模内色散表现为负色散，且在工作波长为 1310nm 时，其模内色散几乎为零，通信系统的色散效应完全表现为模间色散. 当通信系统的工作波长大于 1310nm 时，模内色散表现为正色散. 由这三种类型的光纤比较可知，62.5/125 和 100/140 光纤的色度色散效应几乎相同. 在波长小于 1310nm 的范围内，三种光纤中 50/125 光纤的模内色散效应最小.

我们根据式 (7.41)，采用不同的介质折射率进行数值模拟，选取晶体折射率分布在 1.4～1.8，光纤其他参数仍采用 457E 型渐变多模光纤参数，零色散斜率 $S_0 = 0.096\text{ps}/(\text{nm}\cdot\text{km})$，零色散波长 $\lambda_0 = 1300\text{nm}$，数值孔径 $\text{NA} = 0.2$，不同纤芯材料与多模光纤总色散导致的脉冲展宽的关系曲线如图 7-8 所示. 常见光纤的纤芯折射率一般为 $n = 1.516$ 或者 $n = 1.458$，在图 7-8 中以虚线标出.

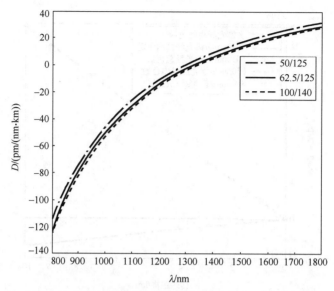

图 7-7　多模光纤模内色散随传输波长变化的关系曲线

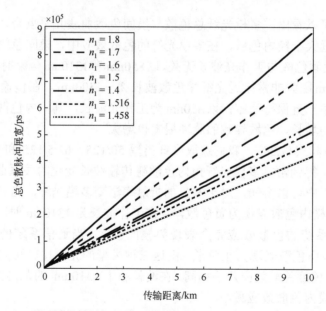

图 7-8　不同纤芯材料与多模光纤总色散导致的脉冲展宽的关系曲线

　　由图 7-8 可知，不同的光纤材料拥有不同的折射率，从而直接影响到光纤的色散．材料色散导致的脉冲展宽随着纤芯折射率和传输距离增大而增大．在光纤设计和制造过程中，所选择的材料对光纤的物理特性有很大影响．

　　数值孔径是描述光纤物理性质的重要参数之一，数值孔径描述了光纤收集光的能力以及将光保持在光纤中的能力. 从光源发出的光要进入光纤, 并且由于光的全内反射而保持在光纤内部传播. 这里给出数值孔径的计算公式为

$$\text{NA} = \sin\theta_a = \sqrt{(n_1)^2 - (n_2)^2} \tag{7.42}$$

再根据相对折射率定义

$$\Delta = \frac{n_1 - n_2}{n} = \frac{2(n_1 - n_2)}{n_1 + n_2} \tag{7.43}$$

联立式 (7.42) 和式 (7.43), 数值孔径可以写为

$$\text{NA} = n\sqrt{2\Delta} \tag{7.44}$$

光纤的数值孔径与生产光纤所用的介质材料折射率的平均值和相对差相关. 在生产光纤时, 通过改变折射率的平均值和相对差, 可以在一个相对较宽的范围内改变光纤的数值孔径. 现在常用的光纤大都以硅为制造材料, 数值孔径范围通常是 0.1~0.3.

我们以工作波长为 850nm 为例, 采用 457E 型渐变多模光纤参数, 数值模拟中零色散斜率 $S_0 = 0.096\text{ps}/(\text{nm}\cdot\text{km})$, 零色散波长 $\lambda_0 = 1300\text{nm}$, 纤芯群折射率 $N_1 = 1.48$. 数值孔径取不同的数值时, 得到多模光纤总色散导致的脉冲展宽曲线, 如图 7-9 所示.

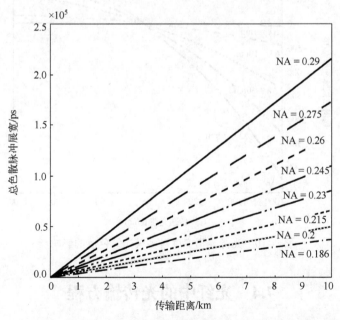

图 7-9　数值孔径对多模光纤总色散脉冲展宽的影响

从图 7-9 中可以看出，随着数值孔径的增大，多模光纤色散也随之增加，且数值孔径越大，色散增加的幅度也越大. 虽然尽量降低数值孔径的数值可以减小光纤的色散，提高光纤的传输性能，但是由于制造过程中的技术问题，大部分多模光纤的数值孔径为 0.2.

除了光纤本身的物理性质，光源辐射出的光束质量也对光纤中的脉冲展宽产生重要的影响. 根据 457E 型渐变多模光纤参数，我们在数值模拟中采用零色散斜率 $S_0 = 0.096\text{ps}/(\text{nm·km})$，零色散波长 $\lambda_0 = 1300\text{nm}$，数值孔径 $\text{NA} = 0.2$，纤芯群折射率 $N_1 = 1.48$，分别模拟计算了光源光谱宽度 $\Delta\lambda = 1\text{nm}$、$\Delta\lambda = 10\text{nm}$、$\Delta\lambda = 30\text{nm}$、$\Delta\lambda = 50\text{nm}$ 和 $\Delta\lambda = 70\text{nm}$ 条件下单位长度多模光纤色散的曲线，如图 7-10 所示. 由于模间色散导致的脉冲展宽式(7.37)与光谱宽度无关，光源的光谱宽度主要影响多模光纤的模内色散. 如图 7-10 可知，光源光谱宽度越窄，即输出光脉冲波长越单一，则光纤的色散越小. 对于激光二极管（laser diode，LD）光源，光谱宽度 $\Delta\lambda = 1\text{nm}$，此时的单位长度脉冲展宽几乎为零，而且几乎不随工作光波长变化. 而对于 LED 光源，光谱宽度 $\Delta\lambda = 70\text{nm}$，脉冲展宽随着工作光波长的变化也产生显著变化. 光源光谱宽度越大，色散效应随工作波长的变化趋势越明显.

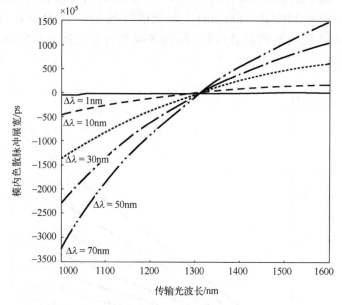

图 7-10　光源光谱宽度对多模光纤色散的影响

7.4　光纤中的光传输方程

在传统的光纤通信系统中，当发送光功率低于 1mW 时，光纤被认为是一种线性介质. 但随着纤芯内光强增加, 高光强在纤芯中能保持很长的距离 (由于单模光纤的损耗很低), 虽然石英材料不是高非线性的, 但单模光纤中的非线性效应仍会变得十分强烈, 其输入输出特性将不再保持线性关系.

光纤通信技术发展到今天, 作为传输介质的单模光纤的非线性效应问题备受人们的关注, 它已经成为影响系统性能好坏的关键因素之一.

为了进一步理解光纤中的非线性光学效应和现象, 就要了解非线性色散介质中电磁波传输理论. 根据光的电磁理论, 光纤中光脉冲的传输特性遵从麦克斯韦方程组

$$\nabla \times \boldsymbol{E} = -\frac{\partial \boldsymbol{B}}{\partial t} \tag{7.45a}$$

$$\nabla \times \boldsymbol{H} = \boldsymbol{j} + \frac{\partial \boldsymbol{D}}{\partial t} \tag{7.45b}$$

$$\nabla \cdot \boldsymbol{D} = \rho \tag{7.45c}$$

$$\nabla \cdot \boldsymbol{B} = 0 \tag{7.45d}$$

假设光纤纤芯折射率为 n_1, 包层折射率为 n_2, 在纤芯中满足均匀、各向同性 (n_1 为常数), 其光纤结构如图 7-11 所示.

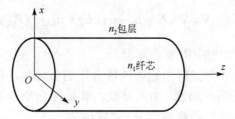

图 7-11　光纤结构示意图

假设介质是非铁磁性的 ($\mu = \mu_0$), 无自由电荷 ($\rho = 0$), 无自由电流 ($j = 0$), 则麦克斯韦方程组可写为

$$\nabla \times \boldsymbol{E} = -\frac{\partial \boldsymbol{B}}{\partial t} \tag{7.46a}$$

$$\nabla \times \boldsymbol{H} = \frac{\partial \boldsymbol{D}}{\partial t} \tag{7.46b}$$

$$\nabla \cdot \boldsymbol{D} = 0 \tag{7.46c}$$

$$\nabla \cdot \boldsymbol{B} = 0 \tag{7.46d}$$

$$\boldsymbol{B} = \mu_0 \boldsymbol{H} \tag{7.46e}$$

$$\boldsymbol{D} = \varepsilon_0 \boldsymbol{E} + \boldsymbol{P}_{\mathrm{L}} + \boldsymbol{P}_{\mathrm{NL}} = \varepsilon \boldsymbol{E} + \boldsymbol{P}_{\mathrm{NL}} \tag{7.46f}$$

$$\boldsymbol{P}_{\mathrm{L}} = \varepsilon_0 \chi^{(1)} \boldsymbol{E} \tag{7.46g}$$

$$\boldsymbol{P}_{\mathrm{NL}} = d_{\mathrm{eff}} \boldsymbol{E} \boldsymbol{E} \tag{7.46h}$$

式 (7.46f) 代入式 (7.46a) 中得到

$$\nabla \times \boldsymbol{H} = \frac{\partial}{\partial t}(\varepsilon \boldsymbol{E}) + \frac{\partial}{\partial t}\boldsymbol{P}_{\mathrm{NL}} \tag{7.47}$$

对式 (7.46a) 两边取旋度 ($\nabla \times$) 得到

$$\nabla \times \nabla \times \boldsymbol{E} = \nabla \times \left(-\frac{\partial \boldsymbol{B}}{\partial t}\right) = -\mu_0 \frac{\partial}{\partial t}(\nabla \times \boldsymbol{H}) \tag{7.48}$$

将式 (7.47) 代入式 (7.48) 得到

$$\nabla \times \nabla \times \boldsymbol{E} = -\mu_0 \frac{\partial}{\partial t}(\nabla \times \boldsymbol{H}) = -\mu_0 \frac{\partial}{\partial t}\left[\frac{\partial}{\partial t}(\varepsilon \boldsymbol{E} + \boldsymbol{P}_{\mathrm{NL}})\right] \tag{7.49}$$

$$\nabla \times \nabla \times \boldsymbol{E} = \nabla \cdot (\nabla \cdot \boldsymbol{E}) - \nabla^2 \boldsymbol{E} \tag{7.50}$$

利用式 (7.49)，则式 (7.50) 可以改写为

$$\nabla^2 \boldsymbol{E} = -\nabla \times \nabla \times \boldsymbol{E} = \mu_0 \frac{\partial^2}{\partial t^2}(\varepsilon \boldsymbol{E}) + \mu_0 \frac{\partial^2}{\partial t^2}(\boldsymbol{P}_{\mathrm{NL}}) \tag{7.51}$$

式 (7.51) 为光纤非线性介质中的波动方程.

由此可见，当激光入射光纤引起非线性介质的极化时，极化反过来又将激起新的波场，从而形成一种新的场源. 由此可知，非线性介质中不同频率的光波之间的能量交换，正是通过非线性极化强度 P_{NL} 来实现的.

一般情况下，$n_1 \approx n_2$，临界角 $\theta_c = \arcsin(n_2/n_1) \approx 90°$，光传输方向近似平行于纤芯轴线，$E_z$ 和 H_z 分量可略 (视为准 TE 波). 由于光纤柱对称，我们假设 $|E| \approx E_y$，并用复数 $\tilde{E}_y$ 表示. 同时假设光频场是准单色的，当频谱改变量 $\Delta \omega$ 与中心频率为 ω_0 的频谱之比 $\Delta \omega / \omega \ll 1$ 时，P_{NL} 近似相当于 P_{L} 的微扰，光频场沿着光纤长度方向偏振态不变，则在慢变振幅近似下得到直角坐标系下的标量方程为

$$\nabla^2 \tilde{E}_y = \frac{n_1^2}{c^2}\frac{\partial^2 \tilde{E}_y}{\partial t^2} \tag{7.52}$$

$$\nabla^2 = \frac{\partial^2}{\partial x^2} + \frac{\partial^2}{\partial y^2} + \frac{\partial^2}{\partial z^2} = \nabla_\perp^2 + \frac{\partial^2}{\partial z^2} \tag{7.53}$$

$$\tilde{E}_y = E_y \mathrm{e}^{\mathrm{i}(\omega t - \beta z)} \tag{7.54}$$

式中，β 为传播常数. 将式 (7.53) 和式 (7.54) 代入式 (7.52) 中得到

$$\nabla_\perp^2 E_y + \left(\frac{\omega^2}{c^2} n_1^2 - \beta^2 \right) E_y = 0 \tag{7.55}$$

或写为

$$\nabla_\perp^2 E_y + (k_0^2 n_1^2 - \beta^2) E_y = 0 \tag{7.56}$$

同理，在包层中有

$$\nabla_\perp^2 E_y + (k_0^2 n_2^2 - \beta^2) E_y = 0 \tag{7.57}$$

在柱坐标系中有

$$\nabla_\perp^2 = \frac{\partial^2}{\partial r^2} + \frac{1}{r}\frac{\partial}{\partial r} + \frac{1}{r^2}\frac{\partial^2}{\partial \phi^2} \tag{7.58}$$

式 (7.56) 改写为

$$\frac{\partial^2 E_y}{\partial r^2} + \frac{1}{r}\frac{\partial E_y}{\partial r} + \frac{1}{r^2}\frac{\partial^2 E_y}{\partial \phi^2} + (k_0^2 n_1^2 - \beta^2) E_y = 0 \tag{7.59}$$

将 $E_y = BR(r)\Phi(\phi)$ 代入式 (7.59) 中，分离变量得到

$$\frac{1}{R(r)}\left[r^2 \frac{\partial^2 E_y}{\partial r^2} + \frac{1}{r}\frac{\partial E_y}{\partial r} + \frac{1}{r^2}\frac{\partial^2 E_y}{\partial \phi^2} + (k_0^2 n_1^2 - \beta^2) E_y \right] = -\frac{1}{\Phi(\phi)}\frac{\partial^2 \Phi(\phi)}{\partial \phi^2} \tag{7.60}$$

对于相互独立变量 r 和 ϕ，要满足上面恒等式，等式两边必等于同一常量，假设为 m^2，进一步推导出下式：

$$r^2 \frac{\partial^2 R(r)}{\partial r^2} + r\frac{\partial R(r)}{\partial r} + [(k_0^2 n_1^2 - \beta^2) r^2 - m^2] R(r) = 0 \tag{7.61}$$

$$\frac{\partial^2 \Phi(\phi)}{\partial \phi^2} + m^2 \Phi(\phi) = 0 \tag{7.62}$$

式 (7.62) 的解为

$$\Phi(\phi) = \cos(m\phi) \tag{7.63}$$

由于

$$\Phi(\phi + 2\pi) = \Phi(\phi) \tag{7.64}$$

所以得到

$$\cos(m\phi + 2m\pi) = \cos(m\phi) \tag{7.65}$$

式 (7.65) 中 m 取分立值 0, 1, 2, 3, $\cdots$. 考虑 $r = 0$ 时 $R(r)$ 有限，$r > a$ 且 $r \to \infty$ 时 $R(r)$ 迅速衰减为 0，式 (7.64) 的解为

$$R(r) = \begin{cases} J_m\left(\sqrt{k_0^2 n_1^2 - \beta^2}\, r\right), & 0 \leqslant r \leqslant a \\ K_m\left(\sqrt{\beta^2 - k_0^2 n_1^2}\, r\right), & r > a \end{cases} \tag{7.66}$$

式中，J_m 为第一类贝塞尔函数，K_m 为第二类变态贝塞尔函数. 假设

$$W = \sqrt{k_0^2 n_1^2 - \beta^2}\, a$$

$$W = \sqrt{\beta^2 - k_0^2 n_2^2}\, a$$

并考虑式 (7.65) 和式 (7.66) 得到

$$\tilde{E}_y = \begin{cases} B_1 J_m\left(\dfrac{\mu}{a} r\right) \cos(m\phi) e^{i(\omega t - \beta z)}, & 0 \leqslant r \leqslant a & \text{(7.67a)} \\ B_2 K_m\left(\dfrac{w}{a} r\right) \cos(m\phi) e^{i(\omega t - \beta z)}, & r > a & \text{(7.67b)} \end{cases}$$

式中，$m = 0, 1, 2, 3, \cdots$；B_1、B_2 由初始能量条件决定.

因 E_z 与 H_z 与可略，考虑到如下公式：

$$\nabla \times \boldsymbol{E} = -\frac{\partial \boldsymbol{B}}{\partial t} \tag{7.68}$$

上式左边为

$$\begin{vmatrix} \boldsymbol{i} & \boldsymbol{j} & \boldsymbol{k} \\ \dfrac{\partial}{\partial x} & \dfrac{\partial}{\partial y} & \dfrac{\partial}{\partial z} \\ 0 & \tilde{E}_y & 0 \end{vmatrix} = -\frac{\partial \tilde{E}_y}{\partial t}\boldsymbol{i} = i\beta E_y e^{i(\omega t - \beta z)}\boldsymbol{i} \tag{7.69a}$$

右边为

$$-\mu_0 \frac{\partial \boldsymbol{H}}{\partial t} = -\mu_0 \frac{\partial \tilde{H}_x}{\partial t}\boldsymbol{i} = -i\omega\mu_0 H_x e^{i(\omega t - \beta z)}\boldsymbol{i} \tag{7.69b}$$

比较式 (7.69a) 和式 (7.69b) 得到

$$H_x = -\frac{\beta E_y}{\omega\mu_0} \tag{7.70}$$

将式 (7.67) 代入式 (7.70) 中得到

$$\tilde{H}_x = \begin{cases} -\dfrac{\beta B_1}{\omega \mu_0} \mathrm{J}_m\left(\dfrac{\mu}{a}r\right)\cos(m\phi)\mathrm{e}^{\mathrm{i}(\omega t - \beta z)}, & 0 \leqslant r \leqslant a \quad (7.71\mathrm{a}) \\[3mm] -\dfrac{\beta B_2}{\omega \mu_0} \mathrm{K}_m\left(\dfrac{w}{a}r\right)\cos(m\phi)\mathrm{e}^{\mathrm{i}(\omega t - \beta z)}, & r > a \quad (7.71\mathrm{b}) \end{cases}$$

式中，$m = 0, 1, 2, 3, \cdots$. 由式 (7.71) 可知，在光纤中光的传播是以多模式传输.

7.5 光纤中的非线性效应

在光纤通信的应用中，激光作为传输信号在光纤中传播时，光纤中的非线性光学效应将引起传输信号的附加损耗和移动，以及在 WDM 系统中引起信道之间的串扰等. 由此可见，高功率超短脉冲激光器和低损耗光纤的使用，使得光纤中的非线性光学效应越来越显著.

7.5.1 非线性折射率

在高强度的电磁场中，电介质对光的响应都是非线性的，此时介质的束缚电子产生非谐振运动，导致电偶极子的极化强度 P 对于光频场 E 是非线性的，从而导致介质产生非线性响应. P 与 E 的示意式关系满足

$$P = \varepsilon_0(\chi^{(1)} \cdot E + \chi^{(2)} : EE + \chi^{(3)} \vdots EEE + \cdots) \tag{7.72}$$

式中，ε_0 是真空中的介电常量，$\chi^{(j)}$ $(j = 1, 2, \cdots)$ 是 j 阶电极化率，为 $j+1$ 阶张量. 其中，$\chi^{(1)}$ 是线性电极化率，它对 P 的贡献是主要的. 线性折射率影响的效应包括光纤折射率 n 和衰减常数 α. $\chi^{(2)}$ 是二次电极化率，它主要影响到二次谐波的产生与和频发生等非线性效应. 对于常见的光纤介质，其主要的介质材料为 SiO_2，因为 SiO_2 分子是对称结构，而二次电极化率只有在分子结构非反演对称的介质中才不为零，所以普通光纤一般不会产生明显的二次非线性效应. $\chi^{(3)}$ 是三次电极化率，它导致光纤折射率对光强的依赖关系，是光纤产生非线性效应的主要原因. 三次电极化率引起的非线性效应，包括三次谐波的产生、四波混频以及非线性折射现象.

光纤的折射率可以表示为

$$\tilde{n}(\omega, |E|^2) = n(\omega) + n_2 |E|^2 \tag{7.73}$$

式中，$n(\omega)$ 是折射率的线性部分，$|E|^2$ 为光纤内的光强，n_2 为非线性折射率与 $\chi^{(3)}$ 有关的物理量，可以表示为

$$n_2 = \frac{3}{8n}\mathrm{Re}(\chi^{(3)}_{xxxx}) \tag{7.74}$$

对于石英光纤，非线性折射率系数 n_2 的值约在 $(2.2 \sim 3.4) \times 10^{-20} \mathrm{m}^2 / \mathrm{W}$ 范围内. 光纤中的大部分非线性效应都起源于光纤的非线性折射率，包括自相位调制（self-phase modulation，SPM）、交叉相位调制（cross phase modulation，XPM）、四波混频（FWM）等. 单模光纤中的非线性效应大致分为两类：① 受激散射效应，如 SRS、SBS 等；② 非线性折射率调制效应，如 SPM、FWM、XPM.

7.5.2 自相位调制

光频场在光纤内传输时光场本身引起相位移动，这种效应就是自相位调制，它会导致脉冲的频谱展宽. 自相位调制表示为

$$\phi_{\mathrm{NL}} = n_2 k_0 L |E|^2 \qquad (7.75)$$

式中，$k_0 = 2\pi / \lambda$，L 为光纤长度.

由于非线性折射率与光频场的强度大小有关，折射率的变化又引起相位移动，故光场经距离 L 后，其相移为

$$\phi = n k_0 L = \frac{2\pi n}{\lambda} \cdot L = (n_0 + n_2 |E|^2) k_0 L = n_0 k_0 L + n_2 |E|^2 k_0 L \qquad (7.76)$$

式中，ϕ 的第二项非线性项是由于 SPM 引起的.

由此可见 SPM 单独出现在光纤中，会引起光频谱的展宽（此为正常色散区）. 在反常色散区，SPM 会与色散共同作用使光脉冲压缩. 在一定条件下，形成光孤子.

7.5.3 交叉相位调制

光纤中不同光波长、不同传输方向或不同偏振态的脉冲共同传输时，一种光频场会引起另一种光频场的相移，即产生交叉相位调制. 总光频场可以表示为

$$E = \frac{1}{2} \hat{x} [E_1 \exp(-\mathrm{i}\omega_1 t) + E_2 \exp(-\mathrm{i}\omega_2 t) + \mathrm{c.c.}] \qquad (7.77)$$

式中，ω_1 和 ω_2 为光脉冲频率. 假设偏振方向为 x 方向，则频率为 ω_1 的光频场的非线性相移为

$$\phi_{\mathrm{NL}} = n_2 k_0 L (|E_1|^2 + 2|E_2|^2) \qquad (7.78)$$

式（7.78）的右边两项中，$n_2 k_0 L |E_1|^2$ 表示自相位调制，$2 n_2 k_0 L |E_2|^2$ 表示交叉相位调制. 对于相同的光频场，交叉相位调制对非线性相移的影响是自相位调制的两倍. 在光纤通信中，交叉相位调制使得入射波之间发生耦合，而不产生能量的转移，这种耦合将在光纤中导致许多重要的非线性效应.

7.5.4　光纤中的四波混频

因为光纤的电极化率包含非线性部分，当三个光脉冲同时在光纤中传播时，产生了第四个波，即光纤中的四波混频效应. 四波混频效应使得功率从一个信道流至另一个信道，限制了通信系统的传输性能. 我们结合 SPM、XPM 和 FWM 的综合因素进行讨论.

为讨论问题简化，假设介质是各向同性的，即在研究过程中，极化率张量、介电常量张量和折射率张量变为标量.

非线性折射率为

$$n(\omega,|E|^2) = n_0(\omega) + n_2|E|^2 \tag{7.79}$$

式中

$$n_2 = \varepsilon_r = \frac{\varepsilon}{\varepsilon_0} \tag{7.80}$$

对于线性极化率

$$n_0^2 = \varepsilon_r^{(1)} = 1 + \chi^{(1)} \tag{7.81}$$

而

$$\boldsymbol{P} = \varepsilon_0\chi^{(1)}\boldsymbol{E} + \varepsilon_0\chi^{(2)}\boldsymbol{EE} + \varepsilon_0\chi^{(3)}\boldsymbol{EEE} + \cdots = \boldsymbol{P}^{(1)} + \boldsymbol{P}^{(2)} + \boldsymbol{P}^{(3)} + \cdots \tag{7.82}$$

式中，$\boldsymbol{P}^{(1)}$ 为线性电极化强度矢量. 假设三次极化率项的三个 $\boldsymbol{E}$ 是同一个场并在 x 方向，则

$$\boldsymbol{P}^{(3)} = \hat{\boldsymbol{x}}\varepsilon_0\chi^{(3)}(E_0\cos\omega t)^3 \tag{7.83}$$

式中，$\hat{\boldsymbol{x}}$ 为 x 方向的单位矢量，将式(7.83)展开为

$$\boldsymbol{P}^{(3)} \approx \frac{3}{4}\hat{\boldsymbol{x}}\varepsilon_0\chi_{xxxx}^{(3)}|E_0|^2 E_0\cos\omega t + \frac{1}{4}\hat{\boldsymbol{x}}\varepsilon_0\chi_{xxxx}^{(3)}|E_0|^3 E_0^3\cos3\omega t \approx \frac{3}{4}\hat{\boldsymbol{x}}\varepsilon_0\chi_{xxxx}^{(3)}|E_0|^2 E_0\cos\omega t \tag{7.84}$$

在式(7.84)中，频率为 3ω 的项在光纤传输系统中会很快衰减，即超过了光纤的低损耗带宽范围，因此可以忽略. 将式(7.84)代入式(7.82)中，并结合式(7.79)、式(7.80)和式(7.81)，取矢量的模为

$$P = \varepsilon_0\varepsilon_r^{(1)}E + \frac{3}{4}\varepsilon_0\chi_{xxxx}^{(3)}|E_0|^2 E = \varepsilon_0 n^2 E \tag{7.85}$$

由于

$$n^2 = n_0^2 + 2n_0 n_2|E_0|^2 \tag{7.86}$$

这里将式(7.86)代入式(7.85)中展开

$$P = \varepsilon_0(n_0^2 + 2n_0n_2|E_0|^2)E = \varepsilon_0 n_0^2 E + 2n_0\varepsilon_0 n_2|E_0|^2 E = \varepsilon_0\varepsilon_r^{(1)}E + \frac{3}{4}\varepsilon_0\chi^{(3)}|E_0|^2 E \quad (7.87)$$

对上式等号两边进行比较得到

$$\varepsilon_r^{(1)} = n_0^2, \quad 2n_0\varepsilon_0 n_2 = \frac{3}{4}\varepsilon_0\chi_{xxxx}^{(3)}$$

进一步得到

$$n_2 = \frac{3}{8n_0}\chi_{xxxx}^{(3)} \quad (7.88)$$

由式(7.88)知，非线性折射率 n_2 同样是由三次极化率引起的.

进一步讨论四路光同时在光纤中传输时，在极化强度张量中的三阶非线性极化率导致的 SPM、XPM 和 FWM 等非线性效应中的参量效应过程. 在此过程中，极化强度与光频场的关系为

$$\boldsymbol{P}_{NL} = \varepsilon_0\boldsymbol{\chi}^{(3)} \vdots \boldsymbol{EEE} \quad (7.89)$$

假设

$$\boldsymbol{E} = \hat{x}\frac{1}{2}\sum_{j=1}^{4}E_j\exp[i(k_j z - \omega_j t)] + \text{c.c.} \quad (7.90)$$

式中，$k_j = \dfrac{n_j\omega_j}{c}$，则

$$\chi_{ijkl} \leftrightarrow \chi_{xxxx}$$

$$\boldsymbol{P}_{NL} = \hat{x}\cdot\frac{1}{2}\sum_{j=1}^{4}P_j\exp[i(k_j z - \omega_j t)] + \text{c.c.} \quad (7.91)$$

当 $j = 4$ 时，非线性极化矢量的模为

$$P_4 = \frac{3}{4}\varepsilon_0\chi_{xxxx}^{(3)}[|E_4|^2 E_4 + 2(|E_1|^2 + |E_2|^2 + |E_3|^2)E_4 + 2E_1 E_2 E_3\cdot\exp(i\theta_+)$$
$$+ 2E_1 E_2 E_3^*\cdot\exp(i\theta_-) + \cdots] \quad (7.92)$$

式中

$$\theta_+ = (k_1 + k_2 + k_3 - k_4)z - (\omega_1 + \omega_2 + \omega_3 - \omega_4)t$$

$$\theta_- = (k_1 + k_2 - k_3 - k_4)z - (\omega_1 + \omega_2 - \omega_3 - \omega_4)t$$

在式 (7.92) 中，右边第一项对应光纤非线性效应的 SPM，第二项对应光纤非线性效应的 XPM，其余的项则对应于 FWM. 自相位调制和交叉相位调制项不包含相位匹配项，这说明它们独立于 E_4 和 P_4 之间的相对相位，属于自动相位匹配. 而四波混频项中有多少项在参量耦合中起作用，则取决于 E_4 和 P_4 之间的相对相位，即 θ_+ 和 θ_-. 只有当相对相位为零时，才会发生显著的四波混频过程，即满足相位匹配条件.

7.6　四波混频效应

7.6.1　四波混频的起源

当三个不同频率的光波在同一根光纤中同时传输时，会产生新的光频率分量，这就是光纤中的四波混频效应. 为了更好地了解光纤中的非线性现象，我们重点讨论四波混频过程中的各参量关系.

由于光纤中的四波混频可以有效地产生新的光波，近年来对它进行了广泛的研究. 20 世纪 90 年代，由于在 WDM 光波系统中四波混频波长的转换具有潜在应用价值而引起人们的关注. 在高强度电磁场中，任何电介质对光频场的响应都会由线性与非线性组成. 光纤作为一种电介质，也会产生非线性光学效应和现象. 四波混频是多个光波在介质中相互作用所引起的非线性效应的典型现象，是光纤介质的三次电极化率 $\chi^{(3)}$ 引起的.

根据式 (7.92) 中有两类四波混频，我们讨论含有 θ_+ 的项对应三个光子合成一个光子的情形，由能量守恒可知，产生新光子的频率为

$$\omega_4 = \omega_1 + \omega_2 + \omega_3 \tag{7.93}$$

同时，动量守恒要求波矢满足以下相位匹配条件：

$$\Delta k = k_4 - k_3 - k_2 - k_1 = 0 \tag{7.94}$$

由式 (7.93) 可知，当 $\omega_1 = \omega_2 = \omega_3$ 时，这一项表示三个频率为 ω_1 的光子湮灭，产生一个频率为 $\omega_4 = 3\omega_1$ 的新光子，这对应三次谐波产生；当 $\omega_1 = \omega_2 \neq \omega_3$ 时，$\omega_4 = 2\omega_1 + \omega_3$，则对应于频率转换. 在通常情况下，要在光纤中满足这样的相位匹配条件比较困难.

在式 (7.92) 中含有 θ_- 的项对应不同频率 ω_1、ω_2 的两个光子湮灭，同时产生两个新频率 ω_3、ω_4 光子的过程，这类四波混频在光纤中更为普遍，其满足能量守恒关系

$$\omega_3 + \omega_4 = \omega_1 + \omega_2 \tag{7.95}$$

此过程需要满足的相位匹配条件为

$$\Delta k = k_3 + k_4 - k_1 - k_2 = (n_3 \omega_3 + n_4 \omega_4 - n_1 \omega_1 - n_2 \omega_2)/c = 0 \tag{7.96}$$

光纤中用 β 表示传播常数，则相位匹配条件为 $\Delta\beta=0$. 光纤中四波混频的能量和动量守恒关系为

$$\omega_3+\omega_4=\omega_1+\omega_2 \tag{7.97}$$

$$\Delta\beta=\beta(\omega_3)+\beta(\omega_4)-\beta(\omega_1)-\beta(\omega_2)=0 \tag{7.98}$$

式中，ω_1 和 ω_2 为泵浦光频率，ω_3 和 ω_4 分别为信号光频率和转换光波频率. 当 $\omega_1\neq\omega_2$ 时为非简并的四波混频；当 $\omega_1=\omega_2$ 时为简并四波混频，此时相位匹配条件较易得到满足.

在简并四波混频条件下，能量和动量守恒关系为

$$2\omega_1=\omega_3+\omega_4 \tag{7.99}$$

$$\Delta\beta=2\beta(\omega_1)-\beta(\omega_3)-\beta(\omega_4)=0 \tag{7.100}$$

转换光波频率为 $\omega_4=2\omega_1-\omega_3$，混频过程中产生的闲频光频率为 $2\omega_3-\omega_1$. 简并四波混频频谱如图 7-12 所示.

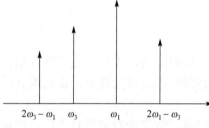

图 7-12　简并四波混频频谱图

7.6.2　四波混频的耦合方程

由式(7.89)、式(7.90)和式(7.92)出发，结合光纤基本传输方程，利用近轴近似可以得到光纤内光频场的幅度的耦合方程为

$$\frac{\mathrm{d}A_1}{\mathrm{d}z}=\frac{\mathrm{i}n_2\omega_1}{c}\left[\left(f_{11}\left|A_1\right|^2+2\sum_{k\neq1}f_{1k}\left|A_k\right|^2\right)A_1+2f_{1234}A_2^*A_3A_4\mathrm{e}^{\mathrm{i}\Delta kz}\right] \tag{7.101a}$$

$$\frac{\mathrm{d}A_2}{\mathrm{d}z}=\frac{\mathrm{i}n_2\omega_2}{c}\left[\left(f_{22}\left|A_2\right|^2+2\sum_{k\neq2}f_{2k}\left|A_k\right|^2\right)A_2+2f_{2134}A_1^*A_3A_4\mathrm{e}^{\mathrm{i}\Delta kz}\right] \tag{7.101b}$$

$$\frac{\mathrm{d}A_3}{\mathrm{d}z}=\frac{\mathrm{i}n_2\omega_3}{c}\left[\left(f_{33}\left|A_3\right|^2+2\sum_{k\neq3}f_{3k}\left|A_k\right|^2\right)A_3+2f_{3412}A_1A_2A_4^*\mathrm{e}^{-\mathrm{i}\Delta kz}\right] \tag{7.101c}$$

$$\frac{\mathrm{d}A_4}{\mathrm{d}z}=\frac{\mathrm{i}n_2\omega_4}{c}\left[\left(f_{44}\left|A_4\right|^2+2\sum_{k\neq4}f_{4k}\left|A_k\right|^2\right)A_4+2f_{4312}A_1A_2A_3^*\mathrm{e}^{-\mathrm{i}\Delta kz}\right] \tag{7.101d}$$

式中，f_{ijkl} 是交叠系数，定义为

$$f_{ijkl}=\frac{\left\langle F_i^*F_j^*F_kF_l\right\rangle}{\left[\left\langle\left|F_i\right|^2\right\rangle\left\langle\left|F_j\right|^2\right\rangle\left\langle\left|F_k\right|^2\right\rangle\left\langle\left|F_l\right|^2\right\rangle\right]^{1/2}} \tag{7.102}$$

考虑频率为 ω_2、ω_3 和 ω_4 的三个不同波长的光同时入射到光纤,由于发生了四波混频现象,产生了频率为 ω_1 的新光波,这里考虑自相位调制和交叉相位调制作用,四波混频的耦合方程可以写为

$$\frac{\mathrm{d}A_1}{\mathrm{d}z} = -\frac{1}{2}\alpha A_1 + 2\mathrm{i}\gamma\left(|A_2|^2 + |A_3|^2 + |A_4|^2\right)A_1 + \frac{1}{3}D\mathrm{i}\gamma A_2 A_3 A_4^* \exp(\mathrm{i}\Delta kz) \tag{7.103a}$$

$$\frac{\mathrm{d}A_2}{\mathrm{d}z} = -\frac{1}{2}\alpha A_2 + \mathrm{i}\gamma\left(|A_2|^2 + |A_3|^2 + |A_4|^2\right)A_2 \tag{7.103b}$$

$$\frac{\mathrm{d}A_3}{\mathrm{d}z} = -\frac{1}{2}\alpha A_3 + \mathrm{i}\gamma\left(|A_2|^2 + |A_3|^2 + |A_4|^2\right)A_3 \tag{7.103c}$$

$$\frac{\mathrm{d}A_4}{\mathrm{d}z} = -\frac{1}{2}\alpha A_4 + \mathrm{i}\gamma\left(|A_2|^2 + |A_3|^2 + |A_4|^2\right)A_4 \tag{7.103d}$$

式中,α 是光纤衰减系数,D 为简并系数,对于简并四波混频 $D = 3$,对于非简并四波混频 $D = 66$,γ 为非线性系数,Δk 为相位失配量.

由式 (7.103b)、式 (7.103c) 和式 (7.103d) 可以得到泵浦波包络

$$A_2(z) = A_2(0)\exp(-\alpha z/2)\exp\left\{-\mathrm{i}\lambda\left[|A_2(0)|^2 + 2|A_3(0)|^2 + 2|A_4(0)|^2\right]\right\}\exp(-\alpha z)/\alpha \tag{7.104a}$$

$$A_3(z) = A_3(0)\exp(-\alpha z/2)\exp\left\{-\mathrm{i}\lambda\left[2|A_2(0)|^2 + |A_3(0)|^2 + 2|A_4(0)|^2\right]\right\}\exp(-\alpha z)/\alpha \tag{7.104b}$$

$$A_4(z) = A_4(0)\exp(-\alpha z/2)\exp\left\{-\mathrm{i}\lambda\left[2|A_2(0)|^2 + 2|A_3(0)|^2 + |A_4(0)|^2\right]\right\}\exp(-\alpha z)/\alpha \tag{7.104c}$$

将式 (7.104a)、式 (7.104b) 和式 (7.104c) 代入式 (7.103a) 中,并对 $A_1(z)$ 变形得到

$$A_1(z) = C_1(z)\exp\left[-\frac{\mathrm{i}\kappa_1}{\alpha}\exp(-\alpha z)\right]\exp\left(-\frac{\alpha z}{2}\right) \tag{7.105}$$

式中

$$\kappa_1 = 2\gamma(P_2 + P_3 + P_4) \tag{7.106}$$

可以解得

$$C_1(L) = \frac{1}{3}D\mathrm{i}\gamma(P_2 P_3 P_4)^{1/2}\exp(\mathrm{i}\phi_0)I(L) \tag{7.107}$$

式中

$$\phi_0 = \phi_2(0) + \phi_3(0) - \phi_4(0) \tag{7.108}$$

其中，$\phi_j(0)$ $(j = 2, 3, 4)$是泵浦波输入功率.

在式(7.107)中

$$I(L) = \int_0^L \exp\left[-\alpha z + \mathrm{i}\Delta kz + \frac{\mathrm{i}\kappa_p}{\alpha}\exp(-\alpha z)\right]\mathrm{d}z \tag{7.109}$$

式中

$$\kappa_p = \gamma(P_2 + P_3 - P_4) \tag{7.110}$$

7.6.3 光纤中四波混频的相位匹配

1. 光纤中相位匹配技术的物理机制

对于石英光纤来说，相位匹配条件为

$$\Delta k = \Delta k_\mathrm{M} + \Delta k_\mathrm{W} + \Delta k_\mathrm{NL} = 0 \tag{7.111}$$

式中，Δk_M表示相位匹配项中光纤材料色散的部分，可以表示为

$$\Delta k_\mathrm{M} = [n(\omega_3)\omega_3 + n(\omega_4)\omega_4 - n(\omega_1)\omega_1 - n(\omega_2)\omega_2]/c \tag{7.112}$$

Δk_W表示相位匹配项中光纤波导色散的部分，可以表示为

$$\Delta k_\mathrm{W} = (\Delta n_3\omega_3 + \Delta n_4\omega_4 - \Delta n_1\omega_1 - \Delta n_2\omega_2)/c \tag{7.113}$$

其中，Δn_j $(j = 1, 2, 3, 4)$是由波导引起的材料折射率的变化；Δk_NL表示相位匹配项中光纤非线性效应的部分，可以表示为

$$\Delta k_\mathrm{NL} = \gamma(P_1 + P_2) \tag{7.114}$$

其中，P_1和P_2为两泵浦光的功率.

即使式(7.111)中的相位不严格匹配，也会发生显著的四波混频作用，即准相位匹配的四波混频. 在单模光纤中，只有在零色散波长附近Δk_M和Δk_W可比拟；当工作在其他的波长范围时，波导色散的影响远小于材料色散，即$\Delta k_\mathrm{W} \ll \Delta k_\mathrm{M}$. 在单模光纤中实现准相位匹配的三种方法是：

(1)利用小频移和低泵浦来减小Δk_M和Δk_NL；

(2)使光纤在其零色散波长附近工作，使得Δk_W与$\Delta k_\mathrm{M} + \Delta k_\mathrm{NL}$相抵消；

(3)使光纤在其反常色散区工作，使得Δk_M为负，与$\Delta k_\mathrm{W} + \Delta k_\mathrm{NL}$相抵消.

2. 光纤色散对相位匹配的影响

由式(7.111)可知，这里讨论光纤中的相位匹配时，既要考虑光纤引起的非线性效应，还要考虑材料色散和波导色散. 当三者关系满足相位匹配条件$\Delta k = 0$时，产

生有效四波混频.

从式 (7.100) 出发，将光纤传播常数 $\beta(\omega_1)$、$\beta(\omega_3)$ 和 $\beta(\omega_4)$ 以零色散角频率为中心展开，可以得到

$$\beta(\omega_i) = \beta(\omega_0) + (\omega_i - \omega_0)\beta_1(\omega_0)$$
$$+ \frac{1}{2}(\omega_i - \omega_0)^2 \beta_2(\omega_0) + \frac{1}{6}(\omega_i - \omega_0)^3 \beta_3(\omega_0) + \cdots \tag{7.115}$$

将式 (7.115) 代入式 (7.100) 中，相位失配量可以写为

$$\Delta\beta = \beta_2(\omega_0)(\omega_1 - \omega_3)^2 - \frac{1}{3}\beta_3(\omega_0)(\omega_1 - \omega_3)^2(\omega_1 - \omega_0) \tag{7.116}$$

这里考虑光纤色散特性和 ω_0 处色散为零，即 $\beta_2(\omega_0) = 0$，则有

$$\Delta\beta = -\frac{1}{3}\beta_3(\omega_0)(\omega_1 - \omega_3)^2(\omega_1 - \omega_0) \tag{7.117}$$

由式 (7.117) 可知，相位失配量不仅与光纤色散系数 β_2 有关，还与光纤色散斜率 β_3 以及泵浦光与零色散频率差 $(\omega_1 - \omega_0)$ 有关.

3. 单模光纤中的相位匹配

选择信号光波长为 1556.42nm，泵浦光波长在 1520~1590nm 的范围内，在不考虑泵浦光功率影响的情况下，我们对常用的五种光纤的四波混频效应进行比较，数值模拟相位失配量与泵浦光波长的关系曲线如图 7-13 所示.

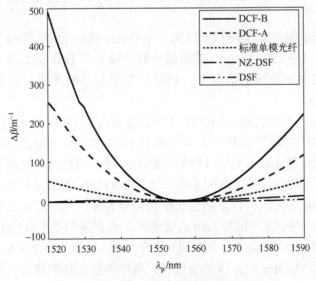

图 7-13　相位失配量与泵浦光波长的关系曲线

在数值计算中选取的参数如下：对于标准单模光纤（G.652），光纤衰减系数 $\alpha = 0.35\text{dB/km}$，有效纤芯面积 $A_{\text{eff}} = 55\mu\text{m}^2$，色散参数 $D_c = 17\text{ps/(nm} \cdot \text{km)}$，色散斜率 $\mathrm{d}D_c/\mathrm{d}\lambda = 0.09\text{ps/(nm}^2 \cdot \text{km)}$，非线性折射率 $n_2 = 2.2 \times 10^{-20}\text{m}^2\text{/W}$；对于色散位移光纤 DSF（G6.53），光纤衰减系数 $\alpha = 0.215\text{dB/km}$，有效纤芯面积 $A_{\text{eff}} = 50\mu\text{m}^2$，色散参数 $D_c = 3.5\text{ps/(nm} \cdot \text{km)}$，色散斜率 $\mathrm{d}D_c/\mathrm{d}\lambda = 0.075\text{ps/(nm}^2 \cdot \text{km)}$，非线性折射率 $n_2 = 2.32 \times 10^{-20}\text{m}^2\text{/W}$；对于非零色散光纤 NZ-DSF（G.655），光纤衰减系数 $\alpha = 0.21\text{dB/km}$，有效纤芯面积 $A_{\text{eff}} = 72\mu\text{m}^2$，色散参数 $D_c = 2\text{ps/(nm} \cdot \text{km)}$，色散斜率 $\mathrm{d}D_c/\mathrm{d}\lambda = 0.1\text{ps/(nm}^2 \cdot \text{km)}$，非线性折射率 $n_2 = 2.32 \times 10^{-20}\text{m}^2\text{/W}$；对于 A 类色散补偿光纤（dispersion compensating fiber，DCF）DCF-A，光纤衰减系数 $\alpha = 0.3\text{dB/km}$，有效纤芯面积 $A_{\text{eff}} = 19\mu\text{m}^2$，色散参数 $D_c = -87\text{ps/(nm} \cdot \text{km)}$，色散斜率 $\mathrm{d}D_c/\mathrm{d}\lambda = -0.71\text{ps/(nm}^2 \cdot \text{km)}$，非线性折射率 $n_2 = 2.32 \times 10^{-20}\text{m}^2\text{/W}$；对于 B 类色散补偿光纤 DCF-B，光纤衰减系数 $\alpha = 0.5\text{dB/km}$，有效纤芯面积 $A_{\text{eff}} = 15\mu\text{m}^2$，色散参数 $D_c = -145\text{ps/(nm} \cdot \text{km)}$，色散斜率 $\mathrm{d}D_c/\mathrm{d}\lambda = -1.34\text{ps/(nm}^2 \cdot \text{km)}$，非线性折射率 $n_2 = 2.32 \times 10^{-20}\text{m}^2\text{/W}$.

结合图 7-13，对标准单模光纤（G.652）、色散位移光纤 DSF（G6.53）、非零色散光纤 NZ-DSF（G.655）以及 A 类、B 类色散补偿光纤 DCF 中的相位失配量曲线进行比较可知，在泵浦光波长处于 1550～1562nm 范围内时，各种光纤中的相位失配量都近似为零，符合相位匹配条件. 由图 7-13 可知，在泵浦光波长处于 1520～1590nm 的范围内，DSF、NZ-DSF 的相位失配量始终保持近似为零，说明色散位移光纤中满足相位匹配条件的泵浦光波长范围很大. 泵浦波在 1550～1562nm 以外的范围，则不满足相位匹配条件，相位失配量迅速增大，且色散补偿光纤的增大速率明显大于其他光纤.

当选择泵浦光波长范围为 1520～1600nm 时，两种信号光波长分别为 $\lambda_s = 1537.3\text{nm}$ 和 $\lambda_s = 1556.42\text{nm}$，采用的色散位移光纤 DSF 的具体参数如上所述，在不考虑泵浦光功率影响的情况下，相位失配量与泵浦光波长的数值模拟关系曲线如图 7-14 所示.

在图 7-14 中，实线所表示的曲线对应于信号光 $\lambda_s = 1537.3\text{nm}$ 时的相位失配量，虚线所表示的曲线对应于信号光 $\lambda_s = 1556.42\text{nm}$ 时的相位失配量. 我们比较两条曲线可以发现，在泵浦光波长处于 1540～1560nm 时，两种信号光波长曲线中的相位失配量都近似为零，符合相位匹配条件. 对于 $\lambda_s = 1556.42\text{nm}$ 的信号光，当泵浦光处于 1540～1570nm 的范围内时，相位失配量近似为零；当泵浦光大于 1570nm 时，相位失配量变大. 对于 $\lambda_s = 1537.3\text{nm}$ 的信号光，当泵浦光处于 1520～1560nm 的范围内时，相位失配量近似为零；当泵浦光大于 1560nm 时，相位失配量迅速变大. 当信号光波长 $\lambda_s = 1537.3\text{nm}$ 时，满足相位匹配条件的波长范围较大，不满足相位匹配后变大的速率比 $\lambda_s = 1556.42\text{nm}$ 时快.

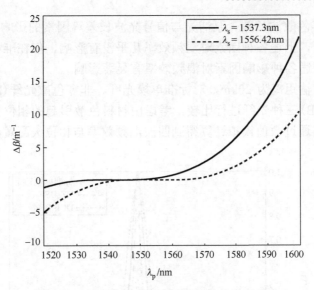

图 7-14　相位失配量与泵浦光波长的关系曲线

7.6.4　光纤中四波混频的效率

1. 相位匹配与四波混频效率的关系

假设功率为 P_1、P_2 和 P_3 的泵浦光入射到光纤中，在不考虑自相位调制和交叉相位调制的情况下，产生的四波混频的功率为

$$P_1(L) = \frac{\eta}{9} D^2 \gamma^2 P_2 P_3 P_4 \exp(-\alpha L) \left\{ \frac{[1 - \exp(-\alpha L)]^2}{\alpha^2} \right\} \tag{7.118}$$

式中，η 是四波混频效率，D 为简并因子，对于简并的四波混频 $D = 3$，α 为光纤衰减系数，L 为光纤长度，γ 为非线性系数，其定义为

$$\gamma = \frac{n_2 \omega_0}{c A_{\text{eff}}} \tag{7.119}$$

式中，n_2 为光纤非线性折射率，A_{eff} 为光纤有效纤芯面积，对于高斯脉冲 $A_{\text{eff}} = \pi \omega^2$.
四波混频效率的表达式为

$$\eta = \frac{\alpha^2}{\alpha^2 + \Delta k^2} \left\{ 1 + \frac{4 \exp(-\alpha L) \sin^2(\Delta k L / 2)}{[1 - \exp(-\alpha L)]^2} \right\} \tag{7.120}$$

式中，Δk 为线性相位失配量.
由四波混频效率式(7.120)可以看出，四波混频效率受到相位失配量、光纤长度、光纤衰减系数等因素的影响. 而由式(7.110)可知，相位失配量受到光纤零色散波长、泵浦光与光纤零色散波长差、泵浦光与信号光波长差等因素的影响. 在满足完全相位匹配的情况下, 上述各种因素对混频效率几乎没有影响, 但在准相位匹配的情况下, $\Delta k \approx 0$, 上述各种影响因素对混频效率有显著影响.

我们选择传输距离为 20km, 对标准单模光纤、非零色散光纤(NZ-DSF)和色散补偿光纤(DCF-B)三种光纤进行比较, 考虑由材料色散引起的相位失配, 应用近似计算 $\Delta k \approx \Delta k_M$, 通过数值模拟计算得到四波混频效率与相位失配量的关系曲线, 如图 7-15 所示.

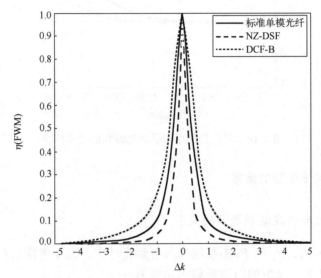

图 7-15 四波混频效率与相位失配量的关系曲线

如图 7-15 可知, 在相位失配量 $\Delta k = 0$ 时, 三种光纤的四波混频效率均达到最大值, 为 1. 随着相位失配量的增大, 三种光纤混频效率均迅速降低. 我们进一步比较三条曲线可知, 在相位失配量 $\Delta k \neq 0$ 时, 在其绝对值很小的范围内, 四波混频效率仍相对较大, 即发生准相位匹配.

2. 泵浦光波长与四波混频效率的关系

相位失配量受到泵浦光与光纤零色散波长差的影响. 目前的光纤制造工艺已经可以保障光纤的零色散波长保持在固定值, 而信号光源却可能会受外界环境的影响, 因此泵浦光波长的变化对四波混频效率有重要影响.

我们选择传输距离为 20km, 以色散位移光纤 DSF 为例, 通过数值模拟计算得到四波混频效率与泵浦光波长的关系曲线, 如图 7-16 所示. 从图 7-16 可以看出, 在泵浦光波长等于光纤零色散波长 1550nm 时, 满足完全相位匹配条件, 混频效率为 1 并且取得最大值.

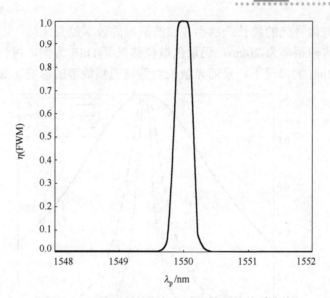

图 7-16 四波混频效率与泵浦光波长的关系曲线

但是当泵浦光波长在 1549.7～1550.3nm 的范围内时，混频效率仍然可以达到 0.9 以上. 这说明泵浦光波长在光纤零色散波长附近某个很小的范围内变化时，混频效率仍然可以保持一个较大数值，即满足准相位匹配条件.

这里选择传输距离为 20km，仍以色散位移光纤 DSF 为例，通过数值模拟计算得到泵浦光与信号光波长差对四波混频效率的影响，如图 7-17 所示.

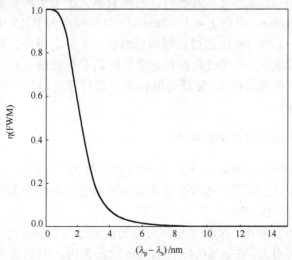

图 7-17 泵浦光与信号光波长差对四波混频效率的影响

由图 7-17 可以看出，随着泵浦光与信号光的波长差逐渐增大，四波混频的效率迅速下降. 当 $\lambda_p - \lambda_s \leqslant 2\text{nm}$ 时，混频效率 $\eta \geqslant 0.9$，取得较大值，满足准相位匹配条件，且泵浦光与信号光的波长差越小，四波混频的效率越高.

我们选择传输距离为 20km，仍以色散位移光纤 DSF 为例，讨论 $\lambda_p - \lambda_s$ 分别为 1nm、2nm 和 3nm 的情况下，泵浦光波长对四波混频效率的影响，如图 7-18 所示.

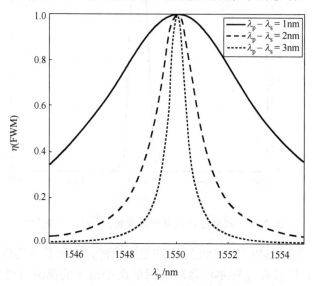

图 7-18　四波混频效率与泵浦光波长的关系

由图 7-18 可知，$\lambda_p - \lambda_s = 1\text{nm}$ 时，混频效率大于 0.9 所要求的泵浦光波长范围是 1548.5～1551.5nm；$\lambda_p - \lambda_s = 2\text{nm}$ 时，混频效率大于 0.9 所要求的泵浦光波长范围是 1549.2～1550.8nm. 而当 $\lambda_p - \lambda_s = 3\text{nm}$ 时，混频效率大于 0.9 所要求的泵浦光波长范围是 1549.8～1550.2nm. 通过比较可以看出，$\lambda_p - \lambda_s$ 越小，符合相位匹配条件的泵浦光波长范围越广. 当泵浦光波长位于光纤的零色散波长时，无论 $\lambda_p - \lambda_s$ 取何值，混频效率均达到最大值 1. 泵浦光波长离开光纤零色散波长越远，混频效率随之下降的速率也越大.

3. 光纤衰减系数与四波混频效率

我们选择传输距离为 20km，仍以色散位移光纤 DSF 为例，在泵浦光与信号光的波长差为 0.5nm 的情况下，通过数值模拟计算得出四波混频效率与光纤衰减系数的关系曲线，如图 7-19 所示.

从图 7-19 中可以看出，泵浦光与信号光的波长差为 0.5nm 时，混频效率随光纤衰减系数的增大而增大. 在 $\alpha \leqslant 0.4 \times 10^{-3} \text{dB/m}$ 的范围内，混频效率随光纤衰减系数迅速增大. 而当 $\alpha \geqslant 0.4 \times 10^{-3} \text{dB/m}$ 时，混频效率接近于 1，并且基本不受光纤衰减系数的影响. 当 $\alpha = 0.1 \times 10^{-3} \text{dB/m}$ 时，混频效率约为 0.9，所以当 $\alpha \geqslant 0.1 \times 10^{-3} \text{dB/m}$，并满足准相位匹配条件时，就会产生明显的四波混频作用.

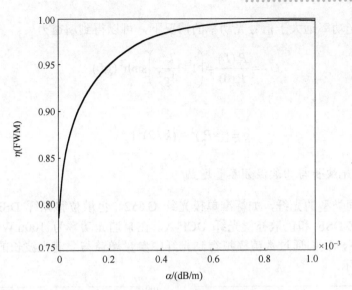

图 7-19　四波混频效率与光纤衰减系数的关系曲线

7.6.5　光纤中四波混频的参量增益

在光纤中,因为产生四波混频的相位匹配条件由色散和非线性效应共同作用决定,同时光纤中的非线性系数随泵浦光功率而变化,所以相位匹配条件也会随泵浦光功率而变化. 考虑光纤中非线性效应后,相位差可以表示为

$$k = \Delta k + 2\gamma P_p \tag{7.121}$$

式中, P_p 为泵浦光功率, Δk 为不考虑非线性效应时的相位失配量. 对于简并的情况

$$\begin{aligned}\Delta k &= k(f_s) + k(f_c) - 2k(f_p) \\ &= -\frac{2\pi c \lambda_0^3}{\lambda_p^3 \lambda_s^2} \frac{\mathrm{d}D_c}{\mathrm{d}\lambda} (\lambda_p - \lambda_s)^2 (\lambda_p - \lambda_0)\end{aligned} \tag{7.122}$$

γ 为非线性系数

$$\gamma = \frac{n_2 \omega_p}{c A_{\mathrm{eff}}} \tag{7.123}$$

其中, n_2 为光纤的非线性折射率, ω_p 为泵浦光圆频率, A_{eff} 为有效纤芯面积.

这里将式(7.121)与式(7.111)进行比较,可知非线性效应使得相位失配量产生偏移,且这个偏移量与泵浦光功率有关. 因为参量增益 g 存在的范围是 $-4\gamma P_p < \Delta k < 0$,所以增大泵浦光功率可以扩大增益产生的范围.

在泵浦光功率远大于信号光功率的情况下，可以得到增益为

$$G_{A} = \frac{P_{c}(L)}{P_{s}(0)} = \left(1 + \frac{k^2}{4g^2}\right)\sinh^2(gL) \tag{7.124}$$

式中

$$g = [(\gamma P_{p})^2 - (k/2)^2]^{1/2} \tag{7.125}$$

1. 泵浦光波长与四波混频参量增益

选择不同类型的光纤，如标准单模光纤 G.652、色散位移光纤 DSF、非零色散位移光纤 NZ-DSF 和色散补偿光纤 DCF-A，在泵浦光功率为 100mW 和光纤长度 20km 条件下，我们通过数值模拟得到光纤中参量增益与泵浦光波长的关系曲线，如图 7-20 所示.

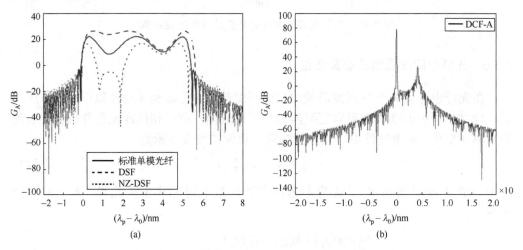

图 7-20   光纤中参量增益与泵浦光波长的关系曲线

如图 7-20(a) 所示，对标准单模光纤 G.652、色散位移光纤 DSF 和非零色散位移光纤 NZ-DSF 的参量增益与泵浦光波长的关系曲线进行比较，可以看到，在泵浦光波长比光纤零色散波长大 0~5nm 时，三种光纤都产生了明显的增益，增益值由大到小依次为：色散位移光纤、标准单模光纤和非零色散位移光纤，且最大增益值达到约 20dB. 对于标准单模光纤和色散位移光纤，四波混频的参量增益相对较平稳，而非零色散位移光纤在泵浦光波长大于光纤零色散波长约 0.8~1.8nm 的区间内，四波混频的参量增益显著降低.

图 7-20(b) 给出了色散补偿光纤 DCF-A 中的增益曲线. 对于色散补偿光纤，当泵浦光处于零色散波长处，四波混频的参量增益有一较大尖峰，最大值可以达到约 75dB. 在采用大于零色散波长 5nm 的波长泵浦时，参量增益有一小尖峰，达到

约 20dB. 而在其他波长范围内参量增益均小于 0dB，其中泵浦光波长大于零色散波长 0～5nm 的范围内，参量增益略高，约为−20dB. 对图 7-20(a)和图 7-20(b)进行比较可知，色散补偿光纤内四波混频的参量增益明显小于标准单模光纤和色散位移光纤.

2. 泵浦光功率与四波混频参量增益的关系

设定信号光波长为 $\lambda_0 + 4nm$，泵浦光波长为 $\lambda_0 + 1.2nm$，泵浦光功率范围为 0～200mW，选择标准单模光纤 G.652、色散位移光纤 DSF、非零色散位移光纤 NZ-DSF 和色散补偿光纤 DCF-A，各种光纤的详细参数如前文所述，我们通过数值模拟得到光纤中参量增益随泵浦光功率的变化曲线，如图 7-21 所示.

在图 7-21(a)描述了在标准单模光纤 G.652、色散位移光纤 DSF 和非零色散位移光纤 NZ-DSF 曲线中，可见四波混频的参量增益由大到小依次为：色散位移光纤、标准单模光纤和非零色散位移光纤. 要使光纤内四波混频效应产生较稳定的参量增益，色散位移光纤要求泵浦光功率大于 50mW，标准光纤要求泵浦光功率大于 80mW，而非零色散位移光纤要求泵浦光功率大于 120mW. 三条曲线均表明参量增益随着泵浦光功率的增加而增加. 因此要得到大的增益，可以提高泵浦光功率.

图 7-21(b)表示色散补偿光纤的增益曲线，由图 7-21（b）可知，在色散补偿光纤中四波混频的参量增益呈周期性变化，且各周期的峰值随着泵浦光功率的增加缓慢增加. 但在泵浦波功率小于 200mW 的范围内，参量增益始终小于 0dB. 对比图 7-21(a)和图 7-21(b)可知，在色散补偿光纤内四波混频的参量增益明显小于标准单模光纤和色散位移光纤.

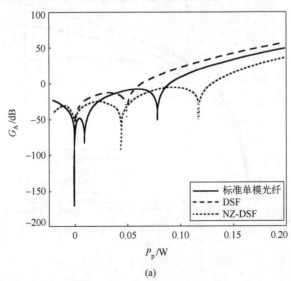

(a)

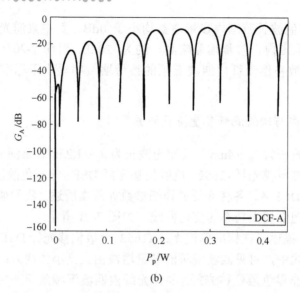

(b)

图 7-21　光纤中参量增益随泵浦光功率的变化曲线

3. 传输距离与四波混频参量增益的关系

设定泵浦光功率为 $100\ \text{mW}$，信号光波长为 $\lambda_0 + 4\text{nm}$，泵浦光波长为 $\lambda_0 + 1.2\text{nm}$，选择标准单模光纤 G.652、色散位移光纤 DSF、非零色散位移光纤 NZ-DSF 和色散补偿光纤 DCF-A，各种光纤的详细参数如前文所述，我们通过数值模拟得到光纤中参量增益随传输距离的变化曲线，如图 7-22 所示.

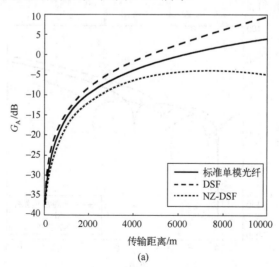

(a)

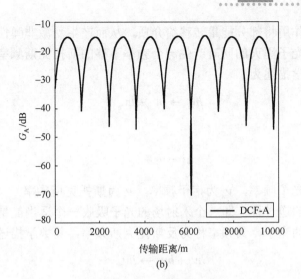

图 7-22　光纤中参量增益与传输距离的变化曲线

　　图 7-22（a）所示为标准单模光纤 G.652、色散位移光纤 DSF 和非零色散位移光纤 NZ-DSF 的曲线，我们通过比较可以知道，四波混频的参量增益由大到小依次为：色散位移光纤、标准单模光纤和非零色散位移光纤. 参量增益随着光纤长度的增长而增大. 当光纤长度在 1km 以内时，参量增益随长度变化增长迅速；而当传输距离超过 1km 之后，参量增益的增大趋势变缓，其中非零色散位移光纤的增大趋势最为缓慢. 在传输距离超过 4km 之后，非零色散位移光纤的参量增益基本稳定，且非零色散位移光纤中参量增益永远小于 0dB. 图 7-22（b）表示色散补偿光纤的增益曲线，由图可知，在色散补偿光纤中四波混频的参量增益随着传输距离呈周期性变化，且各周期的峰值基本稳定在 −15dB.

7.7　受激散射

　　在光纤中从入射波到另一个波的能量转移过程中，由于介质材料参与了能量交换，散射波处于低频率且具有小能量差，此就是受激散射. 在受激散射的过程中散射波最终以声子的形式释放，受激散射导致光纤通信系统中入射波的能量损耗，产生衰减. 光纤中主要有两类受激散射，即受激拉曼散射（SRS）和受激布里渊散射（SBS）. 受激拉曼散射的散射光前后向移动均能发生，但主要是进行前向移动，与这一过程相关的声子为光频声子；而受激布里渊散射的散射光只进行后向移动，并且其相关的声子为声频声子. 对于单信道的通信系统，受激拉曼散射的影响可以忽略；但是对于波分复用系统，受激拉曼散射的影响效果明显，不可忽略. 相反，受激布里渊散射对于单信道系统影响很大，而几乎不影响波分复用通信系统. 通过光频场与介质相互作用将部分能量转移给介质，从而产生受激非弹性散射，即某一入射光频场的一个光子湮灭的同时产生一个频率下移的斯托克斯频率的光子和一个声频的声子，其数学描述为

$$h\nu_i \rightarrow h\nu_s + h\nu_a \tag{7.126}$$

或写成

$$\nu_i = \nu_s + \nu_a \tag{7.127}$$

式中，ν_i 为入射光子频率，ν_a 为声子频率，ν_s 为斯托克斯频率.

上一个过程的逆过程，即一个入射场的光子吸收一个适当能量和动量的声子产生一个更高能量的光子，其频率称为反斯托克斯频率，其数学描述为

$$h\nu_i + h\nu_a \rightarrow h\nu_{as} \tag{7.128}$$

或写成

$$\nu_{as} = \nu_i + \nu_a \tag{7.129}$$

式中，ν_{as} 为反斯托克斯频率.

SRS 和 SBS 的区别在于：①SRS 对应的声子频率在 100GHz～10THz，SBS 对应的声子频率约 10GHz 或更小. ②SRS 散射主要发生在前向，SBS 散射发生在后向.

7.7.1 受激拉曼散射的演变

SRS 效应沿光纤的演变为

$$\frac{\mathrm{d}I_S}{\mathrm{d}Z} = g_R I_P I_S \tag{7.130}$$

式中，I_S 是斯托克斯光强，I_P 是入射光强，g_R 是拉曼增益系数，增益带宽为 30THz，$g_R \sim 1 \times 10^{-11}$cm/W 是信号波长的漂移量.

在标准单模光纤中，当泵浦光功率为 1W 时，人们就能观察到有效的 SRS 现象. 例如，在 WDM 应用中，短波长的能量向长波长转移的过程中，SRS 效应进一步引起信道间的串扰，所以 SRS 效应是造成光频场衰减的因素之一.

光纤拉曼放大器(fiber Raman amplication，FRA)的原理是利用 SRS 效应将泵浦光能量转移到信号光，或表述为对信号光能量进行了放大.

7.7.2 受激布里渊散射的演变

SBS 效应沿光纤的演变方程为

$$\frac{dI_S}{dZ} = g_B I_P I_S \tag{7.131}$$

式中，g_B 为布里渊增益系数，SBS 的带宽窄，大约为 10GHz.

$$g_B = g_{B0}(\Delta\nu_B / \Delta\nu_P) \tag{7.132}$$

一般情况下 $g_B \sim 1\times10^{-9}\,\mathrm{cm/W}$.

　　SBS 对光通信的影响是光纤衰减的因素之一. 由于 SBS 是一种反向散射，对单纤双向系统产生影响，成为反向传输信号的干扰. 又由于 SBS 的频移 $\Delta\nu_B$ 小于 WDM 信道间距，又是反向传输，因此它不构成 WDM 信道间的串扰. 通过 SBS 可以设计制作布里渊放大器，但是由于泵浦光与信号光的频率接近，又是反向传输，所以不易在光纤传输中得到广泛的应用.

　　综合以上分析讨论，在光纤通信中，非线性效应主要分为受激散射效应（如 SRS、SBS），以及非线性折射率调制效应（如 SPM、FWM、XPM）；当光频场与介质之间发生能量交换时，人们常采用非光学参量过程描述非线性光学效应，即不但光频场的频率发生变化，而且介质同时有能级跃迁.

思考题与习题

(1) 描述多模光纤中的脉冲展宽机理.
(2) 给出光纤中的 SPM、XPM 和 FWM 的物理描述，以及它们之间的关联性.
(3) 描述 FWM 的物理意义及应用领域.

第 8 章 激光与生物组织作用的非线性光学效应及应用

随着激光在生物医学领域的广泛应用,以光频场与生物组织相互作用为主要研究内容的组织光学,已经成为医学诊断治疗技术的核心和理论基础. 激光与生物组织的相互作用取决于组织的光学性质,在红光和近红外光谱区范围 600～1300nm 中,生物组织的某些不同成分对光的吸收和散射表现出不同的特性,即使是同一组织在不同的生理状态下,如组织正常、癌变或局部缺血缺氧的状态下,对光的吸收和散射也表现出不同的特性,所以组织光学特性参数的测量为了解光与组织的相互作用和组织中的光分布、确定最佳光辐射剂和组织中光敏剂浓度等提供了基础数据. 除了在临床早期诊断(如光学无损成像、荧光光谱学)上有重大影响外,光学特性参数本身就可以提供新陈代谢的信息和诊断疾病. 但是活体组织的光学参数(如吸收系数、散射系数等)不易直接测量,因此如何获得活体组织的光学特性参数是一个重要的研究内容.

8.1 简 介

电磁波在生物组织中的传播行为属于光频场与生物组织相互作用的问题,在不考虑吸收的情况下,理论上由麦克斯韦方程组和组织的光学性质(如折射率),再加上边界条件可以唯一确定. 在所给定的条件下求解麦克斯韦方程组,可以得到电矢量在空间和时间上的分布,其中必然发生一些光学现象,如干涉、衍射、反射和偏振等物理光学问题. 当生物组织存在光吸收时,应当考虑组织中原子分子的能级结构性质,换言之,此时应采用半经典理论,严格的处理方法应该是使用量子理论. 而生物组织是由不同大小、不同成分的细胞和细胞间质组成的混浊介质,由于其本身的组织结构及生物组织体的电磁性质,以及它的折射不均匀性,获得麦克斯韦方程组的数值解或解析解是比较困难的. 因此有人把光在生物组织中的传播、光能分布的物理现象采用粒子的传输过程进行唯象模拟,将粒子数的密度等价为光能,并把这种假想的粒子称为光子,其可以等效于光量子 $h\nu$ 的集合. 同时把生物组织理解为大量无规则分布的散射粒子和吸收粒子,这样,激光在生物组织中的传输规律可以由其光学特征来决定. 描述生物组织光学特征的基本参数有吸收系数 μ_a、散射系数

μ_s、相位函数 $\rho(\theta)$、各向异性系数 g. 确定这些参数的方法是将组织切片置于光学系统中进行测试(切片测试法)或由测得的表面反射光信号和透射光信号推算组织的光学特性参数(无损检测法).

目前研究无辐射损伤的生物组织光学性质的测量方法尚待发展和完善,也正是生物组织光学研究的热点问题. 许多研究表明,脉冲波形对于光学特性参数测定有很大的影响,对于不同波形、脉冲宽度的激光入射情况的讨论,以及在理论上研究激光与生物组织、细胞作用的非线性效应是有意义的,并对光与物质相互作用的实验研究有一定的参考价值.

8.2　超短脉冲与混浊介质相互作用的理论研究

8.2.1　漫射近似理论

生物组织是由不同大小、不同成分的细胞组成的,我们可以把它看作混浊介质. 光在混浊介质中传输时,将产生散射和吸收,当红外与近红外光入射到混浊介质时,在其内部主要以漫射光(漫散射、漫透射)形式存在,它是光与吸收体相互作用的统计反映,因此漫反射、漫透射光中必然含有组织光学特性的信息. 这里利用辐射强度的传输特性来描述漫散射光子的统计行为,在满足 $\mu_a \ll (1-g)\mu_s$,即漫散射的前提条件下,只考虑漫散射强度的传输,简化得到扩散近似方程为

$$\frac{1}{v}\frac{\partial}{\partial t}\varphi(r,t) - D\nabla^2\varphi(r,t) + \mu_a\varphi(r,t) = s(r,t) \tag{8.1}$$

式中, $\varphi(r,t)$ 表示漫散射光子密度函数, $s(r,t)$ 表示光源函数, v 为光子组织中的传输速度, D 为扩散系数.

$$D = [3(\mu_a + (1-g)\mu_s)]^{-1} \tag{8.2}$$

其中, μ_a 为吸收系数, μ_s 为散射系数, g 为散射各向异性系数.

我们考虑光源分别为连续光、高斯脉冲和平顶方波并入射到半无限均匀的混浊介质,利用扩散近似方程得到漫反射光强,它是吸收系数 μ_a、散射系数 μ_s 和各向异性系数的复杂函数.

图 8-1 表示利用超短脉冲激光准直入射到半无限和有限深板状均匀介质表面的情况,我们认为当光束很窄且脉冲宽度很小时,光源函数近似看作 $\delta(0,0)$,在这种情况下,可以认为漫射光辐射强度满足漫射方程

$$\frac{1}{v}\frac{\partial}{\partial t}\varphi(r,t) - D\nabla^2\varphi(r,t) + \mu_a\varphi(r,t) = \delta(0,0) \tag{8.3}$$

对式(8.3)求解得到

$$\varphi(r,t) = v(4\pi Dvt)^{-3/2} \exp\left(-\frac{r^2}{4Dvt} - \mu_a vt\right) \tag{8.4}$$

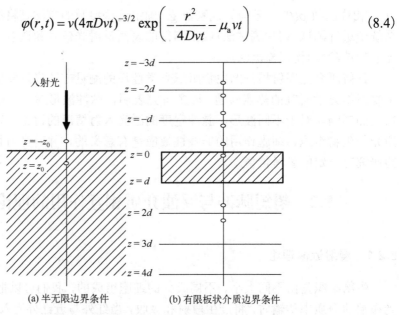

(a) 半无限边界条件　　　　(b) 有限板状介质边界条件

图 8-1　超短脉冲光入射均匀混沌介质

下面利用格林函数解决图 8-1(a) 中的情况. 当观察点与入射点距离远大于外延长度时，脉冲形状与外延边界的位置已经没有明显关系，因此，可以假设 $\varphi(r,t) = 0$，在真实的边界 $z = 0$ 处加入一个像光源，并同时给出如下两个假设.

(1) 假定所有的入射光子在 z_0 深度时完全散射，即

$$z_0 = [(1-g)\mu_s]^{-1} \tag{8.5}$$

当光源项用 $\delta(0,0)$ 表示时，在考虑远离光源或入射点的情况时，假设成立.

(2) 边界条件具体化，提出了采用外延边界条件，即在实际表面一定距离之外取漫射光辐射强度为零，如在具有相同折射率的组织和另一种非散射介质的界面上，外延边界位于 $z = -0.7104 \times 3D = -2.1321D$. R. P. Hemenger 提出在折射率不相同的情况下，如空气–组织界面上，可以通过改变外延长度得到有效结果，M. S. Patterson 等在研究中发现，在观测点距离远大于外延长度时，脉冲形状与外延长度的改变没有明显关联. 为简单起见，第二个假设就是 $\varphi(r,t) = 0$，在真实边界 $z = 0$ 处，加入一个像光源，对无限介质入射，入射光子的漫射强度在柱坐标系中等价为两个光源的贡献

$$\varphi(r,t) = v(4\pi Dvt)^{-3/2} \exp(-\mu_a vt) \left\{ \exp\left[-\frac{(z-z_0)^2 + \rho^2}{4Dvt}\right] - \exp\left[-\frac{(z+z_0)^2 + \rho^2}{4Dvt}\right] \right\} \tag{8.6}$$

为了得到单位面积单位时间到达表面的光子数，根据菲克定律

$$J(\rho,0,t) = -D\nabla\,\Phi(\rho,z,t)\big|_{z=0} \tag{8.7}$$

最后得到漫反射率的表达式为

$$R(\rho,t) = |J(\rho,0,t)| = (4\pi Dv)^{-3/2} z_0 t^{-5/2} \exp(-\mu_a vt)\exp\left(-\frac{\rho^2 + z_0^2}{4Dvt}\right) \tag{8.8}$$

由于 $\rho^2 \ll z_0^2$，我们可以看到

$$\frac{\mathrm{d}}{\mathrm{d}t}\ln R(\rho,t) = -\frac{5}{2t} - \mu_a v + \frac{\rho^2}{4Dvt^2} \tag{8.9}$$

得到

$$\lim_{t\to\infty}\frac{\mathrm{d}}{\mathrm{d}t}\ln R(\rho,t) = \mu_a v \tag{8.10}$$

由式(8.10)可知，测量漫反射率 R 及 $\ln R(\rho,t)\text{-}t$ 曲线渐近线的斜率可以得到组织的吸收系数，生物组织内的折射率按 $n=1.4$ 计算，那么光在生物组织中的传播速度 $c=0.214\text{mm/ps}$. 利用 $\ln R(\rho,t)\text{-}t$ 曲线的斜率为零可得 $t_{\max}$，即光信号取最大值时的时间值. 由式(8.9)得到表达式为

$$(1-g)\mu_s = \frac{1}{3\rho^2}(4\mu_a v^2 t_{\max}^2 + 10vt_{\max}) - \mu_a \tag{8.11}$$

通过对半无限长板状介质测量其距入射点一定距离的漫反射光随时间变化的函数，并由式(8.10)和式(8.11)得到介质的光学特性参数. 对 $R(\rho,t)$ 进行空间积分，得到总的漫反射率 $R(t)$ 为

$$R(t) = \int_0^\infty R(\rho,t)2\pi\rho\mathrm{d}\rho = (4\pi Dv)^{-1/2} z_0 t^{-3/2}\exp(-\mu_a vt)\exp\left(-\frac{z_0^2}{4Dvt}\right) \tag{8.12}$$

在式(8.12)中总的漫反射率 $R(t)$ 与时间 $t^{-3/2}$ 呈比例关系，与 Furutsu 对于强散射介质的总漫反射率的分析是一致的.

对于有限厚度的板状介质对漫反射光的影响，我们讨论最简单的情况. 如图 8-1(b)中所示为板状介质的厚度，利用 $\varphi(\rho,d,t)=0$ 作为附加边界条件，在 $z=2d$ 附近加上两个点光源使边界条件得到匹配，但是在 $z=0$ 处，当 $t>2d/v$ 时边界条件不匹配. 在图 8-1(b)中，只有当加入无数个偶极子光源才能在所有时间段满足所有的边界条件. 事实上，所要求光源的数目取决于介质板的光学特性参数，以及计算漫反射率、漫透射率所用时间的最大值.

遵循上述步骤，我们保留三对偶极子光源，得到 $R(\rho,d,t)$ 的表达式为

$$R(\rho,d,t) = (4\pi Dv)^{-3/2} t^{-5/2} \exp(-\mu_{\mathrm{a}} vt) \exp\left(-\frac{\rho^2}{4Dvt}\right)$$

$$\times \left\{ z_0 \exp\left[-\left(\frac{z_0^2}{4Dvt}\right)\right] - (2d-z_0)\exp\left[-\frac{(2d-z_0)^2}{4Dvt}\right] \right. \tag{8.13}$$

$$\left. + (2d+z_0)\exp\left[-\frac{(2d+z_0)^2}{4Dvt}\right] \right\}$$

进行空间积分后得到总的漫反射率为

$$R(d,t) = (4\pi Dv)^{-3/2} t^{-3/2} \exp(-\mu_{\mathrm{a}} vt)$$

$$\times \left\{ z_0 \exp\left[-\left(\frac{z_0^2}{4Dvt}\right)\right] - (2d-z_0)\exp\left[-\frac{(2d-z_0)^2}{4Dvt}\right] \right. \tag{8.14}$$

$$\left. + (2d+z_0)\exp\left[-\frac{(2d+z_0)^2}{4Dvt}\right] \right\}$$

保留四个偶极子光源，这里可以得到漫透射率的函数表达式

$$T(\rho,d,t) = (4\pi Dv)^{-3/2} t^{-5/2} \exp(-\mu_{\mathrm{a}} vt) \exp\left(-\frac{\rho^2}{4Dvt}\right)$$

$$\times \left\{ (d-z_0)\exp\left[-\frac{(d-z_0)^2}{4Dvt}\right] - (d+z_0)\exp\left[-\frac{(d+z_0)^2}{4Dvt}\right] \right. \tag{8.15}$$

$$\left. + (3d-z_0)\exp\left[-\frac{(3d-z_0)^2}{4Dvt}\right] - (3d+z_0)\exp\left[-\frac{(3d+z_0)^2}{4Dvt}\right] \right\}$$

同理，对漫透射率作空间积分得到

$$T(\rho,d,t) = (4\pi Dv)^{-3/2} t^{-3/2} \exp(-\mu_{\mathrm{a}} vt)$$

$$\times \left\{ (d-z_0)\exp\left[-\frac{(d-z_0)^2}{4Dvt}\right] - (d+z_0)\exp\left[-\frac{(d+z_0)^2}{4Dvt}\right] \right. \tag{8.16}$$

$$\left. + (3d-z_0)\exp\left[-\frac{(3d-z_0)^2}{4Dvt}\right] - (3d+z_0)\exp\left[-\frac{(3d+z_0)^2}{4Dvt}\right] \right\}$$

接下来，我们进一步讨论漫反射近似理论给出的两种情况下的漫反射率，板状介质情况下的漫透射率，以及各参数变化情况对漫反射和漫透射脉冲强度和形状的影响.

8.2.2 入射半无限混浊介质的漫反射率 R

1. 漫反射强度随各特性参数的变化

超短脉冲激光入射半无限均匀介质的漫反射率由式(8.8)表示, 当改变 μ_a、μ_s、g 中任意一个参数, 其余参数保持不变时, 漫反射能量的衰减如图 8-2～图 8-5 所示. 从

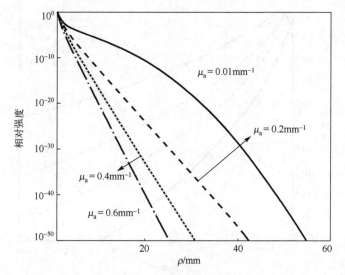

图 8-2 相对强度-ρ 曲线

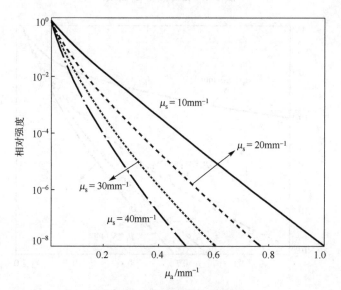

图 8-3 相对强度-μ_a 曲线

图 8-2 和图 8-3 可以看出吸收系数对相对强度衰减的影响：漫反射光强随半径做指数衰减，理论结果与实验所得结果相同；随着 μ_a 和 μ_s 的增加，漫反射强度明显衰减，即介质的吸收和散射越强，由于介质的低吸收高散射特性，返回介质表面的光子数也就越少，同时 μ_a 对强度的影响明显要比 μ_s 大得多．从图 8-4 和图 8-5 可以得出，随着 g 的增加，前向散射加强，相对强度反而增加，但是对于 μ_a 较小的情况下，这种趋势会减小，这是高散射低吸收介质的特点．图 8-5 中相对强度随 g 衰减的同时，

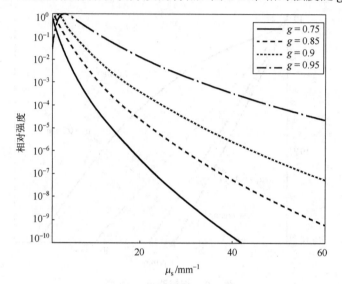

图 8-4　相对强度-μ_s 曲线

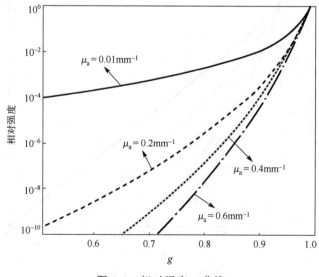

图 8-5　相对强度-g 曲线

g 越大，前向散射越强，因此漫反射光强衰减越慢. 漫反射光强随 μ_a、μ_s、g 等的变化特性，为提取组织内部光学特性参数提供了信息.

2. 漫反射脉冲随各参数的变化

漫反射脉冲随各光学参数的变化情况如图 8-6～图 8-9 所示. 图 8-6 表现出与入射点不同距离得到的反射脉冲的时间延迟，而且这个距离越大，脉冲越发散. 对于

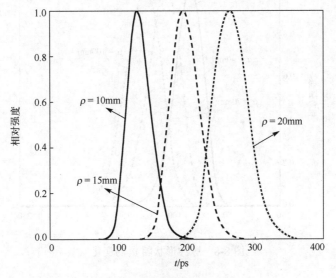

图 8-6 脉冲形状随 ρ 的变化

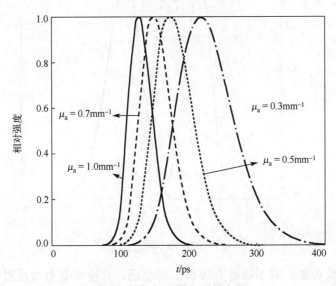

图 8-7 脉冲形状随 μ_a 的变化

μ_a，吸收越强，脉冲衰减的同时脉冲宽度明显变窄，也就是说脉冲后沿下降越快，但是前沿改变不明显；随着 μ_s 的增加，脉冲相应延迟，但是脉宽没有明显的变化，如图 8-8 所示．随着 g 的增加，前向散射增强，因此光子的穿透深度增大，从而使光子经过更多的散射，延长了传输时间，如图 8-9 所示，同样 g 对脉宽影响不大，因此从漫反射脉冲的变化中同样可以提取介质的光学特性参数的信息．

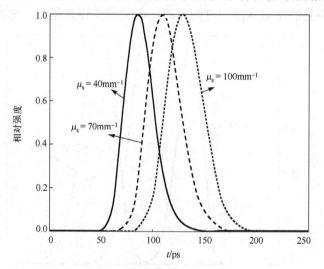

图 8-8　脉冲形状随 μ_s 的变化

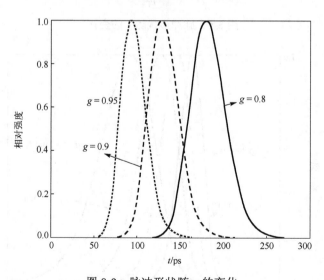

图 8-9　脉冲形状随 g 的变化

　　由分析讨论可知，对于混浊介质如生物组织，介质参数对漫反射强度及脉冲形状的影响是有很大差别的，介质的基本光学参数可以通过分析光强及脉冲形状而获得，对于不同的边界条件，各光学参数对漫反射的影响是不相同的，下面对有限板状介质边界情况的漫反射率加以讨论.

8.2.3　有限板状介质的漫反射率 R

1. 漫反射强度随各特性参数的变化

我们讨论一定厚度的板状均匀介质的漫反射率光强，由式(8.13)出发并数值计算得出的图 8-10～图 8-13 为光强随各参数的衰减曲线，首先漫反射光强随 d 的变化不是单

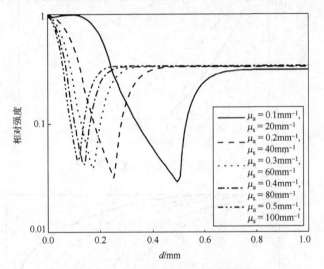

图 8-10　相对强度与 d 的关系曲线

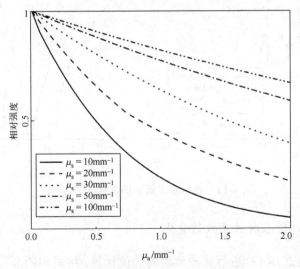

图 8-11　相对强度与 μ_a 的关系曲线

调递减的，而是最终达到同一漫反射率，由于 μ_a、μ_s 取值不同，在不同的厚度情况下趋于半无限介质漫反射率，d 较小时对漫反射影响较大，如图 8-10 所示. 图 8-11 和图 8-12 分别表明了反射光强随着 μ_a 的增大而显著减小，g 值越大，增加越缓慢，这说明前向散射减少了返回表面的光子数，如图 8-13 所示.

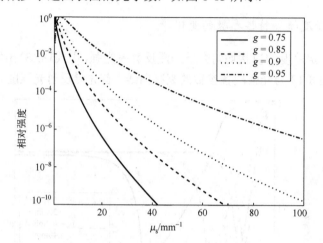

图 8-12　相对强度与 μ_s 的关系曲线

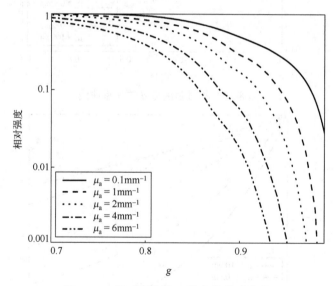

图 8-13　相对强度随 g 的变化关系曲线

2. 漫反射脉冲随各特性参数的变化

同样，我们由式(8.13)进行脉冲形状的数值计算，结果如图 8-14～图 8-17 所示，分别表示了漫反射脉冲随各光学参数的变化情况. 漫反射脉冲在不同厚度的介质情况受其他参数的影响, 而对于 μ_a 的增加, 衰减加快, 脉宽显著减小; 随着 μ_s 的减小, 脉冲没有延迟, 脉宽增加, 这与板状半无限介质情况不同. 当增加 g 因子时, 由图 8-17

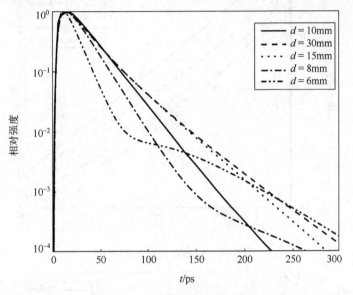

图 8-14　脉冲形状随 d 的变化

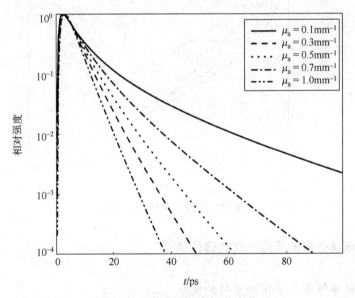

图 8-15　脉冲形状随 μ_a 的变化

可以看到漫反射脉冲后沿延长，脉宽增长了. 由于得到的是漫反射光强的脉冲，因此各参数对脉冲的延迟都不明显，影响多在光子穿透深度上.

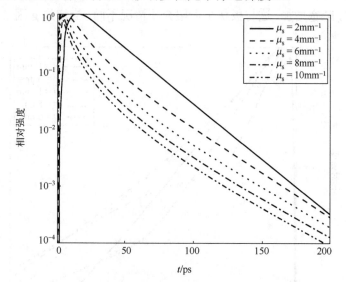

图 8-16 脉冲形状随 μ_s 的变化

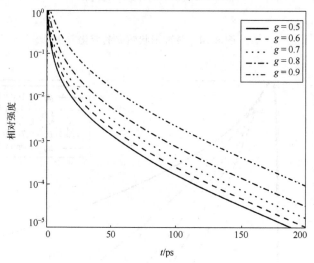

图 8-17 脉冲形状随 g 的变化

8.2.4 有限板状介质的漫透射率的理论模拟

1. 漫透射率随各光学特性参数的变化

我们采用漫透射率函数式(8.15)进行数值模拟，选取各参数为典型生物组织的光学特性参数范围，可以得到透射强度衰减随各参数变化情况及脉冲形状和脉宽的变化，从而利用测量漫透射率得到介质光学特性参数的特征. 图 8-18～图 8-21 为漫透射强度随 d、μ_a、μ_s 和 g 的衰减曲线. 漫透射强度随 d 的增加急剧衰减，因此介质厚度变化对漫透射强度的测量影响很大；μ_a 对强度的影响比 μ_s 大得多，而且 μ_a 越大，漫透射强度随 μ_s 的衰减越快；g 增加，漫透射强度显著提高，因此生物组织的强前向散射允许光透过较大的厚度. 大多数生物组织在 600～1300nm 波段具有高散射、

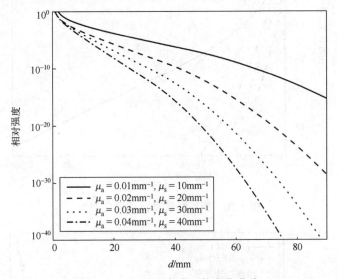

图 8-18　相对强度随 d 的变化曲线

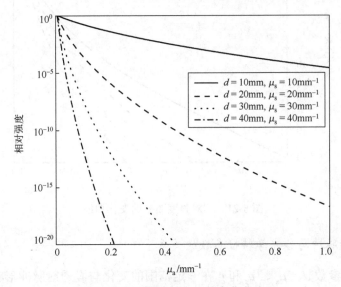

图 8-19　相对强度随 μ_a 的变化曲线

低吸收的特点，使得光子能够穿透较深的厚度，并有部分光子透射出来，成为可测量的光子，从而为提取组织内部散射吸收特性的变化提供了可能性.

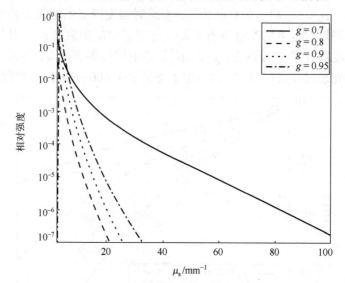

图 8-20　相对强度随 μ_s 的变化曲线

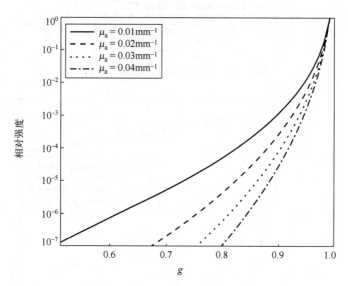

图 8-21　相对强度随 g 的变化曲线

2. 漫透射脉冲与各光学特性参数的关系

这里给出参数 d、μ_a、μ_s 和 g 在一定范围的变化与漫透射脉冲形状的关系，分别如图 8-22～图 8-25 所示. 图 8-22 说明了随着 d 的增加，可探测到的直射光子和

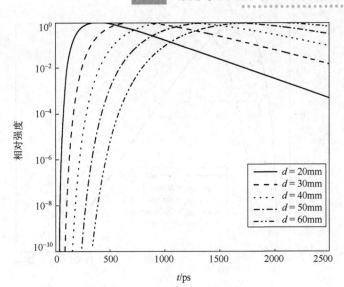

图 8-22　脉冲形状随 d 的变化

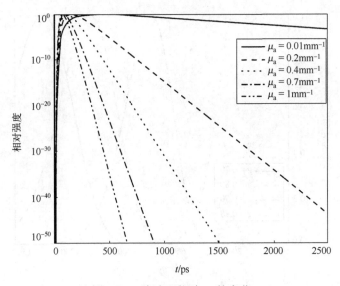

图 8-23　脉冲形状随 μ_a 的变化

经过散射次数较少的光子将迅速衰减, 主要探测到的是漫散射光子. 对混浊介质而言, 一般当 d 大于 10mm 时, 较难以测到未经散射的光子. 由图 8-23、图 8-24 可知, μ_s 对漫透射脉冲的轮廓影响要比 μ_a 大得多, 说明 μ_s 是造成脉冲延迟的主要原因. 对于高散射低吸收介质, 其脉冲形状主要是由于散射造成的而不是吸收造成的. 由图 8-25 可知, g 增加, 前向散射增加, 光子经过散射即可透射出来, 光子的飞行时间缩短, 反之, 则造成脉冲的延迟, 较大的 g 值有利于时间分辨测量透射强度.

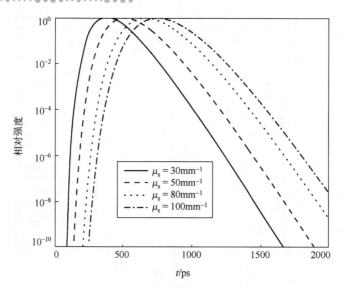

图 8-24　脉冲形状随 μ_s 的变化

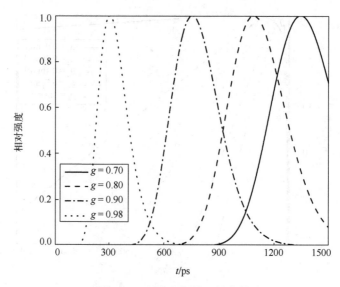

图 8-25　脉冲形状随 g 的变化

　　我们通过对以上超短脉冲入射到半无限边界条件和有限边界条件的漫反射、漫透射的强度衰减,以及脉冲形状、脉宽在各光学特性参数变化下的情况进行分析,在漫反射、漫透射的衰减、脉冲形状的数值曲线中,经拟合分析得出均匀混浊介质(生物组织)的光学特性参数.

8.3　高斯脉冲的传播理论

前面在讨论激光在生物组织中的传播理论,以及光与生物组织特性参数相互影响的特征中,假设点光源为无限窄的 δ 函数. 随着脉冲激光器的广泛应用,在实际应用中的脉冲激光是有一定脉冲宽度和形状的,因此不同的脉冲宽度和波形的激光,对于组织的光学特性参数的测量会有一定的影响. 首先对于不同脉冲宽度的高斯脉冲入射介质时,分析研究激光参数与漫反射和漫透射的脉冲强度、脉冲形状的关系,然后研究不同形状脉冲激光(如平顶脉冲光)入射到混浊介质中,对产生的漫反射光、漫透射光的各光学特性参数的影响.

8.3.1　高斯脉冲在混浊介质中的传播

1. 理论模型

超短脉冲激光入射到混浊介质表面,假设光源项看作 δ 函数时,其漫反射率得到的解析解由式(8.8)表示. 对于不同的光源 $S(r,t)$,可以把它看作许多前后相继的瞬时光源

$$S(r,t) = \int_{\tau=0}^{t} \int_{\xi=0}^{r} S(\xi,\tau)\delta(r-\xi)\delta(t-\tau)\mathrm{d}\xi\mathrm{d}\tau \tag{8.17}$$

这时的定解问题转化为漫射近似方程

$$\frac{1}{v}\frac{\partial}{\partial t}G(r,t) - D\nabla^2 G(r,t) + \mu_a G(r,t) = \delta(t-\tau, r-\xi) \tag{8.18}$$

根据不同的边界条件可以得出相应的格林函数,根据叠加原理,求得任意外加光源作用下的漫反射率或漫透射率为

$$U(r,t) = \int_{\tau=0}^{t} \int_{\xi=0}^{r} S(\xi,\tau)G(r,t;\xi,\tau)\mathrm{d}\xi\mathrm{d}\tau \tag{8.19}$$

其中,漫反射率的格林函数 $G_R(r,t;\xi,\tau)$ 由式(8.8)得出

$$G_R(r,t) = (4\pi Dv)^{-3/2} z_0 (t-\tau)^{-5/2} \exp[-\mu_a v(t-\tau)]\exp\left[-\frac{r^2 + z_0^{\,2}}{4Dv(t-\tau)}\right] \tag{8.20a}$$

而漫透射率的格林函数 $G_R(r,t;\xi,\tau)$ 由式(8.15)得出

$$G_T(r,d,t) = (4\pi Dv)^{-3/2}(t-\tau)^{-5/2} \times \exp[-\mu_a v(t-\tau)]\exp\left[-\frac{r^2}{4Dv(t-\tau)}\right]$$

$$\times \left\{(d-z_0)\exp\left[-\frac{(d-z_0)^2}{4Dv(t-\tau)}\right] - (d+z_0)\exp\left[-\frac{(d+z_0)^2}{4Dv(t-\tau)}\right]\right\}$$

$$+(3d-z_0)\exp\left[-\frac{(3d-z_0)^2}{4Dv(t-\tau)}\right]-(3d+z_0)\exp\left[-\frac{(3d+z_0)^2}{4Dv(t-\tau)}\right]\right\} \tag{8.20b}$$

由于我们讨论的是时间分布的光脉冲，因此在空间分布中仍然视其为无限细光束，将式(8.20a)代入式(8.19)，并对 ξ 积分，可以得出其漫反射强度的函数

$$R(\rho,t)=(4\pi Dv)^{-3/2}z_0\int_{\tau=0}^{t}W(t)(t-\tau)^{-5/2}\exp[-\mu_a v(t-\tau)]\exp\left[-\frac{\rho^2+z_0^2}{4Dv(t-\tau)}\right]\mathrm{d}\tau \tag{8.21a}$$

同理，将式(8.20b)代入式(8.19)，并对 ξ 积分，可以得出其漫透射强度的函数

$$T(\rho,d,t)=(4\pi Dv)^{-3/2}\int_{\tau=0}^{t}W(t)(t-\tau)^{-5/2}\times\exp[-\mu_a v(t-\tau)]\exp\left[-\frac{\rho^2}{4Dv(t-\tau)}\right]$$

$$\times\left\{(d-z_0)\exp\left[-\frac{(d-z_0)^2}{4Dv(t-\tau)}\right]-(d+z_0)\exp\left[-\frac{(d+z_0)^2}{4Dv(t-\tau)}\right]\right.$$

$$+(3d-z_0)\exp\left[-\frac{(3d-z_0)^2}{4Dv(t-\tau)}\right]-(3d+z_0)\exp\left[-\frac{(3d+z_0)^2}{4Dv(t-\tau)}\right]\right\} \tag{8.21b}$$

2. 高斯脉冲的物理模型

高斯脉冲的强度随时间的变化表示为

$$W(t)=W_0\exp\left(\frac{t^2}{\tau_p^2}\right) \tag{8.22}$$

其中，τ_p 为脉宽. 在不同脉宽情况下的脉冲形状如图 8-26 所示，纵坐标为相对光强. 我们进一步讨论当不同脉宽的高斯脉冲入射到均匀混浊介质中，产生的漫反射率或漫透射率与其特性参数的关系变化.

3. 高斯脉冲入射半无限边界条件的漫反射率

不同脉宽的高斯脉冲入射到半无限混浊介质面产生的漫反射光，由式(8.21)和式(8.22)得出

$$R(\rho,t)=(4\pi Dv)^{-3/2}z_0\int_{\tau=0}^{t}\exp\left[-\left(\frac{\tau}{\tau_p}\right)^2\right](t-\tau)^{-5/2}\exp[-\mu_a v(t-\tau)]\exp\left[-\frac{\rho^2+z_0^2}{4Dv(t-\tau)}\right]\mathrm{d}\tau \tag{8.23}$$

由于积分式比较复杂，而且 $G_R(r,t;\xi,\tau)$ 中含有奇点 $t=\tau$，因此我们采用高斯积

分法对式 (8.20) 进行数值积分，从而可以得到不同形状和脉宽的脉冲光，在不同边界条件下的漫反射率、漫透射率随各光学特性参数变化的情况.

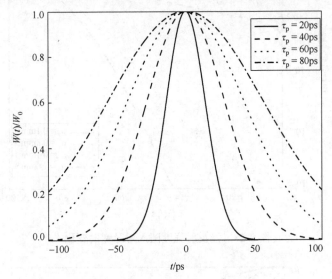

图 8-26　不同脉冲宽度的高斯脉冲形状

结合生物组织的光学特征参数，选取 $\mu_a = 0.01 \sim 1\text{mm}$，$\mu_s = 1 \sim 100\text{mm}^{-1}$，$g = 0.6 \sim 0.99$，以及脉冲宽度 $\tau_p \sim 1\text{ps}$ 条件下，对式 (8.20) 进行数值模拟，我们得到反射脉冲的形状和脉冲的相对强度受各参数的变化影响很小. 随 τ_p 的增加，漫反射脉冲的形状和反射率的影响，如图 8-27～图 8-32 所示. 图 8-27 中是不同的脉冲宽度 τ_p

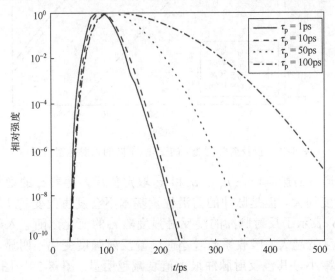

图 8-27　漫反射脉冲形状随入射脉宽的变化

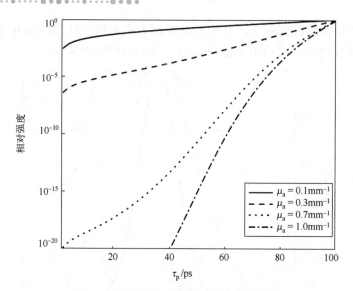

图 8-28 漫反射强度随入射脉宽的变化

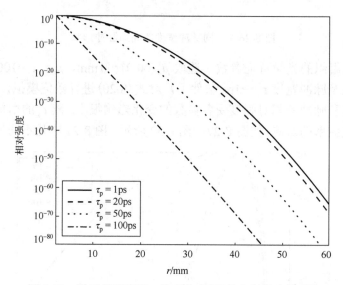

图 8-29 漫反射强度随 r 的变化(不同的入射脉宽情况)

对漫反射脉冲形状的影响，在 μ_a、μ_s 和 g 取定值后，随着 τ_p 的增加，很显然漫反射脉冲的宽度加大，但是脉冲的前沿位置基本不会发生改变，只是脉冲的后沿变缓. 图 8-28 表示了反射脉冲的漫反射强度随 τ_p 的变化，随着入射脉冲宽度增加，漫反射强度就越大，吸收系数较小时，漫反射强度变化不明显，随着吸收系数增大和脉宽减小，其漫反射脉冲最大值衰减越明显. 图 8-29～图 8-32 为相对漫反射强度随 r、μ_a、μ_s 和 g 的变化情况. 我们发现漫反射光在半径上的分布受到了入射脉宽的影响，τ_p 越大，漫反射率衰减也越快；漫反射光强随 μ_a 的衰减，由于 τ_p 的增加而相对减弱；漫反射光强随 μ_s 的变化，由于 τ_p 的增加而衰减更快；对于 g 的影响，τ_p 越大，相对漫反射强度随 g 的增加越明显. 同时，各图中表明了不同脉冲宽度入射情况的变化，随着脉冲宽度的加大，漫反射强度随各光学参数的变化就越偏离无限窄脉冲情况.

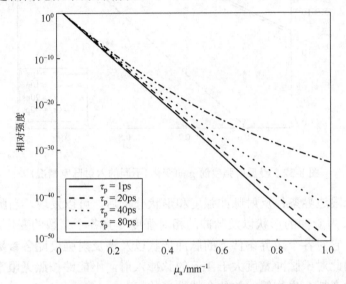

图 8-30　漫反射强度随 μ_a 的变化(不同的入射脉宽情况)

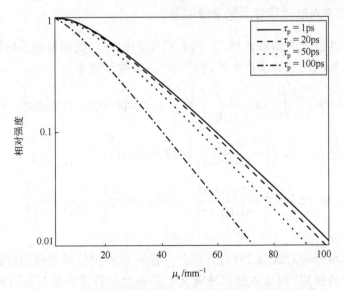

图 8-31　漫反射强度随 μ_s 的变化(不同的入射脉宽情况)

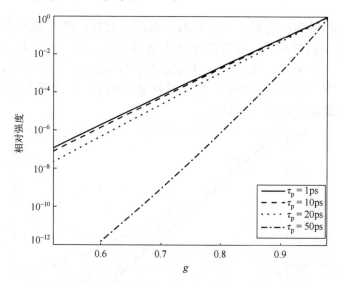

图 8-32　漫反射强度随 g 的变化(不同的入射脉宽情况)

在对半无限边界条件反射脉冲强度和形状分析后，可以发现，当脉冲宽度 τ_p 为 1ps 量级时，反射脉冲的形状以及脉冲的相对强度受到各个参数的变化影响很小．随着 τ_p 的增加，它对各个边界条件下的脉冲形状以及漫反射强度随各参数变化的影响不可忽略，因此对于脉冲宽度大于 1ps 的脉冲入射，不能够按照无限窄脉冲入射所得到的漫反射率拟合生物组织的各个特性参数.

8.3.2　高斯脉冲入射板状介质的漫透射率

将高斯脉冲的光源函数式(8.22)代入式(8.21b)中，我们得到不同脉宽的高斯脉冲入射到有限板状混浊介质产生的透射光与各参数的关系为

$$
\begin{aligned}
T(\rho,d,t) = {} & (4\pi Dv)^{-3/2} \int_{\tau=0}^{t} \exp\left[-\left(\frac{\tau}{\tau_p}\right)^2\right] (t-\tau)^{-5/2} \exp[-\mu_a v(t-\tau)]\,\exp\left[-\frac{\rho^2}{4Dv(t-\tau)}\right] \\
& \times \left\{ (d-z_0)\exp\left[-\frac{(d-z_0)^2}{4Dv(t-\tau)}\right] - (d+z_0)\exp\left[-\frac{(d+z_0)^2}{4Dv(t-\tau)}\right] \right. \\
& \left. + (3d-z_0)\exp\left[-\frac{(3d-z_0)^2}{4Dv(t-\tau)}\right] - (3d+z_0)\exp\left[-\frac{(3d+z_0)^2}{4Dv(t-\tau)}\right] \right\}
\end{aligned}
$$

$$(8.24)$$

利用高斯积分法对式(8.24)进行积分，在 τ_p 取不同值时对漫透射强度随各参数的变化进行数值模拟，得出入射脉冲宽度 τ_p 和各光学特性参数对漫透射强度的影响. 如图 8-33～图 8-37 所示. 图 8-33 表示随 τ_p 的增加，漫透射脉冲强度增大. 图 8-34

和图 8-35 说明了由于 τ_p 的增加漫透射脉冲的强度随吸收系数和散射系数的衰减减弱. 从图 8-36 中我们看出漫透射脉冲强度随 g 的增加而增大, τ_p 越大, 曲线斜率也越大, 强度随 g 的增加就越明显. 图 8-37 表示高斯脉冲穿过介质板后的漫透射脉冲, τ_p 越大, 漫透射脉冲宽度也越大. 这是由于在一定取值范围内, 峰值相同的入射脉冲 τ_p 越大, 入射的光子数也越多, 相应透过介质板的光子数也就越多, 透射脉冲强度的峰值和达到峰值的 $t_{\max}$ 也就越大.

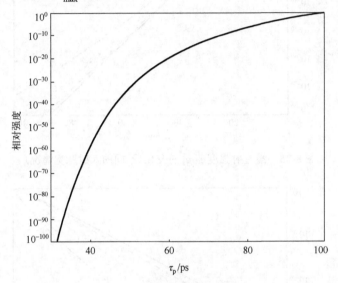

图 8-33　漫透射强度随 τ_p 的变化

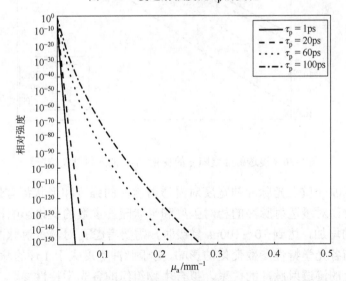

图 8-34　漫透射强度随 μ_a 的变化(不同的入射脉宽情况)

239

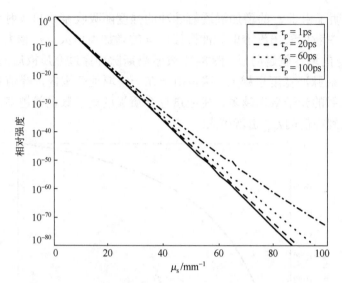

图 8-35　漫透射强度随 μ_s 的变化(不同的入射脉宽情况)

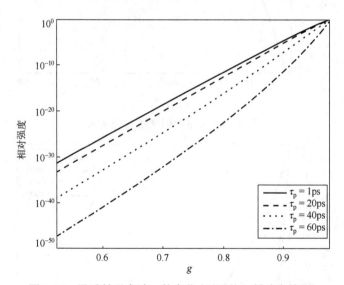

图 8-36　漫透射强度随 g 的变化(不同的入射脉宽情况)

　　入射到混浊介质上光脉冲的宽度对漫透射脉冲的强度和形状都有影响. 当取 τ_p 为 1ps 量级时, 对漫透射脉冲的相对强度和形状随各参数的变化影响很小, 可以忽略, 随着 τ_p 的增加, 达到 10~100ps 量级时, 需要考虑 τ_p 对漫透射脉冲的形状和漫透射光强度随各光学特性参数变化的影响, 对于脉冲宽度大于 1ps 的脉冲入射情况, 我们参照以上的漫透射脉冲的关系, 拟合生物组织的各光学特性参数.

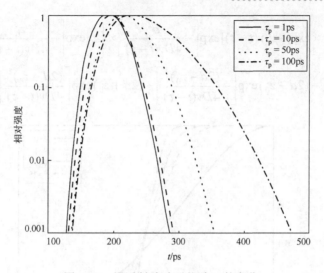

图 8-37　漫透射脉冲形状随 τ_p 的变化

8.4　平顶方波脉冲在混浊介质中的传播

8.4.1　平顶方波的物理模型

基于平顶高斯光脉冲的物理模型，对轴对称的平顶高斯脉冲，在 $t = 0$ 处的光强表示为

$$W(t) = W_0 \exp\left[-\frac{(N+1)t^2}{\tau_p^2}\right] \sum_{m=0}^{N} \frac{1}{m!}\left[\frac{(N+1)t^2}{\tau_p^2}\right]^m \quad (N = 0,1,2,3,\cdots) \qquad (8.25)$$

式中，τ_p 和 N 分别为平顶高斯脉冲的脉冲宽度和阶数，$N = 0$ 约化为高斯脉冲，W_0 为常数，代表光脉冲的最大强度.

图 8-38 给出了不同阶数的平顶高斯脉冲的光强随时间的变化规律. 当 $N = 0$ 时，平顶高斯脉冲约化为普通的高斯脉冲光束形式，随着阶数 N 的增加，光强在时间轴的分布越来越均匀，呈方波脉冲形式.

8.4.2　方波入射板状混浊介质的漫反射率

为进一步研究方波脉冲入射板状混浊介质的情况，仍将光束的空间分布看作 δ 函数，同理将方波式 (8.24) 代入漫反射率的表达式中得到

$$R(\rho,t) = (4\pi Dv)^{-3/2} z_0 \int_{\tau=0}^{t} \exp\left[-\frac{(N+1)\tau^2}{\tau_p^2}\right] \sum_{m=0}^{N} \frac{1}{m!}\left[\frac{(N+1)\tau^2}{\tau_p^2}\right]^m (t-\tau)^{-5/2}$$

$$\times \exp[-\mu_\mathrm{a} v(t-\tau)] \exp\left[-\frac{\rho^2}{4Dv(t-\tau)}\right] \times \left\{ z_0 \exp\left[-\frac{z_0^2}{4Dv(t-\tau)}\right]\right. \tag{8.26}$$

$$\left. -(2d-z_0)\exp\left[-\frac{(2d-z_0)^2}{4Dv(t-\tau)}\right] + (2d+z_0)\exp\left[\frac{(2d+z_0)^2}{4Dv(t-\tau)}\right]\right\}\mathrm{d}\tau$$

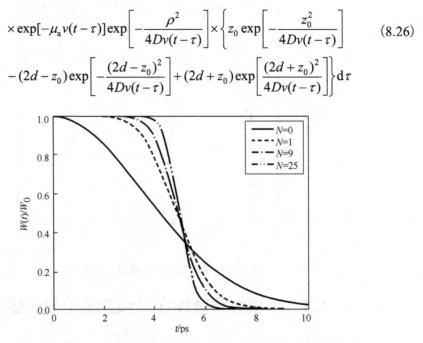

图 8-38 平顶高斯脉冲的光强随时间的变化关系($N=25$ 时近似看作方波脉冲)

我们利用高斯数值积分法对式(8.26)积分, 并作数值模拟得到板状有限均匀混浊介质的漫反射强度与各参数的关系曲线, 如图 8-39~图 8-41 所示. 由图可见不同形状脉冲入射板状有限混浊介质后的漫反射脉冲以及漫反射强度随 N 值的变化情况.

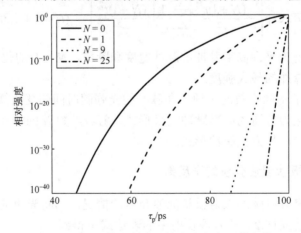

图 8-39 漫反射强度随入射脉冲宽度 τ_p 的变化

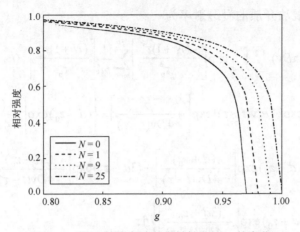

图 8-40　漫反射强度随各向异性因子 g 的变化

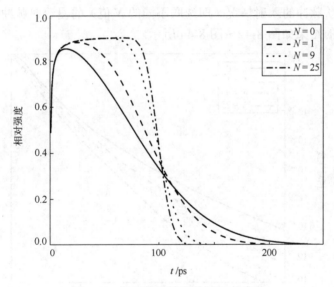

图 8-41　漫反射脉冲形状随 N 的变化

由图 8-39 可知, 漫反射强度随脉宽增加而增大, 此外, 在同样的 τ_{p} 下方波比高斯脉冲得到的漫反射强度要大. 图 8-40 中漫反射强度随 g 增加而减小, 波形的改变使强度随 g 减小的趋势减缓. 由于脉冲宽度和最大光强相同的方波脉冲要比普通的高斯脉冲的光子数多, 因此被反射回来的漫反射光脉冲强度相应增大, 如图 8-41 所示.

8.4.3　方波入射板状混浊介质的漫透射率

同理, 将方波形式 (8.26) 代入漫透射率的表达式 (8.21b) 中, 经高斯积分得到方

波脉冲入射板状混浊介质的漫透射率为

$$T(\rho,d,t) = (4\pi Dv)^{-3/2} \int_{\tau=0}^{t} \exp\left[-\frac{(N+1)\tau^2}{\tau_{\mathrm{p}}^2}\right] \sum_{m=0}^{N} \frac{1}{m!}\left[\frac{(N+1)\tau^2}{\tau_{\mathrm{p}}^2}\right]^m (t-\tau)^{-5/2}$$

$$\times \exp[-\mu_{\mathrm{a}}v(t-\tau)]\exp\left[-\frac{\rho^2}{4Dv(t-\tau)}\right] \times \left\{(d-z_0)\exp\left[-\frac{(d-z_0)^2}{4Dv(t-\tau)}\right]\right.$$

$$\left. -(d+z_0)\exp\left[-\frac{(d+z_0)^2}{4Dv(t-\tau)}\right] + (3d-z_0)\exp\left[-\frac{(3d-z_0)^2}{4Dv(t-\tau)}\right]\right.$$

$$\left. -(3d+z_0)\exp\left[-\frac{(3d+z_0)^2}{4Dv(t-\tau)}\right]\right\}\mathrm{d}\tau$$

(8.27)

对不同形状脉冲的入射情况（即选取不同的 N 值）的漫透射脉冲的强度和形状进行数值计算的结果如图 8-42～图 8-44 所示.

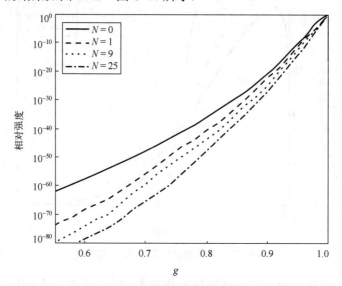

图 8-42　漫透射强度随各向异性因子 g 的变化

在图 8-42 中，漫透射强度随 g 增加而增加，前向散射有利于增加漫透射强度，同时波形的改变使漫透射强度随 g 的斜率变大，即 N 值增加也有利于漫透射强度的增加. 图 8-43 为漫透射强度随脉宽增加而增大，同时方波比高斯脉冲在同样的 τ_{p} 下得到的漫透射强度要大. 图 8-44 表示 N 的增加不仅使漫透射脉冲的强度增大，而且使其脉宽随之加大.

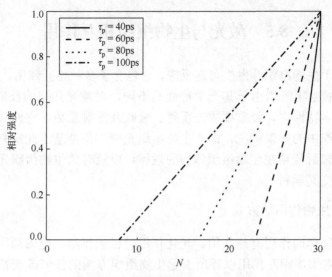

图 8-43　漫透射强度随 N 值的变化

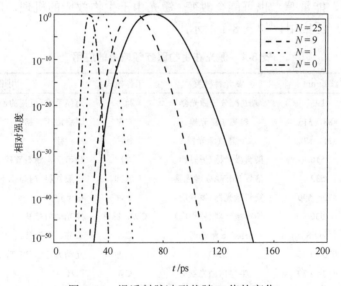

图 8-44　漫透射脉冲形状随 N 值的变化

　　从以上讨论可知，入射脉冲波形的改变，不仅对介质的漫反射脉冲、漫透射脉冲的强度有影响，而且对其脉冲的宽度和形状也有一定的影响，方波脉冲可以增加漫透射、漫反射脉冲的强度，同时影响到漫反射率、漫透射率随各光学参数的关系，而且会改变脉冲的形状，增加脉冲的宽度。

8.5　激光与生物组织相互作用

激光作用于生物组织并发生可逆反应，这包含了多种相互作用，如散射、吸收、反射等. 不同的生物组织由于其光学特性的不同，对激光作用的反应也会不同. 在生物组织的光学特性中，最重要的是反射、吸收及散射系数，它们共同决定了某一波长的光在组织中的传输情况，而"生物组织光学"正是基于此研究领域发展起来的，是研究光辐射能量在生物组织体内的规律，以及有关生物组织光学特性测量方法的一门新兴交叉学科.

8.5.1　激光与生物作用的方式

激光对生物体的作用有热作用、光化作用、机械作用、电磁场作用和生物刺激作用. 激光和生物体相互作用以后所引起生物组织方面的任何改变都称为"激光的生物效应". 激光与生物体作用后，不仅会引起生物效应，而且激光本身的参数，如波长、功率、能量等，也可能会改变. 激光由于生物效应的机理，所以在生物医疗等领域得到广泛应用，如表 8-1 所示.

表 8-1　激光在生物医疗领域中的应用

	波长/nm	激光器种类	工作模式	用途
紫外光	193	ArF 准分子激光器	脉冲	角膜手术(近视的治疗等)
可见光	488，515	氩离子激光器	CW	眼底治疗、痣治疗
	511，578	Cu 蒸气激光器	脉冲	痣治疗
	510	染料激光器(罗丹明)	脉冲	痣治疗、结石破碎
	532	倍频 Nd:YAG 激光器	脉冲	一般外科(内窥镜下)
	570~590	染料激光器(罗丹明)	脉冲	痣治疗
	630	染料激光器(罗丹明)	CW、脉冲	癌光动力疗法
	632.8	He-Ne 激光器	CW	去痛、血流计
	620~670	OPO	脉冲	光动力疗法(PDT)
	650~670	半导体激光器	CW	PDT
	694	$Cr:Al_2O_3$ 激光器	脉冲	痣治疗
红外光	780~910	半导体激光器	CW	去痛、脑内氧监视(低功率)、一般外科(高功率)
	1064	Nd:YAG 激光器	CW	凝固、止血、一般外科(内窥镜下)、激光热
			脉冲	痣治疗
	2080	Ho:YAG 激光器	脉冲	一般外科(内窥镜下)
	2940	Er:YAG 激光器	脉冲	牙科治疗
	10600	CO_2 激光器	CW、脉冲	一般外科、心肌梗死治疗

1. 热作用

低能光量子可致生物组织直接生热,高能光量子则需经过一些中间过程后才生热. 例如,红外激光光子能量小,被生物组织吸收后增加了生物组织的热运动,宏观表现为被照处组织温度升高,称为直接生热. 可见光和紫外光的光量子能量大,被生物组织吸收后引起生物分子的电子跃迁. 当电子由激发态回到基态释放能量时,才引起热效应. 激光热作用的生物效应有以下两种:

(1)热作用对生物组织的影响. 有如下几点:①对血液循环的影响. 温热作用可致使毛细血管扩张,使血流量增加,可改善加热区供血和营养. ②对代谢率的影响. 由于人体生化过程对温度有很大的依赖关系,尤其是酶的催化作用受温度影响很大,所以激光的热作用可以促进代谢. ③热损伤. 组织热损伤主要是蛋白质变性. 一般认为,蛋白质受到短时间辐照而温度为 60℃时,就会产生永久性的变性. 60℃热波进入组织的深度,被定义为热组织损伤深度.

(2)热作用对皮肤的效应. 在临床上,由于激光对皮肤的辐照时间和功率密度不同,会产生各种效应,同时与被照组织的含水量和靶区的照射深度有关. 通过控制受照处的激光功率密度和辐照的持续时间,可使皮肤组织发生各种反应. 通过控制受照处的激光功率密度和辐照的持续时间,可使皮肤组织发生如下各种反应. ①温热感觉:皮肤表面温度上升至 33~40℃而不再上升时,有温热感. 这相当于理疗上的热作用. 皮肤对这种温热水平,无论照多长时间都不会引起热致损伤. ②热致红斑:当皮肤表面温度到 43~44℃时,几秒钟之内即可出现红斑,这是因为此温度可使微血管扩张充血. 如持续此温度数分钟,则因增加了血管壁和细胞膜的通透性而出现少量炎性渗出物致轻度水肿. 只要温度退回正常,所引起的上述反应红斑即可自行消退. ③热致水泡:当皮肤温度达 47~48℃时,数秒钟之内即有炎性渗出物滞留在皮内,致使表皮和真皮分离而形成水泡. 此时出现灼热感和痛感. ④热致凝固:当皮肤温度升高到 55~60℃时,约 10s 之内可致该处细胞热凝固坏死. 临床上治疗血管瘤或焊接神经和血管,常需热致凝固. ⑤热致碳化:当皮肤温度高达 300~400℃时,皮肤组织和细胞立刻发生干性坏死,迅速变成棕黑色,即热致碳化,干性坏死的细胞易脱离原来组织,临床上常用沾有生理盐水的消毒棉签轻轻一抹,即可清除碳化物. 临床上的汽化治疗实际上多热致碳化. ⑥热致燃烧:皮肤温度超过 530℃,组织和细胞即会燃烧,可见火光. 临床上的汽化治疗常引起热致燃烧,但因仍夹杂着汽化组织液所释放的水蒸气,所以该过程仍称为汽化治疗. ⑦热致气化:当皮肤温度在瞬间骤升到 5720℃时,皮肤组织即可由固体立即变成气体,使皮肤组织气化. 此气化以极高的喷速从组织射出而促使该处组织被气化了,该处即刻没有了组织.

2. 光化作用

生物光化效应是指在激光作用下，生物组织发生的生物化学反应，简称光化反应或光化作用. 普通光的光化反应有光合作用、光敏作用、视觉作用等，一般来说，激光与普通光的光化反应机制是一样的，由于激光具有单色性的特点，其在与生物组织相互作用过程中，更加容易控制，方便和有效地实现特定靶区的光化作用. 生物组织与激光相互作用后的生化反应更强于普通光. 光化作用又分为光致分解、光致氧化、光致聚合和光致敏化.

3. 机械作用

光频场作用于生物组织后，对物质有压力作用，形成了光压，也就是说，当激光作用于生物组织后，引起组织膨胀而产生新的效应，可见热膨胀所产生的超声压是激光在生物组织中产生机械力的主要因素. 如光钳技术，即用激光钳住一个细胞时，用另一束较强的激光对细胞进行手术.

4. 电磁场作用

强的光频场作用于生物组织后，在组织内部发生了电致伸缩效应和新的现象，以及生物分子可能发生电离，使得无极性的分子发生极化，极化的分子沿着电场的方向旋转，从而引起生物组织结构发生变化.

5. 生物刺激作用

当功率较低的激光照射生物组织时，其激光源成为刺激源. 采用的弱激光是指激光照射生物组织时，不会对生物组织造成不可逆的损伤和破坏. 激光的生物刺激作用可以消炎、止痒和消融血管中的斑块等，还能促进机体的代谢、增殖机体应对病毒感染的精确免疫等，同时还可以激活机体的神经-体液的反射作用，以及交感神经-肾上腺系统，进一步改善正常组织或提高受伤组织的免疫力、抵抗力、修复力和生命力. 受照组织对这种刺激所产生的应答性反应分为分子水平、细胞水平和组织水平. 分子水平是调整蛋白质和核酸的合成，影响 DNA 的复制，调节酶的功能等. 细胞水平是指使细胞的营养、再生、修复和增殖，以及免疫细胞的免疫活性得以调节. 组织水平是指组织器官消炎、创口愈合、毛发生长，以及免疫功能、神经功能和血液循环系统等.

8.5.2 激光与生物作用的机理

1. 热作用的机理

激光作用于生物组织时发生热作用的机理分为吸收生热和碰撞生热. 吸收生

热是指当生物组织受到激光照射后，光能转变为生物分子的振动能和转动能，使得温度升高. 碰撞生热是指生物组织中的分子受到激光辐照后，吸收光能后转化为生物分子间的碰撞，通过分子间的多次碰撞转化为邻近分子的平移能、振动能和转动能.

2. 光化作用的机理

光化作用过程大致分为原初光化反应和继发光化反应：①原初光化反应：处于基态的粒子吸收激光后跃迁到激发态，在其返回基态时释放了多余的能量，这些多余的能量消耗于粒子的化学键断裂或形成新键. ②继发光化反应：在原发光化反应中形成的产物，大多是中间产物，如自由基、离子或不稳定产物，这些不稳定的产物继续化学反应，直至形成稳定的产物. 光化作用规律又分为：①光化学吸收定律，又称为光化学第一定律. 光与生物组织作用过程中被分子吸收光子能量后，才能发生光化学或光生物反应. ②爱因斯坦光化学量子定律，又称为第二光化学定律. 在光与生物组织相互作用中，原初光化反应中，每一个分子从入射的激光中吸收光子能量发生光化反应.

3. 机械作用的机理

由于光子具有质量、动量和能量，所以当激光照射生物组织后，不管是被组织吸收还是反射，光子的动量都会发生变化，同时伴随着作用力作用在生物组织上，这种作用称为光压强. 激光作用于生物组织后，一是使得组织内的分子极化建立电偶极矩，极化产生应力，应力间接使其生物组织产生形变，即发生了电致伸缩，电致伸缩的压强与电场强度的平方成正比，与光子的能量没有关系. 二是激光直接照射到组织面上产生的压力是一次压力，其对应的压强是一次压强. 激光照射生物组织后在生物组织内部产生大量热，进而使生物组织热膨胀、热蒸发、汽化而产生的压力，称为二次压力，对应的压强为二次压强. 在出现二次压强的应用中，一定要注意其引起的破坏.

4. 电磁场作用的机理

激光照射生物组织，相当于组织处于强大的光频场中，促使生物组织产生很多生物效应，如使生物偶极子产生二次谐波或三次谐波，这些新的波峰正好处于蛋白质、核酸等的吸收峰，从而引起生物组织变性. 由此可见，激光与生物组织作用过程中，产生了新的二次极化或三次极化的非线性效应和新的现象. 激光还能使生物分子受激、振动、生热，以及照射处的组织电离，细胞结合破坏而造成一系列损害.

5. 生物刺激作用的机理

激光辐照生物组织的过程中发生的生物刺激作用主要是由于产生了非线性光学效应，这种生物刺激作用是一种多因素决定的非线性过程．激光与生物组织相互作用的结果与激光的性质，以及辐射前生物组织的细胞生理状态有关．因此，激光有关参数（如波长、功率和模式等）会对生物组织有影响，同时生物组织的密度、热导率、反射率和热扩散等对激光又产生了反作用的影响，即表现为刺激和抑制双重作用．

8.6 量子点激光在生物医学中的应用

近年来，激光在生物医学领域的应用越来越广泛，特别是在临床应用上取得了令人瞩目的成就．激光的特点使得其更加适合疾病的诊断监测和高精度的定位治疗．

8.6.1 发展现状及意义

1961 年激光就被首次应用于临床，此后激光技术逐步应用于医学的各个领域．其发展经历了如下过程：60 年代开始了激光医学的基础研究；70 年代发展到激光医学的应用研究；80 年代形成了应用激光研究、诊断、治疗疾病的激光医学学科．激光医学在临床上的应用中，具有诊断和定位治疗的精度高、在某些激光医学应用中副作用小等优点．多年来，各类激光光源已经应用于眼科治疗(如眼底疾病、近视等的诊断和治疗)、口腔科治疗(如除菌、种植牙等)、激光针灸治疗(用以提升机体免疫力和改善血液循环等)．近年来，随着量子点激光器具有更低的阈值电流密度、高的量子效率、窄的光谱线宽和更好的温度稳定性，以及简便的制备等优点，特别是随着 Cd 族与硫系(S、Se、Te)构成的量子点水相合成技术的不断成熟，以及其在荧光波段趋于红光的特性优势，其在生物领域如细胞成像、细胞分子研究、肿瘤治疗等方面得到了极大的应用．同时，过渡金属元素与量子点的掺杂，更是丰富了量子点的性能，扩宽了其在生物领域的应用．我们通过水相回流的方法制备 CdTe/CdSe/ZnS 双层核壳量子，并与过渡金属元素实现共掺，通过对量子点微观结构、荧光特性及生物组织毒性进行探究，得到生物友好且在近红外区域具有高强度荧光输出的量子点，实现对于体外肿瘤细胞和体内肿瘤的有效治疗．

8.6.2 双层核壳量子点的制备和荧光产生

用于细胞烧蚀的量子点发出的光应具有两个主要性能：一是制备的量子点发出的光为近红外荧光，匹配生物体第一荧光窗口区 680～820nm，而 CdTe 能带恰恰处于红光激发波段;二是具有生物友好特性,避免治疗过程中对于健康组织的各种因素的损伤,因此选取水相合成方法,配体对于量子点稳定性起着至关重要的作用,而巯基兼具稳定量子点和生物友好特性的优势,因此对于巯基配体制备量子点进行研究.根据量子限域效应,随着回流时间增加,量子点尺寸变大,荧光会产生红移现象.

我们选取的五种巯基配体半胱氨酸、巯基乙酸、巯基丁二酸、硫普罗宁和谷胱甘肽(GSH)制备 CdTe 核结构的光谱图如图 8-45 所示.回流制备时间均为 5min、25min、45min、65min、85min,从图 8-45 可知,半胱氨酸、巯基乙酸、硫普罗宁的光谱调制宽度仅为 20~50nm,中心波长集中在 550nm 附近,而巯基丁二酸光谱调制宽度为 5 nm 左右,且随着回流时间延长,光谱出现蓝移的不稳定现象,而谷胱甘肽作为配体的 CdTe 核结构荧光可调范围约 124nm,具有很好的光谱选择范围,适用于生物热疗以及成像等多种功能的需要,因此实验中我们选取谷胱甘肽作为配体制备 CdTe 核心以及壳结构.

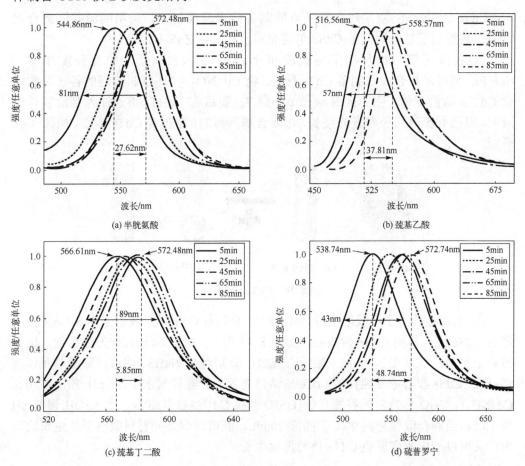

(a) 半胱氨酸

(b) 巯基乙酸

(c) 巯基丁二酸

(d) 硫普罗宁

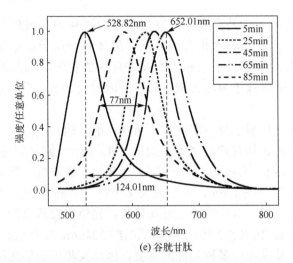

图 8-45　制备 CdTe 核结构的光谱图

CdTe/CdSe/ZnS 双层核壳量子点的制备技术路线如下：采用回流共沉淀合成 CdTe、连续离子层吸附制备 CdSe 单层壳和水相制备 ZnS 双层壳.

(1) 在隔绝氧气的环境下将铁粉和 NaBH₄ 加入去离子水中充分搅拌得到 NaHTe. 利用水相合成法制备 CdTe 核心. 将 Cd(NO₃)₂·4H₂O 和特定的谷胱甘肽组成 Cd²⁺ 多肽前驱体，用 NaOH 调节 pH 到 7；随后将 NaHTe 溶液注入到前驱体溶液中，根据回流时间控制发光波长，选取合适回流时间，得到 CdTe 核心，如图 8-46 所示.

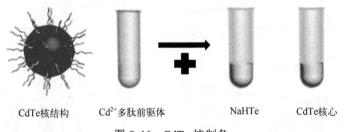

CdTe核结构　　　Cd²⁺多肽前驱体　　　　NaHTe　　　CdTe核心

图 8-46　CdTe 核制备

(2) 利用连续离子层吸附反应(SILAR)技术制备 CdSe 壳. 我们采用 SILAR 技术制备 CdSe 壳，得到 CdSe 的核心，如图 8-47 所示. 由于 NaBH₄ 作为还原剂，极易溶解于水中，所以在 N₂ 下加入硒粉合成时，分别得到 NaHSe 溶液，即硒前驱体溶液；经过 CdSe 核心浓度纯化的 CdTe 核纳米晶体悬浮在脱气水中，将 pH 调节至 10.5. Cd(NO₃)₂·4H₂O 和特定的谷胱甘肽(GSH)组成 Cd²⁺ 多肽前驱体，用 NaOH 调节 pH 到 10.5；当混合液保持在 90℃ 下回流 20min，既可以保证壳材料吸附于核生长的动力，又可以一定程度避免 CdTe 核的再次生长.

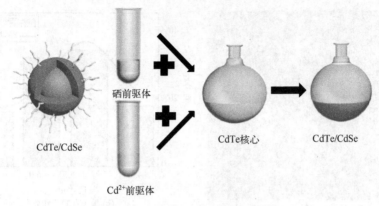

图 8-47　CdTe/CdSe 单层核壳制备

（3）制备 ZnS 壳. 通过将谷胱甘肽和 $ZnCl_2$ 溶解在纯水中，随后调节 pH 得到 Zn^{2+} 前体溶液；把纯化的 CdTe/CdSe 纳米晶体中加入硫脲，将 pH 调节至 11；使前体溶液保持在 90℃，反应混合物中 Zn^{2+}/硫脲/GSH 的摩尔比为 1:1:2，并将其等分成实验用的试样，在不同时间收集混合物，在冰浴中冷却以实现淬灭反应. 最后通过使用 2-丙醇和苯酚沉淀来纯化纳米晶体离心. 最终，将它们重新悬浮在纯水中，如图 8-48 所示.

我们采用谷胱甘肽作为配体制备 CdTe/CdSe/ZnS 双层核壳结构，通过高分辨率透射电子显微镜(HRTEM)对其结构进一步表征，得到量子点具有良好的色散和规则的椭圆形结构图像，如图 8-49(a)所示. 晶格间距为 0.36nm，如图 8-49(a)中的插图，对应于量子点结构的(111)晶面. 量子点的尺寸分布如图 8-49(b)所示，尺寸范围为 4.5～7nm，平均尺寸约为 5.5nm，其波形近似为高斯分布. 采用 X 射线衍射检测了其核壳结构. 在 25.8°、42.6° 和 49.7° 处有三个明显的衍射峰，分别对应于(111)、(220)和(311)的晶面，如图 8-49(c)所示. 衍射图样与立方闪锌矿结构模型吻合较好. 在 30.5° 处的衍射峰对应于 ZnS 的(101)晶面. 为了保证量子点的生物友好性，采用过量的 ZnS 比来保证量子点的完全覆盖，并且一些 ZnS 具有独立的结构. CdTe/CdSe/ ZnS 量子点的吸收和光致发光(PL)光谱如图 8-49(d) 所示. 吸收光谱在 410nm 处出现峰值，在 450nm 连续波激励下，可产生 808nm 的光致发光. 荧光光谱的半峰全宽约为 100nm.

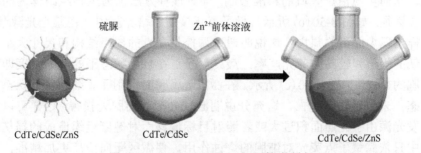

图 8-48　CdTe/CdSe/ZnS 双层核壳制备

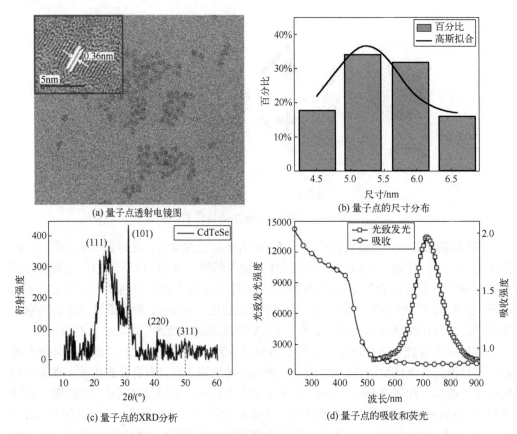

(a) 量子点透射电镜图

(b) 量子点的尺寸分布

(c) 量子点的XRD分析

(d) 量子点的吸收和荧光

图 8-49　采用谷胱甘肽作为配体制备 CdTe/CdSe/ZnS 双层核壳结构表征

　　我们在倒置显微镜下，选取培养基中激光照射部分，对培养基进行即时的原位观测，发现该方法对于癌症细胞快速治疗的作用非常明显. 在图 8-50(a)中细胞几乎全部呈现圆球漂浮状态，表明细胞已经凋亡. 这充分说明液芯光纤载入量子点后，在光源照射下，量子点可以实现荧光增益. 荧光对细胞烧蚀使其发生凋亡. 在液芯光纤附近的细胞凋亡更加明显，说明量子点荧光辐射范围主要集中于液芯光纤的靶向附近，从而实现治疗区域的精准控制. 同时该种方法也为生物组织体内的靶向治疗提供了途径. 如图 8-50(b)所示，量子点直接置于培养基中，在蓝光光源激发下，细胞同样出现大面积的凋亡，这说明通过调控量子点的核壳结构和尺寸大小，使其具有较低的阈值和较高的荧光产率，最终量子点在自由状态下的荧光强度即可达到烧蚀细胞的效果. 如图 8-50(c)所示，在激发光源单独照射下，细胞仍然保持梭形且贴壁状态，未出现明显凋亡，这充分说明激发光源对细胞无损害. 这样可以很好地避免激发光源由于光照面积过大或者照射目标偏移而对健康组织造成的损伤，在治疗过程中只依靠量子点荧光对细胞的烧蚀作用，使微区靶向治疗更加精准，同时降低激发光源控制的难度. 在图 8-50(d)中细胞并未出现凋亡, 从而充分说明量子点无毒性, 生物友好的量子点免于外源物质对于健康组织细胞的破坏, 可省去载体与细胞直接接触, 热疗更加精准且安全易行. 通过图 8-50(e)可以看出, 暴露在空气中的细胞未出现凋亡, 说明实验环境可以模拟人体内的细胞环境, 排除外界环境对于实验组的干扰.

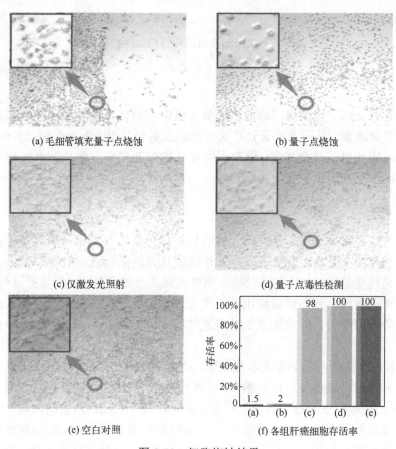

(a) 毛细管填充量子点烧蚀　　　　　　　(b) 量子点烧蚀

(c) 仅激发光照射　　　　　　　(d) 量子点毒性检测

(e) 空白对照　　　　　　　(f) 各组肝癌细胞存活率

图 8-50　细胞烧蚀结果

我们认为肝癌细胞发生凋亡是由于近红外光波对生物有很强的穿透性. 光波辐射可损伤细胞核等细胞生理结构, 诱导细胞凋亡. 如图 8-51 所示, 我们对 Bcl-2 抗凋亡蛋白进行了染色实验. 对照组细胞核在图 8-51(a)中显示蓝色, 说明细胞未受损. 图 8-51(b)和图 8-51(c)显示了量子点和毛细管量子点消融后 Bcl-2 抗凋亡蛋白的染色状态. 实验组 Bcl-2 抗凋亡蛋白呈绿色染色, 说明量子点荧光可促进肿瘤细胞抗凋亡信号的产生, 这与促进凋亡和抗凋亡的动态平衡有关.

(a) 未消融的Bcl-2抗凋亡蛋白　(b) 已被量子点消融的Bcl-2抗凋亡蛋白　(c) 经毛细管量子点消融的Bcl-2抗凋亡蛋白

图 8-51　对 Bcl-2 抗凋亡蛋白染色实验

8.6.3　体外肿瘤细胞烧蚀分析

选取生物友好的壳结构，构造核壳量子点双层结构，调整荧光波长在近红外波段，用于细胞烧蚀. 量子点置于分布式布拉格反射器（distributed Bragg reflector，DBR）上，实现量子点激光器. 选取不同尺寸的液芯光纤，形成回音壁模式，实现激光放大输出，进而用于靶向生物治疗.

1. 肿瘤细胞的烧蚀

技术路线采用量子点毒性检测、肿瘤细胞体外烧蚀、毛细管填充量子点对肿瘤细胞的体外烧蚀. 通常认为量子点在紫外波段具有较高吸收，且激光越强，量子点所产生荧光强度越高. 但是实验表明生物细胞对紫外波段敏感，极易受紫外光损伤，较强的激光会直接杀死组织或细胞，无法实现微区的靶向控制，激发光波段要避免紫外且能量不可过大，因此选取低功率连续蓝光激光器(中心波长 457nm)作为激发光源.

激光经过扩束后与培养基面积相匹配，在激光不损伤细胞的前提下，又要保证量子点的荧光强度可以促使肝癌细胞凋亡(激光强度不可过低)，最终选取激光能量为 80mW/cm^2，培养基中的细胞烧蚀面积为 2.4cm^2，每个对照组照射时间均为 20min.

蓝光激发量子点产生近红外荧光，烧蚀细胞促使其凋亡. 实验在暗室环境下进行并在光路中加滤波片，保证激光无红外波段对量子点荧光产生干扰. 选取如下对照组进行探究，保证每组细胞暴露在空气中时间相同，量子点浓度均为 5mg/mL：①空白对照，开盖不做任何处理，标定细胞初始存活率；②不放量子点，直接激光照射培养皿中细胞，标定激光对于细胞的损伤；③将 40μL 量子点直接放入培养皿内，不进行激光照射，用于量子点生物毒性的标定；④将 40μL 量子点置于毛细管内，放入培养皿中，进行激光照射；⑤将 40μL 量子点直接放入培养皿，进行激光照射.

两组实验结果如图 8-52 所示. 图 8-52(a)是将量子点直接置于培养基内，与肝癌细胞直接接触，实现微区精准的近红外辐射. 该种方法简单易行，治疗物质量子点无需其他载体，避免了复杂组织结构对于载体的限制，更加易于生物组织结构内部的靶向治疗．图 8-52(b)是将量子点置于液芯光纤内，采用环形腔量子点光放大器具有更低的激发阈值光能量、更高的量子效率、更窄的光谱线宽、更高的微分增益和更好的温度稳定性．同时微纳尺寸液芯光纤结构便于靶向治疗，直达癌症病灶，外源物质量子点和光源同步进入，不需二次进入．在本实验中采用侧面泵浦，在边带产生荧光，对光纤周围区域肝癌细胞进行烧蚀．

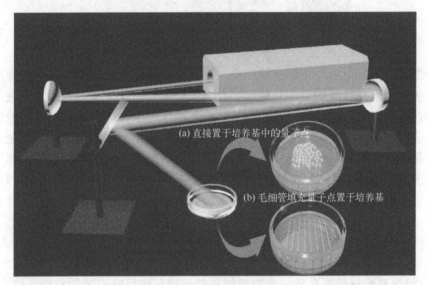

图 8-52　两组实验结果

2. 体内肿瘤的烧蚀

采用的技术路线是通过微米毛细管填充量子点、毛细管伸入体内肿瘤、激光的导入、烧蚀肿瘤实现微区治疗．利用虹吸原理将量子点吸入液芯光纤内，形成光纤环形谐振腔，如图 8-53 所示．

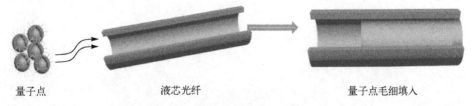

量子点　　　　　　　液芯光纤　　　　　　　量子点毛细填入
图 8-53　量子点虹吸填入液芯光纤

将液芯光纤治疗探头通过光纤熔接机放电熔接与导光光纤相连，实现低损耗的光传导，如图 8-54 所示．

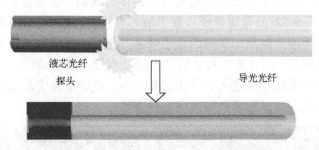

图 8-54　液芯光纤和导光光纤的放电熔接

导光光纤与激光通过光纤跳线连接，激光便可通过导线传输进入毛细管探头，激发量子点实现高强度的近红外输出. 毛细管探头可通过针头注入等方式进入人体直达病灶，靶向针对性烧蚀癌症组织. 微纳光器件尺寸、量子点和光试剂携带量的设计方法和制备技术，确保了微区病灶作用范围和治疗区域的精准性，避免了正常组织的损伤；而简便易洁的封装技术，对于解决传统量子点生物毒性的副作用具有重要的应用价值. 该系统为光热疗法应用提供新型微纳半导体光器件系统，对材料、物理光学和医疗交叉领域进行新理论和实验探索都具有实用价值.

思考题与习题

(1)阐述激光与混浊介质、生物组织和细胞相互作用时的光学参数条件.

(2)推导高斯光束在板状混浊介质中的漫反射率和漫透射率.

(3)比较高斯脉冲激光、平顶方波激光与非线性光学物质相互作用的效果.

参 考 文 献

陈少华. 2001. 高效率外腔式紫外-可见光脉冲辐射研究. 河北师范大学硕士学位论文.

范琦康, 吴存恺, 毛少卿. 1989. 非线性光学. 南京: 江苏科学技术出版社; 北京: 电子工业出版社.

关雅莉, 龚岩栋, 文冀萍, 等. 1998. 光纤中的四波混频及其受色散的影响. 光通信技术, 22(4):
        279-283.

何勇志, 安宏林, 林祥芝, 等. 2001. 色散位移光纤中零色散波长纵向分布对四波混频转换效率的
        影响. 光学学报, 21(6): 664-666.

蓝信钜, 等. 2009. 激光技术. 3 版. 北京: 科学出版社.

李光, 王丽. 2010. $ZnGeP_2$-差频中红外激光器的角调谐特性及转换效率. 中国激光, 37(1): 54-58.

李家泽, 阎吉祥. 1998. 光电子学基础. 北京: 北京理工大学出版社.

林其银, 杨胜利. 2002. WDM 系统中的光纤非线性效应及其对系统的影响. 光通信研究, (6):
        22-26, 34.

钱士雄, 王恭明. 2001. 非线性光学: 原理与进展. 上海: 复旦大学出版社.

曲林杰. 1999. 单模光纤中超短脉冲的前向四波混频. 光学学报, 19(5): 609-615.

石顺祥, 陈国夫, 赵卫, 等. 2003. 非线性光学. 西安: 西安电子科技大学出版社.

宋扬. 2008. 光纤通信中色散和四波混频效应的研究. 北京工业大学硕士学位论文.

宋玥. 2008. 非线性光学晶体 $AgGaS_2/AgGaSe_2$ 用于差频产生中红外波长. 北京工业大学硕士学位
        论文.

谭维翰. 2000. 非线性与量子光学. 2 版. 北京: 科学出版社.

王丽, 陈少华. 2002. 紫外晶体 $CsLiB_6O_{10}$ 混频允许参量范围的数值分析. 光学学报, 22(12):
        1493-1496.

王丽, 韩秀友. 2007. 高阶群速度色散引起的高斯超短脉冲宽度的展宽和形变. 光学学报, 27(1):
        138-142.

王丽, 门艳彬. 2004. $CsLiB_6O_{10}$ 晶体光学参变振荡器的光学特性. 光学学报, 24(4): 499-502.

王丽, 詹仪, 苏雪琼. 2020. 光电子学理论与技术. 北京: 科学出版社.

王目光, 李唐军, 简水生. 2004. 光纤偏振效应导致脉冲展宽的解析模型. 光学学报, 24(4):
        512-516.

王守鹏. 2006. 高功率全固态可调谐 $KBe_2BO_3F_2$ 蓝光激光输出特性的研究. 北京工业大学硕士学
        位论文.

王玉田, 等. 2003. 光电子学与光纤传感器技术. 北京: 国防工业出版社.

吴德明. 2004. 光纤通信原理与技术. 北京: 科学出版社.

项鹏, 王荣. 2004. 光纤中的四波混频效应和它在全光波长变换中的应用.军事通信技术, 25(3): 15-18.

姚建铨. 1995. 非线性光学频率变换及激光调谐技术. 北京:科学出版社.

张克从, 王希敏. 1996. 非线性光学晶体材料科学. 北京: 科学出版社.

张秀荣, 张顺兴, 柴耀. 2000. 新型非线性晶体: $CsLiB_6O_{10}$ 的倍频效应. 中国激光, 27(7): 669-672.

Agrawal G P. 1995. Applications of Nonlinear Fiber Optics. New York:Academic Press: 192-210.

Antoniades N, Yoo S J B, Bala K, et al. 1999. An architecture for a wavelength-interchanging cross-connect utilizing parametric wavelength converters. Journal of Lightwave Technology, 17(7): 1113-1125.

Arakawa Y, Sakaki H, Nishioka M, et al. 1983. Spontaneous emission characteristics of quantum well lasers in strong magnetic fields: An approach to quantum-well-box light source. Japanese Journal of Applied Physics, 22(12A): L804-L806.

Asada M, Miyamoto Y, Suematsu Y. 1986. Gain and the threshold of three-dimensional quantum-box lasers. IEEE Journal of Quantum Electronics, 22(9): 1915-1921.

Ban Q, Bai T, Duan X, et al. 2017. Noninvasive photothermal cancer therapy nanoplatforms via integrating nanomaterials and functional polymers. Biomaterials Science, 5(2): 190-210.

Bang J H, Suh W H, Suslick K S. 2008. Quantum dots from chemical aerosol flow synthesis: Preparation, characterization, and cellular imaging. Chemistry of Materials, 20(12): 4033-4038.

Bierlein J D. 1989. Potassium titanyl phosphate (KTP): Properties, recent advances and new applications. Growth, Characterization, and Applications of Laser Host and Nonlinear Crystals, 1104: 2-12.

Blows J L, French S E. 2002. Low-noise-figure optical parametric amplifier with a continuous-wave frequency-modulated pump. Optics Letters, 27(7): 491-493.

Cao Y, Dou J H, Zhao N J, et al. 2017. Highly efficient NIR-II photothermal conversion based on an organic conjugated polymer. Chemistry Materials, 29(2): 718-725.

Chandra S, Allik T H, Catella G, et al. 1997. Continuously tunable, 6-14 μm silver-gallium selenide optical parametric oscillator pumped at 1.57 μm. Applied Physics Letters, 71(5): 584-586.

Chen C T, Lu J H, Togashi T, et al. 2002. Second-harmonic generation from a $KBe_2BO_3F_2$ crystal in the deep ultraviolet. Optics Letters, 27(8): 637-639.

Chen C, Wu Y, Jiang A, et al. 1989. New nonlinear-optical crystal: LiB_3O_5. Journal of the Optical Society of America B: Optical Phsics, 6(4): 616-621.

Chu M, Pan X, Zhang D, et al. 2012. The therapeutic efficacy of CdTe and CdSe quantum dots for photothermal cancer therapy. Biomaterials, 33(29): 7071-7083.

Deng L, Payne M G, Garrett W R. 2001. Four-wave mixing with short pulses and optimized atomic coherence. Physical Review A, 63 (4): 43811.

Dmmitriev V G, Gurzadyan G G, Nikogosyan D N. 1997. Handbook of Nonlinear Optical Crystals. Berlin: Springer.

Eimerl D, Davis L, Velsko S, et al. 1987. Optical, mechanical, and thermal properties of barium borate. Journal of Applied Physics, 62 (5): 1968-1983.

Eiselt M. 1999. Limits on WDM systems due to four-wave mixing: a statistical approach. Journal of Lightwave Technology, 17 (11): 2261-2267.

Fan T Y, Byer R L. 1987. Modeling and CW operation of a quasi-three-level 946nm Nd: YAG laser. IEEE Journal of Quantum Electronics, 23 (5): 605-612.

Fan T Y, Sanchez A. 1990. Pump source requirement for end-pumped lasers. IEEE Journal of Quantum Electronics, 26 (2): 311-316.

Fan W, Huang P, Chen X. 2016. Overcoming the Achilles' heel of photodynamic therapy. Chemical Society Reviews, 45 (23): 6488-6519.

Furutsu K. 1980. Diffusion equation derived from space-time transport equation. J. Opt. Soc. Am., 70(4):360–366

Gao D, Hao X, Rowell N, et al. 2019. Formation of colloidal alloy semiconductor CdTeSe magic-size clusters at room temperature. Nature Communications, 10 (1): 1674.

Gray E J. 1991. Ultraviolet lasers in development. Laser Focus World, 27 (8): 19-21.

Han X, Huang J, Jing X, et al. 2018. Oxygen-deficient black titania for synergistic/enhanced sonodynamic and photoinduced cancer therapy at near infrared- II biowindow. ACS Nano, 12 (5): 4545-4555.

Hemenger R P. 1977. Optical properties of turbid media with specularly reflecting boundaries: applications to biological problems. Applied Optics, 16 (7): 2007-2012.

Hewa-Kasakarage N N, Gurusinghe N P, Zamkov M. 2009. Blue-shifted emission in CdTe/ZnSe heterostructured nanocrystals. The Journal of Physical Chemistry C, 113 (11): 4362-4368.

Hielscher A H, Miller C E, Bayard D C, et al. 1992. Optimization of a midinfrared high-resolution difference-frequency laser spectrometer. Journal of the Optical Society of America B, 9 (11): 1962-1967.

Huang X, El-Sayed I H, Qian W, et al. 2006. Cancer cell imaging and photothermal therapy in the near-infrared region by using gold nanorods. Journal of the American Chemical Society, 128 (6): 2115-2120.

Inoue K, Toba H. 1992. Wavelength conversion experiment using fiber four-wave mixing. IEEE Photonics Technology Letters, 4 (1): 69-72.

Inoue K, Toba H. 1995. Fiber four-wave mixing in multi-amplifier systems with nonuniform chromatic dispersion. Journal of Lightwave Technology, 13(1): 88-93.

Inoue K. 1992. Four-wave mixing in an optical fiber in the zero-dispersion wavelength region. Journal of Lightwave Technology, 10(11): 1553-1561.

Jacques S L. 1989. Time resolved propagation of ultrashort laser pulses within turbid tissues. Applied Optics, 28(12): 2223-2229.

Jing L H, Ding K, Kalytchuk S, et al. 2013. Aqueous manganese-doped core/shell CdTe/ZnS quantum dots with strong fluorescence and high relaxivity. The Journal of Physical Chemistry C, 117(36): 18752-18761.

Kato K. 1991. Parametric oscillation at 3.2μm in KTP pumped at 1.064μm. IEEE Journal of Quantum Electronics, 27(5): 1137-1140.

Kato K, Takaoka E. 2002. Sellmeier and thermo-optic dispersion formulas for KTP. Applied Optics, 41(24): 5040-5044.

Li A, Li X, Yu X, et al. 2017. Synergistic thermoradiotherapy based on PEGylated Cu_3BiS_3 ternary semiconductor nanorods with strong absorption in the second near-infrared window. Biomaterials, 112: 164-175.

Li L, Zhang Q, Ding Y, et al. 2014. Application of L-cysteine capped core-shell CdTe/ZnS nanoparticles as a fluorescence probe for cephalexin. Analytical Methods, 6(8): 2715-2721.

Li T. 1985. Optical Fiber Communications. Volume 1: Fiber Fabrication. Orlando: Academic Press.

Liu J A, Wang F, Han Y, et al. 2015. Polyamidoamine functionalized CdTeSe quantum dots for sensitive detection of Cry1Ab protein in vitro and in vivo. Sensors and Actuators B: Chemical, 206: 8-13.

Lor K P, Chiang K S. 1998. Theory of nondegenerate four-wave mixing in a birefringent optical fibre. Optics Communications, 152(1-3): 26-30.

Lu X, Yuan P, Zhang W, et al. 2018. A highly water-soluble triblock conjugated polymer for in vivo NIR-II imaging and photothermal therapy of cancer. Polymer Chemistry, 9(22): 3118-3126.

Marhic M E, Park Y, Yang F S, et al. 1996. Widely tunable spectrum translation and wavelength exchange by four-wave mixing in optical fibers. Optics Letters, 21(23): 1906-1908.

Mecozzi A, Clausen C B, Shtaif M. 2000. Analysis of intrachannel nonlinear effects in highly dispersed optical pulse transmission. IEEE Photonics Technology Letters, 12(4): 392-394.

Mori Y, Kuroda I, Nakajima S, et al. 1995. Growth of a nonlinear optical crystal: Cesium lithium borate. Journal of Crystal Growth, 156(3): 307-309.

Murakami M, Matsuda T, Imai T. 2002. FWM generation in higher order fiber dispersion managed transmission line. IEEE Photonics Technology Letters, 14(4): 474-476.

Murcia M J, Shaw D L, Woodruff H, et al. 2006. Facile sonochemical synthesis of highly luminescent ZnS-shelled CdSe quantum dots. Chemistry of Materials, 18(9): 2219-2225.

Nakamura S, Ueno Y, Tajima K. 2001. 168-Gb/s all-optical wavelength conversion with a symmetric-Mach-Zehnder-type switch. IEEE Photonics Technology Letters, 13(10): 1091-1093.

Patterson M S, Chance B, Wilson B C. 1989. Time resolved reflectance and transmittance for the non-invasive measurement of tissue optical properties. Applied Optics, 28(12): 2331-2336.

Petrov V, Rempel C, Stolberg K P, et al. 1998. Widely tunable continuous-wave mid-infrared laser source based on difference-frequency generation in $AgGaS_2$. Applied Optics, 37(21): 4925-4928.

Phua P B, Wu R F, Chong T C, et al. 1997. Nanosecond $AgGaS_2$ optical parametric oscillator with more than 4 micron output. Japanese Journal of Applied Physics, 36: 1661-1664.

Ramírez-Herrera D E, Rodríguez-Velázquez E, Alatorre-Meda M, et al. 2018. NIR-emitting alloyed CdTeSe QDs and organic dye assemblies: a nontoxic, stable, and efficient FRET system. Nanomaterials, 8(4): 231.

Russell D A, Ebert R. 1993. Efficient generation and heterodyne detection of 4.75-μm light with second-harmonic generation. Applied Optics, 32(33): 6638-6644.

Samanta A, Deng Z, Liu Y. 2012. Aqueous synthesis of glutathione-capped CdTe/CdS/ZnS and CdTe/CdSe/ZnS core/shell/shell nanocrystal heterostructures. Langmuir, 28(21): 8205-8215.

Shen J, Zhang W, Qi R, et al. 2018. Engineering functional inorganic-organic hybrid systems: Advances in siRNA therapeutics. Chemical Society Reviews, 47(6): 1969-1995.

Shen Y R. 1984. The Principle of Nonlinear Optics. New York: John, Wiley and Sons.

Song S, Allen C T, Demarest K R, et al. 1999. Intensity-dependent phase-matching effects on four-wave mixing in optical fibers. Journat of Lightwave Technology, 17(11): 2285-2290.

Song Y, Wang L. 2007. Analyses of phase-matching parameter in difference frequency generation with $AgGaS_2$ and $AgGaSe_2$. Proceedings of SPIE, 6839: 68390Y-1-68390Y-8.

Spälter S, Hwang H Y, Zimmermann J, et al. 2002. Strong self-phase modulation in planar chalcogenide glass waveguides. Optics Letters, 27(5): 363-365.

Stephane G. 2004. Theoretical and experimental investigation of the impact of four wave mixing on DWDM. IEEE Photonics Technology Letters, 5(2): 460-463.

Stolen R H, Bjorkholm J E, Ashkin A. 1974. Phase-matched three-wave mixing in silica fiber optical waveguides. Applied Physics Letters, 24(7): 308-310.

Teo P Y, Cheng W, Hedrick J L, et al. 2016. Co-delivery of drugs and plasmid DNA for cancer therapy. Advanced Drug Delivery Reviews, 98: 41-63.

Torii K, Yamashita S. 2003. Efficiency improvement of optical fiber wavelength converter without spectral spread using synchronous phase/frequency modulations. Journal of Lightwave

Technology, 21(4): 1039-1045.

Tsai M F, Chang S H, Cheng F Y, et al. 2013. Au nanorod design as light-absorber in the first and second biological near-infrared windows for in vivo photothermal therapy. ACS Nano, 7(6): 5330-5342.

Umemura N, Kato K. 1997. Ultraviolet generation tunable to 0.185μm in $CsLiB_6O_{10}$. Applied Optics, 36(27): 6794-6796.

Vodopyanov K L, Maffetone J P, Zwieback I, et al. 1999. $AgGaS_2$ optical parametric oscillator continuously tunable from 3.9 to 11.3μm. Applied Physics Letters, 75(9): 1204-1206.

Wang J, Su X Q, Zhao P X, et al. 2021.Cancer photothermal therapy based on near infrared fluorescent CdSeTe/ZnS quantum dots. Analytical Methods, 13: 5509-5515.

Wang L, Chen S H. 2002. Numerical analysis of conversion efficiency in second-harmonic generation in new crystal $CsLiB_6O_{10}$. JETP Letters, 75(10): 513-516.

Wang L, Men Y B, Tian H B, et al. 2009. Tolerance and tuning properties of the optical parametric processes using periodically poled $RbTiOAsO_4$. Optics Communications, 282(8): 1664-1667.

Wang L, Men Y. 2003. Comparison study of $CsLiB_6O_{10}$ and β-BaB_2O_4 as nonlinear media for optical parametric oscillators. Applied Optics, 42(15): 2720-2723.

Wang L, Ban W Z, Song Y, et al. 2009. Effect of FWM output power induced by phase modulation in optical fiber communication. Progress in Electro-magnetics Research Sympsium.

Wang L, Xue J H. 2002. Efficiency comparison analysis of second harmonic generation on flattened Gaussian and Gaussian beams through a crystal $CsLiB_6O_{10}$. Japanese Journal of Applied Physics, 41(12): 7373-7376.

Wang L, Xue J H. 2003. Performance curves comparison of THG efficiency in $CsLiB_6O_{10}$ on flattened Gaussian and Gaussian beams. Chinese Optics Letters, 1(12): 708-710.

Wang L, Zhao M. 2003. Influences of diffusive reflection intensity and pulse shaping of ultrashort lasers on turbid media. JETP Letters, 78(9): 602-605.

Wang R, Calvignanello O, Ratcliffe C I, et al. 2009. Homogeneously-alloyed cdTeSe single-sized nanocrystals with bandgap photoluminescence. The Journal of Physical Chemistry C, 113(9): 3402-3408.

Wang S, Wang L, Mao L, et al. 2006. Characteristics of laser-diode-pumped $Nd:GdVO_4$/KBBF solid-state laser on phase-matching//Conference on Advanced Laser Technologies 2005. SPIE, 6344: 511-516.

Westlund M, Hansryd J, Andrekson P A, et al. 2002. Transparent wavelength conversion in fibre with 24nm pump tuning range. Electronics Letters, 38(2): 85-86.

Wilson B C, Jacques S L. 1990. Optical reflectance and transmittance of tissues: Principles and applications. IEEE Journal of Quantum Electronics, 26(12): 2186-2199.

Wong K K Y, Marhic M E, Uesaka K, et al. 2002. Polarization-independent one-pump fiber-optical parametric amplifier. IEEE Photonics Technology Letters, 14(11): 1506-1508.

Yamamoto T, Nakazawa M. 1997. Highly efficient four-wave mixing in an optical fiber with intensity dependent phase matching. IEEE Photonics Technology Letters, 9(3): 327-329.

Yang S S, Ren C L, Zhang Z Y, et al. 2011. Aqueous synthesis of CdTe/CdSe core/shell quantum dots as pH-sensitive fluorescence probe for the determination of ascorbic acid. Journal of Fluorescence, 21(3): 1123-1129.

Yap Y K, Haramura S, Taguchi A, et al. 1998. $CsLiB_6O_{10}$ crystal for frequency doubling the Nd:YAG laser. Optics Communications, 145: 101-104.

Yap Y K, Inagaki M, Nakajima S, et al. 1996. High-power fourth- and fifth-harmonic generation of a Nd:YAG laser by means of a $CsLiB_6O_{10}$. Optics Letters, 21(17): 1348-1350.

Yariv A, Yeh P. 1983. Optical Waves in Crystals: Propagation and Control of Laser Radiation. New York: A Wiley and Sons.

Zhao M, Chen Y, Han R, et al. 2018. A facile synthesis of biocompatible, glycol chitosan shelled CdSeS/ZnS QDs for live cell imaging. Colloids and Surfaces B: Biointerfaces, 172: 752-759.

Zou L, Wang H, He B, et al. 2016. Current approaches of photothermal therapy in treating cancer metastasis with nanotherapeutics. Theranostics, 6(6): 762-772.